PARADIGMAS METODOLÓGICOS
EM EDUCAÇÃO AMBIENTAL

Dados Internacionais de Catalogação na Publicação (CIP)
(Câmara Brasileira do Livro, SP, Brasil)

Paradigmas metodológicos em Educação Ambiental / Alexandre de Gusmão Pedrini, Carlos Hiroo Saito, (orgs.). – Petrópolis, RJ : Vozes, 2014.
Vários autores.

1ª reimpressão, 2021.

ISBN 978-85-326-4838-9
1. Educação Ambiental 2. Educação Ambiental – Metodologia 3. Educação Ambiental – Pesquisa I. Pedrini, Alexandre de Gusmão. II. Saito, Carlos Hiroo.

14-07537 CDD-304.2

Índices para catálogo sistemático:
1. Educação Ambiental 304.2

ALEXANDRE DE GUSMÃO PEDRINI
CARLOS HIROO SAITO
(organizadores)

PARADIGMAS METODOLÓGICOS EM EDUCAÇÃO AMBIENTAL

Petrópolis

© 2014, Editora Vozes Ltda.
Rua Frei Luís, 100
25689-900 Petrópolis, RJ
www.vozes.com.br
Brasil

Todos os direitos reservados. Nenhuma parte desta obra poderá ser reproduzida ou transmitida por qualquer forma e/ou quaisquer meios (eletrônico ou mecânico, incluindo fotocópia e gravação) ou arquivada em qualquer sistema ou banco de dados sem permissão escrita da editora.

CONSELHO EDITORIAL

Diretor
Gilberto Gonçalves Garcia

Editores
Aline dos Santos Carneiro
Edrian Josué Pasini
Marilac Loraine Oleniki
Welder Lancieri Marchini

Conselheiros
Francisco Morás
Ludovico Garmus
Teobaldo Heidemann
Volney J. Berkenbrock

Secretário executivo
João Batista Kreuch

Editoração: Fernando Sergio Olivetti da Rocha
Diagramação: Sheilandre Desenv. Gráfico
Capa: HiDesign Estúdio
Ilustração de capa: © djgis | Shutterstock

ISBN 978-85-326-4838-9

Editado conforme o novo acordo ortográfico.

Este livro foi composto e impresso pela Editora Vozes Ltda.

Dedicatória

Pedrini: Às minhas amadas Nair e Anna Luísa, amores eternos...

Saito: À minha família, Ivete, Keyko e Maxwel, e os bichinhos que nos dão alegria...

Conjunta

Ao povo humilde sempre lembrado no discurso político-partidário e tão esquecido no cotidiano...

Aos heróis desconhecidos.

Aos sonhos e ideais que nos movem e pelos quais lutamos no dia a dia.

Sumário

Apresentação da obra, 11
   Alexandre de Gusmão Pedrini

Prefácio, 15
   Marina Silva

Agradecimentos coletivos, 19

Apresentação dos organizadores e dos autores, 21

Introdução, 33
   Alexandre de Gusmão Pedrini
   Carlos Hiroo Saito

Uma luz inicial no caminho metodológico da Educação Ambiental, 37
   Alexandre de Gusmão Pedrini
   Carlos Hiroo Saito

Parte 1 Referenciais metodológicos em Educação Ambiental, 45

1.1 Educação Ambiental e alguns aportes metodológicos da ecopedagogia para inovação de políticas públicas urbanas, 47
   Aloisio Ruscheinsky (Unisinos)
   Arlêude Bortolozzi (Unicamp)

1.2 Educação Ambiental no licenciamento: aspectos teórico--metodológicos para uma prática crítica, 60
   Carlos Frederico B. Loureiro (UFRJ)
   Lúcia de Fátima Socoowski de Anello (Furg)

1.3 Educação Ambiental numa abordagem freireana: fundamentos e aplicação, 71
   Carlos Hiroo Saito (UnB),
   João Batista de Albuquerque Figueiredo (UFC)
   Icléia Albuquerque de Vargas (UFMS)

1.4 Educação Ambiental e a Teoria da Complexidade: articulando concepções teóricas e procedimentos de abordagem na pesquisa, 82
    Maria Guiomar Carneiro Tommasiello (Unimep)
    Sônia Maria Marchiorato Carneiro (UFPR)
    Martha Tristão (Ufes)

1.5 Educação Ambiental em uma perspectiva CTSA: orientações teórico-metodológicas para práticas investigativas, 93
    Danielle Grynszpan (Fiocruz)

Parte 2 Metodologias de intervenção em contextos variados da Educação Ambiental, 111

2.1. A metodologia de pesquisa-ação em Educação Ambiental: reflexões teóricas e relatos de experiência, 113
    Marília Freitas de Campos Tozoni-Reis (Unesp)
    Hedy Silva Ramos de Vasconcellos (PUC-Rio)

2.2 Metodologias em Educação Ambiental para a conservação socioambiental dos ecossistemas marinhos, 132
    Alexandre de Gusmão Pedrini (Uerj)
    Suzana Ursi (Ibio/USP)
    Flávio Berchez (USP)
    Monica Dorigo Correia (Ufal)
    Hilda Helena Sovierzoski (Ufal)
    Flávia Mochel (UFMa)

2.3 Proposta metodológica para avaliações de larga escala na Educação Ambiental, 152
    Fernando J. Soares (Secretaria Municipal de Agricultura e Meio Ambiente, Três Coroas, RS)
    Thomas J. Marcinkowski (Florida Institute of Technology, Melbourne, FL, EUA)

2.4. Metodologias da Educação Ambiental em espaços formais nas Instituições de Ensino Superior no Brasil, 170
    Alexandre de Gusmão Pedrini (Uerj)
    Osmar Cavassan (Unesp)
    Vilson Sérgio de Carvalho (AVM – Faculdade Integrada)

2.5 A Educação Ambiental em comunidades fora de áreas urbanas: aspectos metodológicos, 184
    Marilena Loureiro da Silva (UFPA)
    Carlos Hiroo Saito (UnB)

2.6 Educação Ambiental nos instrumentos de gestão ambiental privada (empresarial), 195
   José Lindomar Alves Lima (Ciclos Consultoria)
   Lilian Caporlíngua Giesta (Ufersa-RN)

2.7 Educação Ambiental em Unidades de Conservação da Natureza, 204
   Nadja Maria Castilho da Costa (Igeo/Uerj)
   Vivian Castilho da Costa (Igeo/Uerj)

2.8 A percepção através de desenhos infantis como método diagnóstico conceitual para Educação Ambiental, 216
   Alexandre de Gusmão Pedrini (Uerj)
   Michele Borges Rua (Uerj)
   Luana Marcelle da Conceição Bernardes (Uerj)
   Dênis Fernandes Corrêa Mariano (Uerj)
   Layra Brandariz da Fonseca (Uerj)
   Berenice Adams (RS)

Parte 3 Síntese final, 231

3.1 O desafio dos paradigmas metodológicos em Educação Ambiental: como foi cumprido, 233
   Carlos Hiroo Saito (UnB)
   Alexandre de Gusmão Pedrini (Uerj)

Literatura citada, 239
   Alexandre de Gusmão Pedrini

Apresentação da obra

Alexandre de Gusmão Pedrini

A sociedade humana demanda a ciência cotidianamente. A ciência, por sua vez, exige rigor nos seus métodos em qualquer de suas áreas. Uma das grandes dificuldades cotidianas da prática científica de temas multidisciplinares como a Educação Ambiental (EA) é a seleção de quais metodologias são adequadas para que se possa atingir os objetivos determinados.

Dependendo de quais metas a serem atingidas por uma pesquisa ou intervenção socioambiental em EA há uma plêiade de opções processuais a serem selecionadas. Desse modo, muitas vezes, os docentes ou facilitadores ficam em dúvida de qual método escolher para que seus objetivos sejam alcançados. Assim, para que se possa apresentar aos demandantes de métodos em EA possibilidades processuais com base científica urge que se abranja entendimentos multidisciplinares. Sendo assim, a presente obra coletiva reuniu líderes de grupos de pesquisa dos mais variados paradigmas metodológicos brasileiros em EA. Esses modelos pedagógicos estão sendo brevemente apresentados no presente livro. Os trinta e dois autores da obra possuem variadas formações, sendo composto basicamente por biólogos, geógrafos, pedagogos, assistentes sociais, administradores, físicos, educadores físicos, dentre outros. Essa multidisciplinaridade no perfil profissional dos autores foi proposital, pois na EA todas as disciplinas são importantes e sua composição dependerá da demanda a ser enfrentada.

Porém, a formulação conjunta de textos entre escritores com perfis profissionais variados tem sido uma tarefa complexa quando o tema é metodologias em EA. Envidamos, então, todos os esforços para que a maioria absoluta dos autores fossem líderes de grupos de pesquisa universitários que adotam o mesmo paradigma. Era para que trabalhassem juntos pela primeira, sob pressão de uma demanda literária. O desafio foi que formulassem um texto totalmente original com fins pedagógicos dirigido ao aluno de graduação de qualquer disciplina profissional, já que a Educação Ambiental é multidisciplinar. Outro desafio era reunir esses líderes que, em sua maioria absoluta, trabalhavam em cidades longe entre si. Mormente em estados ou regiões geográficas diferentes geograficamente. Foram enviados convites por redes virtuais acadêmicas. Vários pesquisadores foram convidados e negaram participação, alegando dificuldades variadas. Assim, a obra tem esse mérito, ou seja, de reunir líderes de grupos de pesquisa brasileiros com paradigma convergente para atuarem juntos como autores. A maioria absoluta são docentes de universidades do Norte (Pará) ao Sul (Rio Grande do Sul) e do Sudeste (Rio de Janeiro) ao Nordeste (Ceará) com o nível de doutorado.

A esse tamanho desafio, em face da dificuldade de articulação entre os autores, convidei o Prof. Carlos H. Saito da UnB para me auxiliar na organização do livro. Com ele enfrentamos as enormes dificuldades surgidas para concluir este livro. Mas valeu a pena tanto esforço e dedicação durante todo o ano de 2013. Dentre as várias novidades desta obra destacamos:

1) A missão de suceder ao livro (já esgotado) anterior da Vozes sobre metodologias em EA (PEDRINI, 2007), porém envolvendo mais colegas, mais estudos de caso e mais contextos.

2) Arrolamos 25 docentes de graduação, mestrado e doutorado e um gerente de empresa em EA, apresentando a visão empresarial da EA, englobando os seguintes estados da federação (RJ, ES, SP, PR, RS, ES, MS, RN, CE, MA, AL, DF e PA). Neles podemos destacar entidades importantes como: USP, Unesp, Uerj, UnB, UFRJ, UFPR, UFMS, UFC, Ufes, UFPA, Ufal, UFMa, Ufersa e a Universidade da Flórida, EUA.

3) Incentivamos que cada autor lesse e avaliasse assumidamente os textos dos outros autores.

4) Exigimos que os capítulos se vinculassem entre si através de citações cruzadas com outros da mesma obra.

5) Incluímos em cada capítulo um fluxograma dos principais passos metodológicos para realizar um ação, permitindo sua recontextualização.

6) Solicitamos que as metodologias apresentadas fossem, em sua maioria, embasadas em artigos ou trabalhos de eventos já publicados, de

modo a que o leitor possa verificar que a metodologia proposta na obra tem mérito e não está sendo apresentada apenas teoricamente. Há livros metodológicos do mercado nacional que sugerem ações que, quando são recontextualizadas, nem sempre têm êxito.

7) Incluímos ao final de cada capítulo um Resumo e seu respectivo *Abstract*, tal como vem sendo feito no Brasil por outras editoras brasileiras; isso foi proposto de modo a facilitar a indexação de cada capítulo nas variadas bases de dados de resumos. Assim, evitamos que a leitura não especializada do indexador generalista pudesse limitar a difusão adequada da obra. Com o resumo em inglês os colegas de países anglófonos poderão conhecer nossa obra. Hoje em dia a internacionalização da ciência é fato inegável.

Assim, apresentamos à sociedade uma coletânea metodológica ainda original em nosso contexto na língua portuguesa. Com alegria esperamos incentivar uma postura dialógica entre os autores, e eles com os educadores socioambientais.

Prefácio

Marina Silva*

Sempre que sou instada a falar sobre desenvolvimento e sustentabilidade deixo claro que sustentabilidade não é apenas uma maneira de fazer as coisas, mas uma maneira de ser. Repousa no ser a condicionante para que o que fazemos seja ambientalmente sustentável, economicamente próspero, socialmente justo, culturalmente diverso e politicamente democrático.

O atual estado do mundo, convulsionado em vários becos sem saída, com indicadores de pré-colapso nas muitas dimensões da realidade social, ambiental, econômica, cultural e política, é fruto de um modo produtivista de ser que a civilização – particularmente a ocidental – vem cultivando há muitos séculos.

A transição entre uma maneira de ser e outra será guiada por uma mudança cultural, no sentido antropológico do termo, que precisa ter operadores de um esforço questionador de nossos padrões civilizatórios, de nossos paradigmas explicativos, de nossos valores sociais. Uma das ferramentas mais promissoras à disposição dos agentes institucionais desse esforço é a Educação Ambiental.

Não à toa, a ONU incluiu, a partir dos resultados da Eco 92, a Educação Ambiental como um dos instrumentos a serem utilizados na caminhada até os objetivos estabelecidos nos vários acordos assinados pelos países que a compõem.

No Brasil, instigados pelos modos de usar uma base natural imensamente rica e explorada de forma equivocada em nosso processo que podemos

---

* Ex-Ministra do Meio Ambiente do Brasil.

considerar como de mero crescimento econômico – pois não considera a sustentabilidade como diretriz –, pesquisadores, professores e elaboradores da Educação Ambiental têm feito um esforço de construir um campo epistemológico com diálogos entre saberes pedagógicos, sociológicos, econômicos, antropológicos e vários outros campos das Ciências Biológicas e Exatas, além de desenvolver pesquisas e organizar experiências práticas de educação que inauguram esse esforço de guiar a transição entre os modos de ser apontados acima.

A Educação Ambiental, conforme se depreende de alguns dos textos da coletânea que compõe este livro, enfrenta o desafio de nascer a partir de muitos conteúdos acadêmicos que já têm história, paradigmas estabelecidos, operadores convictos. Isso, se por um lado facilita o acesso a conhecimentos já testados e estabelecidos, por outro propõe a enorme questão da identidade epistemológica aos formuladores acadêmicos da área. Daí que encontraremos nestas páginas a discussão do rigor metodológico na pesquisa-ação, a necessidade de aperfeiçoamento dos procedimentos pedagógicos e um claro alinhamento filosófico com a visão de mundo da sustentabilidade.

Considero muito interessante que entre nós a Educação Ambiental esteja se desenvolvendo com uma visão de compromisso socioambiental. Não o verde pelo verde, mas a adoção de uma visão sistêmica das necessárias relações entre cultura e natureza, entre sociedade e meio ambiente. A complexidade do mundo levada em consideração.

A grande equação do século XXI é como resolver a relação da economia com a ecologia, da política com a ética, da técnica com a política, da ciência com a criatividade, tendo como diretriz a noção de sustentabilidade. Em um mundo hiperconectado qualquer atividade humana está envolvida por questões multidimensionais como as tendências sociais e políticas de nossa época. Isso dificulta muito a pretensão da neutralidade da percepção, do pensamento e da ação. Sem negar a importância de toda a tradição da discussão sobre objetividade do conhecimento e todo o esforço histórico de aperfeiçoamento da metodologia científica, não podemos deixar de registrar que a escolha dos objetos de pesquisa e os investimentos financeiros feitos – públicos ou privados – obedecem a interesses atravessados pela política em seu sentido mais amplo. Assim, a explicitação de uma posição pedagógica alinhada com a pedagogia de Paulo Freire, que é inequivocamente comprometida com emancipação social dos desprivilegiados, é uma característica corajosa do presente esforço editorial.

Já temos muitas coisas consolidadas tanto nos esforços de pesquisa quanto na elaboração pedagógica, e este livro é uma prova disso. Aqui estão expressas várias formas de trabalhar neste campo, o que indica uma preocupação com a adequação entre a pedagogia e a práxis pedagógica da Educação Ambiental que valoriza a diversidade, a democracia, o compromisso com o respeito à variedade de situações sociais em seus próprios termos sem tentar impor conteúdos de forma mecânica e homogeneizadora aos contextos dos processos educativos que empreende.

Considero que o leitor tem em mãos um painel representativo do trabalho coletivo, feito em nosso país, em prol do desenvolvimento de uma ferramenta crucial para as mudanças necessárias no plano global de nosso planeta.

Agradecimentos coletivos

Alexandre de Gusmão Pedrini – Aos meus amores, Nair, Anna Luísa e Rosana. Ao meu amigo e sempre revisor de meus textos técnicos Jalton Gil Torres Pinho. Aos alunos, estagiários, docentes e funcionários do Ibrag/Uerj. À Profa.-Dra. Luiza Oliveira da Universidade Federal Fluminense pela sua ajuda técnica. Ao grupo de pesquisa em Biologia Marinha da Uerj, especialmente ao Prof.-Dr. Luís Filipe Skinner (Uerj) pela sua liderança e coleguismo. À Faperj pela aquisição de equipamento laboratorial e ótico (proc. n. E-26/112.146/2012). Ao CNPq pelo apoio para divulgação científica no Edital MCTI/CNPq/Secis n. 90/2013 – Difusão e Popularização da Ciência. Ao Centro de Estudos do Ibrag (Cebio) pelo apoio institucional, especialmente a Marly Cruz Veiga e Pedro Paulo Queiroz. Ao ICMBio/MMA pela concessão da licença de pesquisa n. 23259-1 e ao Sepes/Inea pela licença de pesquisa n. 025/2013. À Uerj pela segurança do salário. Ao Ceads pelo apoio. Aos colegas da Universidade do Algarve, Portugal. Aos meus ex-colegas e ex-chefes da Cnen. Aos colegas das redes de Educação Ambiental.

Carlos Hiroo Saito – Ao CNPq, pelo apoio concedido na forma de Bolsa de Produtividade em Pesquisa. À Luzia Etelvina de Almeida, pelo apoio na consolidação geral das referências bibliográficas provenientes de cada capítulo.

Danielle Grynszpan – Agradeço ao Laboratório de Biologia das Interações (IOC/Fiocruz) pelo apoio no desenvolvimento de nosso trabalho e, em especial, à equipe com que pude contar lá dentro: Bruno Remanowski Vieira, Daniele Teixeira de Sousa Freitas, Rafael Benjamim Mendonça e Toyoko Maria Nilda Furusi Angelo.

Maria Guiomar Carneiro Tommasiello, Sônia Maria Marchiorato Carneiro, Martha Tristão – Agradecemos ao Prof.-Dr. Josep Bonil Gargallo, da Universidade Autônoma de Barcelona, pelo envio de textos de sua autoria sobre a Teoria da Complexidade, especialmente os de caráter metodológico, que nos permitiram fazer uma adaptação da sua pesquisa no âmbito sistêmico, em forma de um fluxograma, bem como sugerir as categorias e os indicadores. Também quanto à sua disponibilidade em analisar a adequação do material produzido. Agradecemos também ao Prof. Antonio Nelson Corrêia Filho, da Universidade Metodista de Piracicaba, pelo auxílio técnico na elaboração do fluxograma.

Suzana Ursi e Flávio A.S. Berchez – Agradecemos ao Programa Biota da Fundação de Amparo à Pesquisa do Estado de São Paulo e à Pró-Reitoria de Cultura e Extensão da Universidade de São Paulo, pelo financiamento das pesquisas junto ao Projeto de extensão Trilha Subaquática do Instituto de Biociências dessa universidade (processo 2010/50172-4). Agradecemos ainda a todos os colaboradores, estudantes de graduação e pós-graduação e colegas pesquisadores que colaborarem de diferentes formas com o referido projeto.

T. Marcinkowski e F. Soares – Gostaríamos de reconhecer e oferecer nossos agradecimentos a três grupos de pesquisadores visionários, competentes, e generosos, os quais, sem a sua contribuição, este capítulo não poderia ser escrito: Aos membros do grupo de pesquisa do Projeto Nela (National Environmental Literacy Assessment), incluindo os doutores Bill McBeth, Hungerford, Volk, Giannoulis, a Sra. Cifranik e a Sra. Howell. Aos líderes e membros do grupo de pesquisa que realizaram os estudos da primeira geração do Nela, incluindo os doutores Shin, Chu, Lee e Noh (Korea), doutores Tal e Garb, a Sra. Negev e o Sr. Sgy (Israel), os doutores Erdogan e Ok (Turquia) e os pesquisadores que conduziram o levantamento nacional em Taiwan. À Sra. Hollweg e seus colegas do Pisa, doutores Bybee e Zoido pelos seus esforços em ampliar o conhecimento e disseminar as estruturas conceituais e operacionais da alfabetização ambiental para a realização de levantamentos de larga escala ao redor do mundo. Gostaríamos ainda de agradecer ao Dr. Pedrini, autor e organizador desta obra, pela sua paciência e dedicação, contagiando-nos com sua lucidez e entusiasmo no campo da Educação Ambiental.

Apresentação dos organizadores e dos autores

Organizadores

Alexandre de Gusmão Pedrini – Graduado em Ciências Biológicas pela Universidade Santa Úrsula, mestre e doutor pela Universidade Federal do Rio de Janeiro. Pertence ao Grupo de Pesquisa Alfabetismo Científico da Fiocruz e ao de Biologia Marinha da Uerj. Organizador e autor de nove coletâneas e um livro. Aperfeiçoamento na Universidade de Paris VI e Universidade de Aix-Marselha, ambas na França, Museu Britânico de História Natural (Londres) e Universidade de Trieste (Itália) com bolsa do CNPq. Parecerista *ad hoc* de entidades de fomento à pesquisa, periódicos e eventos. Publicou cerca de 40 artigos e 30 trabalhos de eventos científicos. Professor-associado no Departamento de Biologia Vegetal do Instituto de Biologia Roberto Alcântara Gomes da Universidade do Estado do Rio de Janeiro. Rua São Francisco Xavier, 524, Pavilhão Haroldo Lisboa da Cunha, sala 525/1. CEP 20550-013, Rio de Janeiro, RJ. E-mail: pedrini@uerj.br/ pedrini@globo.com

Carlos Hiroo Saito – Graduado em Ciências Biológicas pela UFRJ, e com formação complementar em Análise de Sistemas pela PUC-Rio, tem mestrado em Educação pela UFF e doutorado em Geografia pela Universidade Federal do Rio de Janeiro, com ênfase em Geoprocessamento. Líder do Grupo de Pesquisa "Diagnóstico e Gestão Ambiental" do CNPq. É bolsista de Produtividade em Pesquisa do CNPq. Professor-associado do Departamento de Ecologia, Instituto de Ciências Biológicas da Universidade de Brasília. Caixa Postal 04457. CEP 70904-970, Brasília, DF. E-mail: carlos.h.saito@hotmail.com

Autores

Aloísio Ruscheinsky – Graduado em Ciências Sociais pela Unisinos, mestrado em Ciências Sociais pela PUC-SP, doutorado em Sociologia pela USP. Líder do Grupo de Pesquisa do PPGCS "Sociedade e Ambiente: Atores, Conflitos e Políticas Ambientais" no CNPq. Docente titular do Programa de Pós-Graduação em Ciências Sociais (mestrado e doutorado) da Unisinos. Publicou cerca de 50 artigos científicos e 40 capítulos em coletâneas, 8 livros ou coletâneas. Av. Unisinos 950, Bairro Cristo Rei. CEP 93022-000, São Leopoldo, RS. Fone: (51)3091-2430. E-mail: aloisior@unisinos.br

Arlêude Bortolozzi – Graduada em Geografia pela Unesp – Rio Claro, SP, mestrado em Educação pela PUC/SP e doutorado em Educação pela FE/Unicamp no Programa Decisae – Ciências Sociais Aplicadas. Líder do Grupo de Pesquisa sobre Meio Ambiente Urbano, Território e Novas Práticas Socioespaciais do CNPq. Docente do Programa de Pós-Graduação da Geografia no IG/Unicamp e Pesquisadora do Nepam/Unicamp (Núcleo de Estudos e Pesquisas Ambientais). A linha de pesquisa atual no Nepam é Educação Ambiental e Planejamento Urbano. Caixa Postal 6166. Rua dos Flamboyants, 155, Cidade Universitária Zeferino Vaz. CEP 13083-867, Campinas, SP. Fone: (19)3521-7690. E-mail: arleude@unicamp.br

Berenice Gehlen Adams – Graduada em Pedagogia pela Universidade Feevale e pós-graduada em Educação Ambiental pela UFSM. É diretora da Apoema Cultura Ambiental que mantém o Projeto Apoema – Educação Ambiental (www.apoema.com.br). Já publicou livros e artigos relacionados à Educação Ambiental focados para docentes e discentes da educação básica. É fundadora e moderadora do Grupo de Educação Ambiental da Internet (Geai) desde 2000 e é editora responsável da revista eletrônica *Educação Ambiental em Ação*. Rua São Luiz Gonzaga, 1.159, Bairro Guarani. CEP 93520-460, Novo Hamburgo, RS. E-mail: bereapoema@gmail.com

Carlos Frederico B. Loureiro – Graduado em Ciências Biológicas pela Universidade Federal do Rio de Janeiro (UFRJ), mestre em educação pela PUC-RJ e doutor em serviço social pela UFRJ. Professor do Programa de Pós-Graduação em Educação e do Programa de Pós-Graduação em Psicossociologia de Comunidades e Ecologia Social, ambos da UFRJ. Professor--colaborador do Programa de Pós-Graduação em Educação Ambiental da

Furg. Coordenador do Laboratório de Investigações em Educação, Ambiente e Sociedade (Lieas/FE/UFRJ). Pesquisador do CNPq. Tem participado de projetos de Educação Ambiental junto a universidades e instituições públicas. Parecerista *ad hoc* do CNPq, Capes e fundações estaduais de apoio à pesquisa, e de revistas científicas nacionais e internacionais. Autor de inúmeros artigos e livros em Educação Ambiental. Faculdade de Educação da UFRJ, Av. Pasteur, 250 F, Praia Vermelha. CEP 22290-240, Rio de Janeiro, RJ. E-mail: floureiro@openlink.com.br

Danielle Grynszpan – Graduada em Ciências Biológicas e Psicologia pela Uerj, pesquisadora titular da Fundação Oswaldo Cruz, atualmente coordena o Setor de Alfabetismo Científico e Promoção da Saúde no Laboratório de Biologia das Interações/IOC. Responsável por projetos ligados à temática Alfabetismo Socioambiental e Promoção da Saúde, está à frente do Grupo de Pesquisa do CNPq. Desde 2001 coordena o Programa "ABC na Educação Científica – mão na massa", apoiado pela Academia Brasileira de Ciências e da Cooperação Social. Fiocruz. Av. Brasil, 4.365, Manguinhos, Pavilhão Lauro Travassos, 2º andar, sala 47. CEP 21040-360, Rio de Janeiro, RJ. E-mail: danielle@ioc.fiocruz.br; danielle.grynszpan@gmail.com

Dênis Fernandes Corrêa Mariano – Estudante de Ciências Biológicas da Universidade do Estado do Rio de Janeiro. Estagiário e bolsista do Laboratório de Ficologia e Educação Ambiental (Lafea), com o Projeto de Extensão intitulado Educação Ambiental em Praça Pública, sob a orientação do Prof. Alexandre de Gusmão Pedrini. Rua São Francisco Xavier, 524, Pavilhão Haroldo Lisboa da Cunha, sala 525/1. CEP 20550-013, Rio de Janeiro, RJ. E-mail: dfcmariano@gmail.com

Fernando J. Soares – Graduado em Ciências Biológicas pela Unisinos. Professor de Ecologia – Unipacs. Desde 2000 tem se dedicado à avaliação da Educação Ambiental e em especial à construção de uma estrutura conceitual e operacional que pudesse servir de base para avaliações de larga escala da Educação Ambiental no Brasil. Entre 2003 e 2005 concluiu sua dissertação de mestrado em avaliação da Educação Ambiental pela Ulbra. Entre 2005 e 2010, sob orientação do Dr. Tom Marcinkowski e com apoio da Capes/Fulbright, desenvolveu uma extensa revisão da literatura na área do comportamento pró-ambiental e especializou-se em Educação em Ciências e Interdisciplinaridade. Também participou de projetos de pesquisa na área de Service-Learning e coordenou a coleta de dados na região da Flórida para o projeto Nela (National Environmental Literacy Assessment). Atualmente participa do grupo de estudos do Comitê Sinos para definição de políticas de Educação Ambiental para a Bacia do Rio dos Sinos, contribuindo na construção de um amplo diagnóstico socioambiental envolvendo 32 municípios. Secretaria Municipal de Agricultura e Meio Ambiente, Av. João Manoel Correa, 380, Centro. CEP 95660-000, Três Coroas, RS. E-mail: biofsoares@gmail.com

Flávia Rebelo Mochel – Graduada e mestre em Ciências Biológicas pela UFRJ e doutora em Geociências pela UFF. É professora-adjunta, pesquisadora e extensionista do Departamento de Oceanografia e Limnologia da Universidade Federal do Maranhão. Tem atuado ao longo de sua carreira em pesquisa, ensino de graduação e pós-graduação e extensão junto ao ecossistema manguezal. Com diversos artigos, livros e capítulos de livro publicados, recebeu em 2012 prêmio do Instituto Internacional de Educação para a Sustentabilidade por suas atividades de Educação Ambiental e Recuperação de Manguezais na zona costeira do Estado do Maranhão. Universidade Federal do Maranhão – Departamento de Oceanografia e Limnologia – Campus do Bacanga, Av. dos Portugueses, s/n. CEP 65080-805. São Luís, MA. E-mail: flavia.mochel@globo.com

Flávio Augusto de Souza Berchez – Graduado em Ciências Biológicas, mestrado e doutorado (na área de Botânica, focando algas marinhas) pela Universidade de São Paulo. Desde 1988, é professor-doutor da Universidade de São Paulo. É orientador no programa de pós-graduação de Botânica dessa universidade. Atua principalmente nos seguintes temas: ecologia descritiva de comunidades bentônicas de substrato consolidado, com ênfase no levantamento padrões de habitat e monitoramento de longo prazo dos efeitos de eventos extremos de hidrodinamismo. Tem forte atuação na Educação Ambiental relacionada aos ecossistemas marinhos, incluindo a criação, aplicação e avaliação de modelos de atividade com essa finalidade, sendo coordenador do Projeto Trilha Subaquática. E-mail: fasbercz@usp.br

Hedy Silva Ramos de Vasconcellos – Graduada em Pedagogia pela Universidade Estadual do Rio de Janeiro (Uerj), mestre em Educação pela Pontifícia Universidade Católica do Rio de Janeiro (PUC-Rio) e doutora em Educação pela Universidade Federal do Rio de Janeiro (UFRJ). É professora emérita do Departamento de Educação da Pontifícia Universidade Católica do Rio de Janeiro, Rua Marquês de São Vicente, 225, Gávea. CEP 22451-900, Rio de Janeiro, RJ. Tel. (21)3527-1816. Fax: (21)3527-1815. E-mail: hedy@puc-rio.br

Hilda Helena Sovierzoski – Graduada e mestre em Ciências Biológicas pela Universidade Federal do Paraná, doutorado em Ciências Biológicas pela Universidade de São Paulo. Participa do Grupo de Pesquisa Comunidades Bentônicas – CNPq. Professora e coordenadora do Programa de Pós-Graduação em Ensino de Ciências e Matemática, com ênfase em CTSA e Educação Ambiental. Coordena projeto de pesquisa e extensão relacionado aos ecossistemas costeiros. Parecerista de projetos de pesquisas, artigos em periódicos nacionais e internacionais. Pesquisadora dos Inct de Ciências do Mar e de Mudanças Climáticas. Publicação de artigos na área de Zoologia Marinha e Educação Ambiental. Autora de capítulos e livros sobre biodiversidade marinha e ecossistemas costeiros. Professora-adjunta da Universidade Federal de Alagoas, Instituto de Ciências Biológicas e da Saúde, Setor de Comunidades Bentônicas (Labmar), Rua Aristeu de Andrade, 452, 2º andar, Farol. CEP 57021-019, Maceió, AL. E-mail: hsovierzoski@gmail.com

Icléia Albuquerque de Vargas – Graduada em Geografia pela UFMS, mestrado em Educação pela UFMS e doutorado em Meio Ambiente e Desenvolvimento pela Universidade Federal do Paraná. Líder dos grupos de pesquisa "Educação e Gestão Ambiental" e "Pantanal Sul, Ambiente e Organização do Território", do CNPq. Professora-adjunta do Centro de Ciências Exatas e Tecnologia (Ccet) da Universidade Federal de Mato Grosso do Sul, Cidade Universitária, s/n, Bairro Universitário, Caixa Postal 549. CEP 79070-900, Campo Grande, MS. E-mail: icleiavargas@yahoo.com.br

João Batista de Albuquerque Figueiredo – Graduado em Educação Física pela Unifor, mestre em Saúde Pública pela Uece e doutor em Ecologia e Recursos Naturais pela Universidade Federal de São Carlos. Pertence ao Grupo de Pesquisa "Educação Intercultural e Movimentos Sociais" do CNPq e é pesquisador-membro da Association pour la recherche Interculturelle (Aric) e do Centro Paulo Freire Estudos e Pesquisas. Professor-associado do Departamento de Teoria e Prática do Ensino da Faculdade de Educação da Universidade Federal do Ceará, Rua Waldery Uchôa, 01, Benfica. CEP 60200-110, Fortaleza, CE. E-mail: joaofigueiredo@hotmail.com

José Lindomar Alves de Lima (Doma) – Graduado em Serviço Social pela Universidade Veiga de Almeida, com especialização em Análise e Avaliação Ambiental (PUC-Rio) e mestrado em Avaliação (Fundação Cesgranrio). Diretor técnico da Ciclos Consultoria Ambiental, empresa especializada em Educação Ambiental Corporativa. Atua na elaboração e implantação de Programas Corporativos de Educação Ambiental (Procea) em diversas empresas brasileiras como Petrobras, Acergy Group, Technip, Vale, Companhia Siderúrgica de Tubarão, Valesul Alumínio, Companhia Petróleo Ipiranga, Samarco Mineração e ThyssenKrupp CSA, dentre outras, com o envolvimento de mais de 30 mil pessoas nos cursos, oficinas, seminários, *workshops* e atividades de Educação Ambiental com os públicos internos (empregados, contratados e fornecedores) e externos (professores, lideranças comunitárias e técnicos de órgãos públicos). Rua Padre Tintorio, 408, casa 25, Várzea. CEP 25953-380, Teresópolis, RJ. E-mail: doma@ciclosconsultoria.com.br

Layra Brandariz da Fonseca – Graduada em Ciências Biológicas/licenciatura nas Faculdades Integradas Maria Thereza, estagiária voluntária do Laboratório de Ficologia e Educação Ambiental (Lafea), da Uerj, com o Projeto de extensão intitulado Educação Ambiental em Praça Pública, sob orientação do Prof. Alexandre de Gusmão Pedrini. Rua São Francisco Xavier, 524, Pavilhão Haroldo Lisboa Cunha, sala 525/1. CEP 20550-013, Rio de Janeiro, RJ. E-mail: laryla_fonseca@hotmail.com

Lílian Caporlíngua Giesta – Graduada em Administração pela Fundação Universidade Federal do Rio Grande (2002), mestrado (2005) e doutorado (2009) em Administração pela Universidade Federal do Rio Grande do Sul. É professora efetiva da Universidade Federal Rural do Semi-Árido (Ufersa), onde faz parte do Grupo de Estudos e Pesquisas em Administração (Gepar). Atua principalmente nos seguintes temas: sistema de produção enxuta, gestão ambiental, Educação Ambiental em empresas e desenvolvimento sustentável. Av. Francisco Mota, 572, Dacs, sala 23. CEP 59625-900, Mossoró, RN. E-mail: ligiesta@gmail.com

Luana Marcelle da Conceição Bernardes – Estudante de Ciências Biológicas da Universidade do Estado do Rio de Janeiro e estagiária voluntária do Laboratório de Ficologia e Educação Ambiental (Lafea), com o Projeto de extensão intitulado Educação Ambiental em Praça Pública, sob a orientação do Prof. Alexandre de Gusmão Pedrini. Rua São Francisco Xavier, 524, Pavilhão Haroldo Lisboa da Cunha, sala, 525/1. CEP 20550-013, Rio de Janeiro, RJ. E-mail: lubernardesangel@ibest.com.br

Lúcia de Fátima Socoowski de Anello – Graduada em Educação Física, mestre e doutora em Educação Ambiental pela Fundação Universidade Federal do Rio Grande (Furg). Professora do Curso de Tecnólogo em Gestão Ambiental e coordenadora do Programa de Pós-Graduação em Gerenciamento Costeiro (Furg). Possui experiência em gestão ambiental pública municipal, estadual e federal. Programa de Pós-Graduação em Gerenciamento Costeiro (PPGC/Furg), Campus Carreiros, Av. Itália, km 8, Bairro Carreiros. CEP 96203-900, Rio Grande, RS. E-mail: luciaanello@hotmail.com

Maria Guiomar Carneiro Tommasiello – Graduada em Física pela Universidade Federal de São Carlos, mestre em Energia Nuclear e doutora em Tecnologia Nuclear pela Universidade de São Paulo, especialista em Educação Ambiental pela USP, líder do grupo de pesquisa Núcleo de Educação em Ciências do CNPq. Professora-titular da Faculdade de Ciências Exatas e da Natureza e da Faculdade de Ciências Humanas (Programa de Pós-Graduação em Educação) da Universidade Metodista de Piracicaba. Campus Taquaral, Rodovia do Açúcar, km 156. CEP 13400-911, Piracicaba, SP. E-mail: mgtomaze@unimep.br

Marilena Loureiro da Silva – Graduada em Pedagogia pela Universidade Federal do Pará (UFPA), mestre e doutora em Desenvolvimento Sustentável do Trópico Úmido pela UFPA. Líder do Grupo de Pesquisa de Estudos em Educação, Cultura e Meio Ambiente (Geam), atua no Programa de Pós-Graduação em Educação (PPGED) e no Programa de Pós-Graduação em Gestão dos Recursos Naturais e Desenvolvimento Local na Amazônia (PPGEDAM). Professora-adjunta do Instituto de Ciências da Educação da Universidade Federal do Pará, Rua Augusto Correa, s/n, Guamá. CEP 66075-110, Belém, PA. E-mail: marilenals@ufpa.br

Marília Freitas de Campos Tozoni-Reis – Graduada em Pedagogia, mestre em Educação pela Universidade Federal de São Carlos (1994), doutora em Educação pela Universidade Estadual de Campinas (2000) e livre-

-docente em Educação pela Universidade Estadual Paulista (Unesp). Atualmente é professora-adjunta no Departamento de Educação do Instituto de Biociências da Unesp-Botucatu e credenciada no Programa de Pós-Graduação em Educação para a Ciência da Faculdade de Ciências da Unesp-Bauru. É líder do Grupo de Pesquisa em Educação Ambiental (Gpea) e Pesquisadora Bolsista PQ-2 do CNPq. Caixa Postal 246. CEP 18608-730, Botucatu, SP. E-mail: mariliaedu@ibb.unesp.br

Martha Tristão – Graduada em Ciências Biológicas pela Universidade Federal do Espírito Santo (1980), mestrado em Educação pela Universidade Federal do Espírito Santo (1992) e doutorado em Educação pela Universidade de São Paulo (2001). Concluiu estágio de pós-doutorado na University of Regina, Saskatchewan, Canadá em 2011. Atualmente é professora-associada da Universidade Federal do Espírito Santo e atua na graduação, no Curso de Licenciatura em Ciências Biológicas e na Pós-Graduação, nos cursos de mestrado e doutorado do Programa de Pós-Graduação em Educação. Coordena o Núcleo Interdisciplinar de Pesquisa e Estudos em Educação Ambiental (Nipeea) no Centro de Educação da Ufes. Tem experiência na área de Educação, com ênfase em Educação Ambiental, atuando principalmente nos seguintes temas: teoria da complexidade, interação natureza/cultura, processos de identidades e produções narrativas. Publicou artigos em periódicos, livros e capítulos de livros. Centro de Educação – PPGE/Ufes, Av. Fernando Ferrari, s/n. CEP 29075-015, Vitória, ES. E-mail: marthatristao@terra.com.br

Michele Borges Rua – Graduada em Ciências Biológicas pela Universidade Federal do Rio de Janeiro, estagiária voluntária do Laboratório de Ficologia e Educação Ambiental (Lafea), da Uerj, com o Projeto de extensão intitulado Educação Ambiental em Praça Pública, sob orientação do Prof. Alexandre de Gusmão Pedrini, na instituição de ensino Uerj. Contato: Rua São Francisco Xavier, 524, Pavilhão Haroldo Lisboa Cunha, sala 525/1. CEP 20550-013, Rio de Janeiro, RJ. E-mail: michelebrua@outlook.com

Monica Dorigo Correia – Graduada em Ciências Biológicas na Universidade Santa Úrsula, mestre em Zoologia pela Universidade Federal do Paraná e doutora em Ciências Biológicas na Universidade de São Paulo. Professora-associada da Universidade Federal de Alagoas. Docente dos programas de Pós-Graduação em Ensino de Ciências e Matemática e de Diversidade Biológica e Conservação nos Trópicos. Líder do Grupo de Pesquisa em Comunidades Bentônicas/CNPq, com atuação em Biodiversidade Bentônica, Preservação e Educação Ambiental. Pesquisadora dos INCTs de Ciências do Mar e Mudanças Climáticas. Autora de artigos em revistas internacionais e nacionais, além de capítulos e livros. Parecerista *ad hoc* de artigos e projetos de pesquisa. Consultora para o Ministério Público Federal na avaliação de impactos ambientais. Universidade Federal de Alagoas, Instituto de Ciências Biológicas e da Saúde, Setor de Comunidades Bentônicas (Labmar), Rua Aristeu de Andrade, 452, 2º andar, Farol. CEP 57021-019, Maceió, AL. E-mail: monicadorigocorreia@gmail.com

Nadja Maria Castilho da Costa – Graduada em Geografia pela Universidade Federal do Rio de Janeiro (UFRJ), possui mestrado e doutorado pelo Programa de Pós-Graduação em Geografia da mesma universidade. Como professora-associada do Instituto de Geografia da Universidade do Estado do Rio de Janeiro (Uerj) e pesquisadora do CNPq, coordena o Grupo de Estudos Ambientais (GEA/Uerj) desde 1995. Desenvolve projetos de pesquisa em análise ambiental em unidades de conservação e projetos extensionistas em Educação Ambiental, com destaque para ações educativas voltadas para as escolas (públicas e privadas) do entorno de áreas protegidas. Endereços (postal e eletrônico): Rua Valparaíso, 80, apto. 401, Tijuca. CEP 20261-130, Rio de Janeiro, RJ. E-mail: nadjacastilho@gmail.com

Osmar Cavassan – Graduado em Ciências Biológicas pela Faculdade Farias Brito, mestre em Biologia Vegetal pela Unesp, Campus de Rio Claro, doutor em Ecologia pela Unicamp e livre-docente em Ecologia de Comunidades pela Faculdade de Ciências, Campus de Bauru, Unesp. É professor no Departamento de Ciências Biológicas, Faculdade de Ciências, Campus de Bauru, Unesp, ministra a disciplina "Educação Ambiental e Ecossistemas Terrestres" e orienta no Curso de Pós-Graduação em Educação para as Ciências. Ensina, pesquisa e tem vários trabalhos publicados em Ecologia de Matas Estacionais e Cerrado e em ensino de Botânica e Ecologia, em ambientes naturais. Departamento de Ciências Biológicas, Campus de Bauru, Unesp, Av. Luis Edmundo Carrijo Coube, 14-01. CEP 17033-360, Bauru, SP. E-mail: cavassan@fc.unesp.br

Sônia Maria Marchiorato Carneiro – Graduada em Geografia pela Universidade Federal do Paraná (UFPR), possui mestrado em Educação pela UFPR e doutorado em Meio Ambiente e Desenvolvimento (Made-UFPR). Professora-sênior do Programa de Pós-Graduação em Educação da UFPR, na Linha de Pesquisa "Cultura, Escola e Ensino", nas áreas da Educação Geográfica e Educação Ambiental. Pesquisadora do doutorado em Meio Ambiente e Desenvolvimento (Made-UFPR). Grupos de Pesquisa: "Educação, Sociedade e Ambiente" (Neas) e "Cultura, Saberes, Práticas Escolares e Educação Histórica" – Universidade Federal do Paraná. Endereço: Rua Gal. Carneiro, 460, 1° andar, Reitoria da UFPR, Ed. D. Pedro I. CEP 80060-150, Curitiba, PR. E-mail: sonmarc@brturbo.com.br

Suzana Ursi – Graduada (licenciatura e bacharelado) em Ciências Biológicas, mestrado e doutorado (na área de Botânica, focando algas marinhas) pela Universidade de São Paulo, sendo parte do trabalho de doutorado desenvolvido nas universidades de Uppsala e Estocolmo. É professora-doutora do Departamento de Botânica do Instituto de Biociências da Universidade de São Paulo e atua como orientadora em dois programas de pós-graduação dessa universidade: Interunidades em Ensino de Ciências e Botânica. Coordena o grupo de pesquisa Boted (Botânica na Educação) que realiza estudos com temática centrada no ensino-aprendizado de Botânica e Educação Ambiental voltado aos ambientes marinhos e costeiros. As principais vertentes das pesquisas são formação de professores (inicial e continuada, presencial e na modalidade Educação a Distância) e desenvolvimento e avaliação de estratégias didáticas. Departamento de Botânica – Instituto de Biociências – USP, Rua do Matão, 277, Cidade Universitária, Butantã. CEP 05508-090, São Paulo, SP. E-mail: suzanaursi@usp.br

Thomas J. Marcinkowski – Graduado em Estudos de Religião pela St. Lawrence University, possui mestrado em Silvicultura com ênfase em Interpretação Ambiental e Educação Ambiental não formal pela Southern Illinois University e Doutorado em Currículo, Instrução e Média, com ênfase em Educação Ambiental e Educação em Ciências pela Southern Illinois University. Tem atuado como coordenador do Programa de Pós-Graduação em Educação Ambiental na Florida Institute of Technology. Na área de *assessments* tem lecionado disciplinas na graduação e pós-graduação desde 1995 e participou ativamente do grupo de pesquisa do projeto National Environmental

Literacy Assessment (Nela). Na área de avaliação ele tem atuado como membro consultor em avaliação nos financiamentos federais de projetos em Educação Ambiental dos Estados Unidos desde 1987. Foi autor e coautor de mais de 20 publicações sobre *assessment* e avaliação. Entre 1988 e 1993 presidiu a Comissão de Pesquisa da North American Association for Environmental Education (Naaee). Desde 1983 tem atuado como editor do *The Journal of Environmental Education* (JEE) e, a partir de 2002, também como editor do *Environmental Education Research* (EER). Department of Education & Interdisciplinary Studies, Florida Institute of Technology, 150 W. University Boulevard. Melbourne, Florida 32901. E-mail: marcinko@fit.edu

Vilson Sérgio de Carvalho – Graduado em Psicologia pela UFRJ. Mestre e doutor em Psicossociologia e Ecologia Social pela mesma universidade e pós-graduado em Docência do Ensino Superior pela Universidade Candido Mendes (Ucam-RJ). É professor e pesquisador da AVM Faculdade Integrada do Rio de Janeiro desde 1998, com ênfase nas seguintes temáticas: Ensino Superior, Educação Ambiental, Psicologia Social, Didática, Práticas de Ensino e Meio Ambiente. Já publicou alguns livros e vários artigos nessas áreas. Atualmente é coordenador Niep/AVM – Núcleo Interdisciplinar de Estudos e Pesquisas da AVM Faculdade Integrada, onde tem estudado os potenciais e possibilidades da interface entre Educação Ambiental e Educação a Distância. AVM Faculdade Integrada, Rua do Carmo, n. 07, 13º andar, Centro. CEP 20011-020, Rio de Janeiro, RJ. E-mail: vilsonsergio@gmail.com

Vivian Castilho da Costa – É graduada em Geografia pela Universidade do Estado do Rio de Janeiro (Uerj), bem como possui mestrado e doutorado pelo Programa de Pós-Graduação em Geografia da Universidade Federal do Rio de Janeiro (UFRJ). Como professora-adjunta do Instituto de Geografia da Universidade do Estado do Rio de Janeiro (Uerj), coordena o Laboratório de Geoprocessamento (Lagepro) desde 2009 e faz parte do GEA/Uerj desde 2000. Desenvolve projetos de pesquisa e extensão em análise ambiental em unidades de conservação com uso de geotecnologias e ferramentas informacionais. Endereços (postal e eletrônico): Rua Valparaíso, 80, apto. 401, Tijuca. CEP 20261-130, Rio de Janeiro, RJ. E-mail: vivianuerj@gmail.com

Introdução

Alexandre de Gusmão Pedrini
Carlos Hiroo Saito

Um dos caminhos percorridos, da qual a Educação Ambiental (EA) tem se nutrido, é o avanço da reflexão de caráter epistemológico em torno da própria relação homem-natureza e o papel da ciência e da educação nesse contexto, que requerem um novo pensar sobre a crise ambiental planetária. Alguns autores como Leff (2002) têm se destacado nesse debate, mas outros trabalhos, referidos a este último ou não, trazem questões interessantes (FOLLEDO, 2000; CARNEIRO, 2006).

Mas ao se tratar de questões epistemológicas tem-se a necessidade de refletir primeiramente sobre o papel da ciência e do cientista, e, neste caso, vai nos referir à Educação Ambiental e ao pesquisador em Educação Ambiental. Será que simplesmente difundindo informação prioritariamente por artigos de periódicos científicos internacionais o cientista julga cumprido seu papel, preocupação esta trazida por Pedrini (2002)? Faz-se necessário pensar na produção científica necessária para uma dada realidade, e neste caso não se pode ignorar a reconhecida necessidade de aprofundamento teórico-metodológico no campo da Educação Ambiental.

De acordo com Thomas Kuhn (1997), ao analisar a história das ciências, comenta que "na ausência de um paradigma ou de algum candidato a paradigma, todos os fatos que possivelmente são pertinentes ao desenvolvimento de determinada ciência têm a probabilidade de parecerem igualmente relevantes" (p. 35). Como consequência dessa situação, a coleta de fatos se aproxima de uma busca errática, e normalmente restrita ao que se disponibiliza para apreensão na superfície. É uma caracterização que parece convergir com os diagnósticos dos encontros sobre Educação Ambiental no país. E por isso Kuhn afirma que a aquisição, consolidação, compartilhamento de um paradigma e o tipo de pesquisa por isso propiciado é sinal de maturidade no desenvolvimento de um campo científico (p. 31).

Mas então o que seria paradigma? Para Kuhn (1997), paradigmas correspondem às "realizações científicas universalmente reconhecidas que, durante algum tempo, fornecem problemas e soluções modelares para uma comunidade de praticantes de uma ciência" (p. 13). Aqueles que desenvolvem pesquisas baseados em paradigmas compartilhados encontram-se comprometidos com as mesmas regras e padrões para a prática científica. Portanto, paradigma representa modelo, padronização, compartilhamento, intercomunicabilidade e comparatividade.

É nesse contexto e sob essa justificativa que surge a proposta de organização deste livro: Reunir numa só obra coletiva uma síntese de algumas das principais vertentes metodológicas contemporâneas em Educação Ambiental do Brasil, com o intuito de difundir seus principais pressupostos teórico--práticos – seus paradigmas – através de relatos de estudo de casos exitosos, evidenciando a sua eficácia. Foram convidados para a formulação de cada um dos 14 capítulos os autores identificados com a respectiva metodologia através de textos publicados e que sejam vinculados formalmente a instituições de ensino e pesquisa.

Evidentemente, considerando a dimensão territorial e a multiplicidade de instituições de ensino e pesquisa no país, partiu-se da premissa de existência de mais de um pesquisador qualificado que poderiam reunir esforços, experiência e expertise, para produzirem um texto coletivo que sintetize os aspectos teórico-metodológicos na temática de sua especialidade. Em vista disso, os leitores poderão observar que todos os capítulos foram produzidos em coautoria. Apenas um deles é uniautorado. Os capítulos abarcam pesquisadores de diferentes instituições e localizadas em regiões geográficas distintas, e isso representou um enorme esforço de articulação e cooperação com o melhor dos propósitos: brindar o leitor com um texto de síntese e qualidade. Mais do que isso, procurou-se também agregar pesquisadores de todas as regiões geográficas do país, abarcando o conjunto das experiências nos diversos biomas brasileiros. Acreditamos que essa dispersão geográfica justamente captura e traz ao leitor a diversidade regional e a riqueza de representatividade e capilarização da Educação Ambiental no país. Além disso, a participação de autor estrangeiro, e mesmo a presença de outras como referências de literatura, permitem mostrar a inserção internacional da pesquisa em Educação Ambiental do Brasil. Também nesta obra admitiu-se a diversidade ou multiplicidade de abordagens, como já vem sendo admitido em outras obras, como a de Ruscheinsky (2012a). Assim, um esforço foi desenvolvido no sentido de não promover qualquer preponderância de uma opção metodológica sobre as outras, sendo buscado um equilíbrio entre elas.

Nestes 14 capítulos, procurou-se abarcar diferentes olhares, voltados para um público diversificado, do mundo acadêmico, empresarial, governamental, escolar, universitário, de organizações governamentais, dentre outros. Infelizmente, limitações de tempo de execução, e até mesmo limites orçamentários da editora, levaram a textos por vezes não tão extensos e profundos como os autores idealizaram, e outros autores inclusive não puderam se fazer presentes em virtude de disponibilidade momentânea de tempo dos mesmos para se dedicar à obra.

Assim, procuramos apresentar uma breve síntese das principais vertentes metodológicas da EA atuantes no Brasil e, através do detalhamento por estudos de caso realizados com eficácia em cada um desses contextos, buscamos oferecer ao leitor – pelas variadas possibilidades paradigmáticas trazidas nos capítulos – a capacidade destes intuírem como ressignificar e recontextualizar ações pedagógicas em EA. Esperamos com isto termos contribuído com uma produção científica relevante e contextualizada, que possa disponibilizar aos estudantes e professores de qualquer curso de nível médio ou superior possibilidades de discernimento inicial de escolhas metodológicas adequadas ao seu propósito de ação em EA e ser fonte de informação atualizada no campo metodológico da Educação Ambiental no mercado editorial brasileiro.

Uma luz inicial no caminho metodológico da Educação Ambiental

Alexandre de Gusmão Pedrini
Carlos Hiroo Saito

Introdução

Método, segundo a perspectiva científica, traduz essencialmente todos os critérios e escolhas, enfim, responde a pergunta: Como foi formulado, realizado ou descrito um processo de uma intervenção ou pesquisa? Há autores, como Barcelos (2008), que entendem que não é possível, *a priori*, formular uma metodologia para uma determinada situação. Ou seja, a metodologia ainda é tema de discussão.

Um livro com pretensão metodológica pode nele encerrar concepções restritas aos produtores dos textos e daqueles que com eles aglutinam entendimentos, visões de mundo e opiniões políticas convergentes. É preciso ter coragem para escrever livros metodológicos. Raro também será um livro que consiga dar conta de todas as ansiedades de um leitor. É difícil encontrar-se no mercado editorial livros metodológicos de uma mesma especialidade que sejam parecidos. Cada um se aprofunda em temas que podem ter marcado seus autores ou que com eles se identificam. Como a Educação Ambiental (EA) perpassa por variados saberes, ela termina tendo seus limites metodológicos difíceis de se determinar.

Sugere-se, então, que cada leitor ávido em conhecer as etapas mínimas para propor uma atividade de intervenção ou projeto de pesquisa busque antes de tudo conhecer: a) obras que ajudam o interessado a definir que paradigma é desejado (CHIZZOTTI, 2001), ou seja, se modelo quantitativo ou qualitativo; b) a metodologia de sua área-base, por exemplo, a Educação ou a Sociologia; c) obras instrumentais que são úteis tanto para a formulação de um projeto como para escrever um texto com seus resultados.

1 Paradigma quantitativo ou qualitativo

Há um desconhecimento geral sobre as características tanto dos modelos quantitativo como do qualitativo. Dessa forma são apresentadas resumidamente no Quadro 1 algumas delas, facilitando, assim, a escolha do interessado, evitando adotar modelos conflitantes no seu projeto. São diferenças fundamentais entre os modelos quantitativos e qualitativos, características essas essenciais para a seleção das estratégias metodológicas iniciais a uma proposta de trabalho.

Quadro 1 Algumas características básicas dos paradigmas quantitativos e qualitativos

Paradigma quantitativo	Instrumentos/Estratégias de coleta/Análise de dados/Informação	Paradigma qualitativo	Autor(es) de excelência
Sistemática	Observação	Participante	Poupart et al. (2008)
Aberto ou fechado	Questionário	Não	Santos (2005)
Estruturada (Dirigida)	Entrevista	Não estruturada	Rosa e Arnoldi (2006)
Sim	Experimentação	Não	Tabanez, Pádua e Souza (1996)
Sim	Estatística	Não	Medeiros et al. (2008)
Não	História de vida/oral	Sim	Alberti (2005)
Não	Análise de Conteúdo	Sim	Bardin (1979)
Não	Análise de Discurso	Sim	Iñiguez (2004)
Não	Pesquisa Participante/Ação	Sim	Carr e Kemmis (1986)
Não	Etnografia	Sim	Beaud e Weber (2003)
Sim	Estudo de caso	Sim	Bizzo (2005)
Sim	Survey	Não	Pelliccione et al. (2008)

O Quadro 1 aponta que nas ciências humanas as obras metodológicas são, em geral, modeladas no paradigma qualitativo. São também, em geral, obras uniautoradas.

2 A metodologia de sua área-base

O Quadro 2 seleciona algumas outras sugestões de obras metodológicas, compreendendo áreas-bases, modelo, autor(es) e se é coletânea ou não. Sendo coletânea terá capítulos com outros autores, aumentando as possibilidades de encontrar textos que possam aderir ao seu interesse. Em seguida, busque obras metodológicas próprias da EA (DIAS, 1992; GALIAZZI & FREITAS, 2006; PEDRINI, 2007; TOZONI-REIS, 2008).

Quadro 2 Sugestões de obras metodológicas de algumas áreas-bases, por exemplo

Área-base	Modelo		Coletânea		Autor(es)
	Qualid.	Quantid.	S	N	
Educação Física	x		x		Gaio (2008)
Educação	x			x	Esteban (2010)
Ciências Sociais	x			x	Gil (1999)
Jornalismo	x			x	Lago e Benetti (2007)
Medicina	x			x	Turato (2003)
Sociologia	x		x		Zago et al. (2003)
Teatro	x			x	Boal (2005)

3 Obras instrumentais

Escolhidas as áreas, deve-se então partir para escrever uma proposta de projeto. Este conjunto representa as obras que podem ser úteis tanto para a formulação de um projeto como para escrever um texto com seus resultados, sugerindo-se, numa primeira listagem: a) Bardin, 1979; b) Bauer e Gaskel, 2002; c) Marcondes et al., 2005; d) Lehfeld, 2007; e) Oliveira, 2007; f) França e Vasconcellos (2009); g) Medeiros et al. (2008); h) Silverman, (2009); i) Lattin et al. (2011).

Há inúmeras obras sobre como formular uma proposta (BARROS & LEHFELD, 1990; DIEZ & HORN, 2005; SOUZA, 2007). Muitas vezes os potenciais financiadores de projetos possuem suas normas e, assim os proponentes devem conhecê-las primeiro. Porém, segundo Minayo (1993), para a formulação de um esboço de proposta o interessado terá que responder às seguintes perguntas: a) O que pesquisar?; b) Para que pesquisar?; c) Por que pesquisar?; d) Como pesquisar?; e) Por quanto tempo?; f) Com que recursos?; g) A partir de quais fontes de informação? Além destes aspectos, Smith (1996) e Zeni (1998) chamam atenção para a necessidade de se perguntar para quem a pesquisa é relevante, e assumir o compromisso social em todos os aspectos éticos. Com essas simples perguntas é possível se passar de uma ideia a um esboço de projeto.

4 Alguns aspectos sobre a pesquisa em Educação Ambiental

O campo da Educação Ambiental vem buscando se firmar ao longo do tempo por meio de diferentes espaços, sejam eles acadêmicos, político-institucionais ou mesmo pela organização de redes que congreguem pesquisadores e militantes ambientais. Apesar da reconhecida expansão da área, o que tem emergido de consenso entre os educadores ambientais é a necessidade de amadurecimento das questões teórico-metodológicas na pesquisa em Educação Ambiental.

Espaços acadêmicos específicos vêm buscando debater os trabalhos na área de Educação Ambiental. São exemplos: a) Encontro de Pesquisa em Educação Ambiental (Epea); b) Encontro da Associação Nacional de Pós-Graduação e Pesquisa em Educação (ANPEd); c) Encontro da Associação Nacional de Pós-Graduação e Pesquisa em Ambiente e Sociedade (Anppas). O trabalho de Pedrini (2013) confirma esses eventos como relevantes para docentes de EA dos estados do Rio de Janeiro e Espírito Santo. Eles têm chamado a atenção para a proliferação de trabalhos de caráter meramente descritivos, como relato de casos, com pouca sustentação teórico-metodológica. Um dos capítulos deste livro chama a atenção especificamente para a existência de "um número significativo de pesquisas em Educação

Ambiental [que] carece de rigor teórico e metodológico" (Tozoni-Reis e Vasconcellos, nesta coletânea).

Nesta mesma direção, um estudo feito por Pedrini e Rocha (1999), avaliando a lista de discussão "Educação Ambiental na América Latina" (EAlatina@redetec.org.br), que foi hospedada na Rede de Tecnologia do Estado do Rio de Janeiro, aponta que os participantes da lista demandavam como temas mais relevantes para consumo os "relatos de experiências" (45%) e "apresentação de metodologias" (23%). Para os autores do estudo, a conclusão que chegam é de que há uma busca por meios que reiteram a continuidade das práticas empíricas de Educação Ambiental, em detrimento de discussões teóricas de caráter epistemológico, demandado por apenas 9% dos participantes da lista de discussão avaliada.

Parte dessa demanda deve-se, possivelmente, a um afã de buscar soluções para os conflitos socioambientais pela via da educação (ambiental), num certo ativismo que termina por confundir a Educação Ambiental com a militância ambiental ou divulgação científica. Esse aspecto tem muitas vezes motivado críticas à Educação Ambiental, passando a exigir desta, enquanto desafio, a profissionalização específica do campo (MARCINKOWSKI, 2010).

Considerações finais

Diante desse cenário, há uma convergência de interesse e oportunidade para se refletir sobre como avançar ainda mais e em que direção e sentido a Educação Ambiental. De acordo com Loureiro (2006), "É exatamente em função desse cenário que julgamos ser crescente a responsabilidade dos educadores ambientais inseridos na Academia na consolidação e aprofundamento de questões teóricas e metodológicas e na socialização de conhecimentos, garantindo a reflexão qualificada e o permanente questionamento e aprimoramento na prática de todos que se identificam com a Educação Ambiental" (p. 39). Esperamos que esse simplificado "caminho das pedras" seja útil para a iniciação do leitor.

UMA LUZ INICIAL NO CAMINHO METODOLÓGICO DA EDUCAÇÃO AMBIENTAL

Resumo

O trabalho parte do reconhecimento de que o campo da Educação Ambiental (EA) vem se firmando ao longo do tempo, mas que, apesar da expansão da área, o que tem emergido de consenso entre os educadores ambientais é a necessidade de amadurecimento das questões teórico-metodológicas na pesquisa em Educação Ambiental. Reconhece-se, entre muitos educadores ambientais, uma busca por meios que reiteram a continuidade das práticas empíricas de Educação Ambiental em detrimento de discussões teóricas de caráter epistemológico. A partir desse cenário propõe-se que o sujeito que busca construir um projeto de Educação Ambiental percorra um "caminho das pedras", que passa pelo conhecimento de obras que ajudem o interessado a definir que paradigma é desejado, da metodologia de sua área base e das obras instrumentais que são úteis tanto para a formulação de um projeto como para escrever um texto com seus resultados. Defende-se ainda que para a formulação de um esboço de proposta o interessado terá que responder às seguintes perguntas: a) O que pesquisar?; b) Para que pesquisar?; c) Por que pesquisar?; d) Como pesquisar?; e) Por quanto tempo?; f) Com que recursos?; g) A partir de quais fontes de informação?; h) Para quem a pesquisa é relevante?; e i) Assumir o compromisso social em todos os aspectos éticos. Refuta-se assim o ativismo sem base teórico-metodológica em buscar soluções para os conflitos socioambientais pela via da educação (ambiental), que termina por confundir a Educação Ambiental com a militância ambiental ou divulgação científica. Defendemos aqui a responsabilidade dos educadores ambientais inseridos na Academia na consolidação e aprofundamento de questões teóricas e metodológicas e na socialização de conhecimentos, na perspectiva da profissionalização do campo da Educação Ambiental, o que justifica a necessidade e oportunidade de um livro sobre paradigmas metodológicos em Educação Ambiental.

Palavras-chave: paradigmas; metodologia; profissionalização; Educação Ambiental.

AN INITIAL LIGHT ON THE METHODOLOGICAL PATHWAY OF THE ENVIRONMENTAL EDUCATION

Abstract

This chapter starts from the recognition that the field of environmental education (EE) has well-established itself over time, but despite the expansion of the area, there is a consensus among environmental educators about the need of maturation of the theoretical and methodological issues. It is recognized, among many environmental educators, a search for means to reinforce the choice for empirical practices of environmental education, rather than theoretical discussions of epistemological nature. From this scenario, it is proposed that those who seek to write an environmental education project go walking along a paved road that includes the knowledge of works that can help the person to define what is the desired paradigm, of the methodology of his/her area based and of instrumental works that are useful both for the formulation of such a project and to write a text with your results. It is also argued that during the formulation of a draft proposal the applicant will have to answer the following questions: a) what to search?; b) for what to search?; c) why to search?; d) how to search?; e) how long should last the search?; f) what resources will be necessary?; g) from which information sources?; h) for whom the research is relevant?; i) social commitment at all ethical aspects. Thus, here it is refuted the activism without theoretical and methodological basis in seeking solutions to environmental conflicts through education (environmental education), which ends up confusing environmental education with environmental advocacy and scientific divulgence. We defend the responsibility of environmental educators inside Academy for the consolidation and deepening of theoretical and methodological issues and the socialization of knowledge seeking for the professionalization of the field of environmental education. This justifies the need and opportunity for a book about methodological paradigms in environmental education.

Keywords: paradigms; methodology; professionalization; environmental education

PARTE I

Referenciais metodológicos em
Educação Ambiental

1.1
Educação Ambiental e alguns aportes metodológicos da ecopedagogia para inovação de políticas públicas urbanas

Aloisio Ruscheinsky
Arlêude Bortolozzi

Introdução

A noção de desenvolvimento sustentável está hoje descaracterizada na medida em que se enquadra numa sociedade insustentável. Diante dessa contradição, alguns aportes metodológicos da ecopedagogia poderão constituir-se em uma estratégia de alicerce para novas ações que busquem – dentro de uma perspectiva socioambiental – o desenvolvimento de uma sociedade mais equitativa socialmente. Desta forma vem a contribuir de uma maneira inédita para encaminhar respostas de soluções às inúmeras interrogações advindas das questões urbanas.

Trataremos de uma abordagem metodológica da Educação Ambiental de forma crítica, intuitivamente projetada para mostrar as incongruências de sua atuação, onde esta se apresenta quase sempre inoperante, uma vez que são bastante raras as práticas que se destacam como transformadoras. Daí a relevância de enfatizar a questão primeiramente a partir de uma visão de mundo ou de um horizonte socioambiental para elaborar uma contribuição metodológica. Portanto, é a partir das ciências sociais, da área de conhecimento das ciências humanas que nos propomos a apresentar uma contribuição peculiar, ou melhor, mostrar a relevância e a pertinência de se buscar outras trajetórias para a Educação Ambiental.

Com este enfoque adotado entendemos que seja possível a cooperação metodológica que busque uma integração entre disciplinas, bem como que desta forma é preciso também dar um maior significado às redes de atores sociais em ação e aos grupos de investigação. Nesse sentido, o leitor pode perceber que no campo da ecopedagogia existe um momento reflexivo sobre a ação e a pesquisa que combina com a problematização das relações de poder.

Há efetivamente o cuidado para com a montagem de esquemas que ultrapassem posicionamentos rígidos ou modelos acabados para dar lugar a paradigmas diferenciados e propostas inovadoras em face do olhar sobre a diversidade do espaço urbano. Diante das constantes transformações, justamente o que precisamos para inovar as ações em Educação Ambiental consiste em apontar pistas arrojadas.

Este texto objetiva situar a abordagem das mudanças urbanas em termos das desigualdades e das incertezas, bem como o limiar dos debates metodológicos contemporâneos sobre os mecanismos que comportam ação-reflexão-ação. Em sua estratégia se recorre à abordagem da ação compreendendo uma metodologia da intervenção social.

1 A complexidade do conhecimento ambiental urbano e novos paradigmas conceituais e práticos para a resolução dos problemas

A complexidade do ambiental urbano e o profundo confronto entre atores sociais nos permite apontar que quase tudo ainda está por ser realizado e novos paradigmas devem ser desenvolvidos em termos da Educação Ambiental.

Para tal, uma visão de conjunto permitida pela totalidade do problema que é multidimensional significa um paradigma que se sobressai como estratégia para uma opção metodológica que se torne benéfica para a Educação Ambiental no contexto urbano. Isto porque uma análise da totalidade não significa o aprofundamento de todos os aspectos envolvidos no objeto de estudo, mas sim a capacidade de dialogar com todos os fragmentos das relações sociais.

Obviamente, existe o desafio de entabular uma ampla discussão e de articular a sustentabilidade com o pensamento complexo, onde o real é ao mesmo tempo compreendido como fragmento e como totalidade. Sobre esta temática há um capítulo neste livro que complementa esse raciocínio: o capítulo intitulado "Educação Ambiental e a Teoria da Complexidade: articulando concepções teóricas e procedimentos de abordagem na pesquisa" (Tommasiello et al., nesta coletânea). Seguindo o raciocínio, pode-se dizer, em outros termos, que o contexto urbano se explica pelas parcelas diferenciadas do espaço que o compõem na vigência das redes que articulem as distintas partes de uma metrópole, ou dos atores que nela se aliam e se conflitam, bem como as partes se explicam na referência à totalidade ou nexos entre a diversidade de espaços.

Do nosso ponto de vista, o método dialético complexo procura dialogar com os diferentes elementos que compõem a historicidade da temática ou os diferentes ângulos da problemática (aspectos físicos e simbólicos, naturais e sociais, econômicos e culturais, políticos e ideológicos).

Importante destacar que na perspectiva da economia política esta totalidade é concebida como uma abordagem do real a partir de um complexo estruturado, constituído da gênese, dos desdobramentos e da reinvenção do real.

De acordo com Santos (2009a), a complexidade do processo de urbanização passa a requerer os préstimos do método de investigação tracejado pela economia política. A circulação (mercadorias, informações, pessoas, ideias) vem ganhando novas expressões no processo de reconfiguração dos atores sociais em conflito na urbanização.

Enquanto múltipla e dinâmica das relações sociais e destas para com a natureza esta historicidade subsiste como constante movimento, ou o real passível de ação transformadora. Assim sendo, temos teórica e metodologicamente mais do que uma força de expressão. A ecopedagogia possui sua gênese na perspectiva dialética, concebendo as relações sociais e o nexo entre sociedade e natureza como engendradas pelas contradições e pelo seu movimento incessante.

A ótica da complexidade do conhecimento ambiental desafia metodologicamente a importância da inter e transdisciplinaridade, próprias das pesquisas qualitativas, tema também abordado no capítulo "Educação Ambiental em uma perspectiva CTSA: orientações teórico-metodológicas para práticas investigativas" (Grynszpan, nesta coletânea). Isto remete a uma discussão sobre a fragmentação do conhecimento, e daí a urgência de se buscar práticas mais integradoras para a Educação Ambiental no meio urbano.

A complexidade das questões ambientais não pode ser dissolvida em um único saber, ou contemplada a partir de uma única disciplina do campo do conhecimento (SATO & CARVALHO, 2008), mas sim a partir de cada disciplina abrir-se ao diálogo com as outras.

Como ressaltou Milton Santos, não há que se temer a invasão de um dado exógeno de outra disciplina porque ele passa a ser endógeno ao conhecimento daquela parcela da realidade total que se deseja explicar. Da mesma forma, o campo socioambiental, como preferem alguns autores, da mesma forma como é composto por atores sociais em conflito, também requer a cooperação do conhecimento, das políticas públicas e dos sujeitos.

Dessa forma, antes que possamos apresentar alguns aportes metodológicos da ecopedagogia como proposta de inovação de políticas públicas urbanas faz-se oportuno *a priori* abordar a própria práxis ecológica como premissa para sua concretização.

2 A práxis ecológica: ação-reflexão-ação

A ideia do movimento dialético, que reconhece as intersubjetividades (sujeito, objeto e ambiente) consiste no uso de categorias adequadas que permitam a reconstrução de uma totalidade por meio do reconhecimento do nexo entre as partes, bem como o inverso operando uma síntese sem desqualificar os significados dos diferentes espaços urbanos. Com o geógrafo Milton Santos (1985) aprendemos o significado da noção de complexidade, bem como a compreendê-la, por meio das categorias de análise do espaço geográfico que são forma, estrutura, processo e função.

Os autores levam em consideração os procedimentos metodológicos para uma ação transformadora ou práxis ecológica. Examinam estratégias amoldadas à pesquisa social no contexto urbano, ao mesmo tempo em que acolhem a ideia de uma sociedade da informação. Salienta-se que a profusão dos impactos ambientais, apesar da incorporação de novas tecnologias, leva a questionar a dicotomia entre demandas políticas e imperativos de modernização; ou a justaposição da ação e da reflexão, pois acima de tudo reitera as interfaces e a complementaridade.

Foram trabalhos e investigações voltadas a projetos de Educação Ambiental que deram os *insights* interdisciplinares e teórico-metodológicos que inspiraram a elaboração do presente texto, pautado pela metodologia da pesquisa qualitativa e enfatizando o método dialético complexo. Nos procedimentos dos pesquisadores ao desenvolverem seus projetos de pesquisa, concordam com Santos (2009b, p. 120): "O paradigma da complexidade na perspectiva epistemológica apresenta avanços consideráveis, mas enquanto metodologia operativa está em seus primórdios".

Isto porque é preciso que o pesquisador parta de uma prática de cidadania para refletir e teorizar sobre os problemas que vê e não partir de uma teorização prévia que nem sempre corresponde à realidade no processo de desenvolvimento da pesquisa. Portanto, trata-se de partir da ação que é uma prática de busca de transformação da realidade objetiva da qual o pesquisador também faz parte, para teorizar e retornar à pratica com sugestões de solução aos problemas. Tal processo leva o pesquisador à condição simultânea de sujeito e objeto da pesquisa ao mesmo tempo, além de observador perspicaz também se realiza como agente de transformação daquilo que precisa de solução.

Um novo paradigma conceitual e prático transformador com seu conhecimento e projeto vai então permitir o diálogo por meio das políticas públicas com todos os aspectos envolvidos na problemática ambiental urbana, considerando as intersubjetividades. Contudo, de fato existem razões e fatores que nos levam a reconhecer a permanência de alguns pontos divergentes no campo da ecopedagogia, e talvez uma trajetória de práticas sociais dê conta de superá-los. Dentre as divergências, gostaríamos de colocar pelo menos três importantes para uma discussão com tranquilidade: a) existe uma restrição ao uso do termo sustentabilidade como o uso dos bens naturais com respeito à capacidade de suporte do ecossistema; b) a urbanização contemporânea no Brasil produz sucessivos e alargados impactos ambientais, como tendência de configuração territorial expressando possibilidades e arranjos entre os atores sociais; c) as estratégias relacionadas à sustentabilidade urbana dos espaços construídos como nexo sociedade-natureza podem subordinar-se à formulação de políticas públicas de caráter territorial, em detrimento às concepções fundamentadas da produção socioespacial no âmbito da questão ambiental contemporânea.

3 Alguns aportes metodológicos da ecopedagogia

A ecopedagogia pode ser desenhada como uma ferramenta metodológica ou o compromisso dos agentes sobre o espaço urbano com uma visão utópica de outra realidade urbana, embora complexa, porém possível. Neste sentido, cabe destacar as contribuições metodológicas para cotejar, encantar e arrebatar a ótica da ecopedagogia como um movimento social, político e pedagógico.

Uma metodologia centrada nos contrastes tende a mostrar a desconformidade de atores sociais e as trajetórias de mudança dos espaços urbanos. A ferramenta metodológica que a ecopedagogia requer se debruça sobre a pluralidade das formas sociais, das contradições das reformas ou modernização e dos conflitos socioambientais. Por operar no campo do reducionismo algumas abordagens dissolvem a complexidade da questão ambiental a um conjunto de aspectos meramente técnicos, ou melhor, que as inovações tecnológicas virão dissolver todos os problemas elencados.

Uma metodologia amparada na ecopedagogia requer a referência a uma Educação Ambiental realizável, e mesmo assim na medida em que novos axiomas decorrentes da crise ambiental e ações inovadoras possam ser discutidos. Porque com as práticas atuais de ordenamento do espaço urbano muito pouco temos para apontar em termos de solução aos problemas ambientais. Eles estão todos aí e cada vez mais agravados.

A inovação metodológica significa repensar as práticas sociais atuais para buscar novos paradigmas, cujo valor possa ser socialmente reconhecido. Nos grandes centros urbanos a contaminação do ar, os problemas da locomoção, o saneamento básico, as enchentes urbanas ou as catástrofes climáticas têm se agravado sem que quase nada tenha sido feito nem pelo poder público e muito menos alternativas decorrentes da Educação Ambiental.

Compreendemos que nossa sugestão metodológica deva partir de uma prática cidadã de reconhecimento de um problema ambiental, contextualizando-o no tempo e no espaço (as diferentes cidades, com os diferentes atores sociais envolvidos) para refletir e teorizar sobre o mesmo com o intuito de buscar ações que possam ser transformadoras (qualificando assim as políticas públicas urbanas). Conhecer o espaço físico e social da área de estudo vinculada ao conhecimento da totalidade do problema com uma visão dialética da realidade. Enfim, trabalhar de forma interdisciplinar o entendimento da complexidade dos problemas urbanos e nas inter-relações de seus diferentes aspectos, diferentes escalas espaciais (local, nacional, global), assim como nas diferentes esferas políticas municipais, estaduais e federais, buscando dessa forma uma gestão integrada.

Na concretização do olhar da ecopedagogia é apropriada a perspectiva metodológica de conjugar os dados quantitativos e os qualitativos, especialmente captando as representações subjetivas dos participantes nas lutas sociais. Ora, tal horizonte metodológico engloba também a observação participante, delineando a aprendizagem de acordo com o desenrolar dos fatos proporcionados pela teia social (RUSCHEINSKY, 2010a). O panorama metodológico ainda está integrado por uma perspectiva de compromisso de dar um retorno aos atores sociais.

Os principais conflitos explicitados por meio do discurso sobre a ação política são considerados pela ecopedagogia visando à observação de eventos significativos pela sua visibilidade pública, nos quais se configura uma rede de organismos como atores sociais. A reflexão crítica possui um espaço fundamental, mas também as práticas socioambientais.

As ações inovadoras são desafiadas no propósito de incorporar uma gestão de conflitos sociais e ambientais, que, a seu tempo ou ao mesmo modo, visam uma gestão integrada das disputas pelos espaços urbanos. Uma gestão urbana em termos de integração de diferentes saberes, das vozes de diferentes interlocutores, assim como das diferentes esferas políticas: municipal, estadual e federal.

A ilustração a seguir pretende expressar uma síntese das reflexões apresentadas no presente texto.

Figura 1 Fluxograma representando o processo de pesquisa e ação urbana

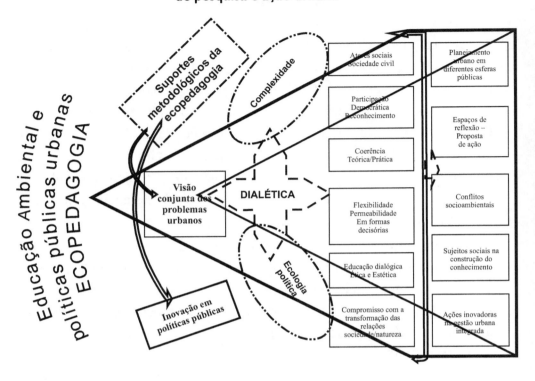

A Figura 1 contextua a pesquisa como um processo na perspectiva da ecopedagogia, contemplando orientações teórico-metodológicas como passos relevantes e aspectos incorporados aos desdobramentos de passos sucessivos e complexos do percurso investigativo e das práticas em políticas públicas urbanas, com a sua face interdisciplinar ou do nexo entre uma totalidade e particularidade, num conjunto de noções inter-relacionadas.

Entendemos que tal mecanismo de sinopse serve às metas metodológicas para que a sequência das noções e o encaminhamento de atividades sejam compreendidos na ótica do processo de produção do conhecimento. A representação gráfica exibe a sequência cruzada, os fluxos e refluxos dentro de uma lógica dialética e analítica, mostrando as características operacionais e também os passos metodológicos envolvidos no processo.

4 Estratégia para a inovação das políticas públicas urbanas

A partir de um diagnóstico da relevância social e científica e diante da concepção estratégica como um movimento de inovação social, a ecopedagogia com respeito às questões ambientais há que ser bem mais que uma retórica. Neste sentido, compreende uma visão de Educação Ambiental que se articula como um *paradigma inovador* e que conforma uma abordagem teórica visando alimentar práticas sociais urbanas e vice-versa.

Como reforçado por Bortolozzi (2006) com base no que foi colocado com respeito às questões ambientais temos a ocorrência de uma multiplicidade de abordagens (RUSCHEINSKY, 2012b). Superou-se o momento crucial de interrogar e fundamentar se a questão ambiental possui relevância para a sociedade, para o cotidiano do cidadão, para o planejamento urbano, para a academia.

O olhar sobre o ecossistema como composto por múltiplas alteridades é um desafio da Educação Ambiental em meio ao planejamento urbano, porquanto também uma construção do imaginário (RUSCHEINSKY, 2010b). Da mesma forma, coloca-se o desafio de outra cultura política em bases democráticas e das respectivas práticas sociais. Conjugado a isto, a gestão participativa se aloca como um desafio aos atores sociais, especialmente no encalço das políticas públicas.

Aos agentes públicos a ecopedagogia também se traduz numa tarefa de reorganização profunda do conhecimento dos espaços urbanos. Para tanto, de forma legítima se acata como insuficiente o conhecimento fraturado por meio de disciplinas a que a academia ainda se entrelaça na formação dos profissionais e assinala a perspectiva inter e transdisciplinar (NASCIMENTO; PENA-VEGA & SILVEIRA, 2008). As contribuições focalizadas pelo viés da ecopedagogia na forma de compreender as questões socioambientais articulam as pertinências mútuas entre conhecimento científico e outros saberes, entre as ciências humanas, exatas e naturais.

Dessa forma, Bortolozzi (2006), por meio de uma experiência prática em termos de aportes metodológicos, reconhece que é preciso saber enfrentar o desafio do momento atual no que concerne à integração entre universidade e comunidade, mostrando a necessidade de integração entre pesquisa, ensino e extensão, assim como dos diferentes saberes e setores da Educação Ambiental, uma vez que é possível, partindo da academia por meio de pesquisas ambientais na pós-graduação, ir ao alcance de novas políticas públicas urbanas.

5 Ação local, reconfiguração e mudança dos espaços

Acreditamos que integrar a educação socioambiental às culturas locais no contexto de um mundo globalizado (de forma inter e transdisciplinar) requer novas perspectivas quanto à sustentabilidade das cidades brasileiras. Desejamos rumar para uma ambientalização do planejamento urbano em busca da melhoria das suas políticas públicas. Para finalizar apresentam-se algumas ponderações no contexto de um estudo de caso relacionado a um projeto de Educação Ambiental do Bairro Areia Branca da cidade de Campinas (BORTOLOZZI, 2002, 2003).

A metodologia endossada desencadeia um diagnóstico ou análise profunda de tal forma que sirva como portadora de mudanças a serem detectadas, valorizando, ao mesmo tempo, alguns conhecimentos cotidianos e locais fundantes de práticas sociais. Nesta perspectiva, não existe propriamente um ponto de vista privilegiado ou ponto inexorável da emergência da mudança ambiental.

> A propagação de propostas de políticas ambientais e de produção estratégica da ação política renuncia à manipulação acrítica e fundamentalista de mentes e corações, porém endossa os desafios do diálogo entre saberes, da sinergia entre atores socioambientais, de saber escolher quais dos vários caminhos possíveis aproximarão as lutas socioambientais das energias utópicas (RUSCHEINSKY, 2011, p. 439).

Neste território particular de uma cidade os aportes metodológicos da ecopedagogia desencadearam um processo ao mesmo tempo de Educação Ambiental e para inovação de políticas públicas urbanas. Na compreensão dos autores do presente texto, os paradigmas metodológicos de sustentação da ação e da pesquisa em Educação Ambiental, alicerçam-se numa discussão compartilhada no campo teórico e prático.

Dos resultados pode-se afirmar que, quando um projeto de Educação Ambiental pauta-se pela compreensão da dinâmica histórico-espacial da área do conflito urbano, concretiza-se por intermédio de cidadãos ativos na resolução de múltiplas e complexas questões ambientais (BORTOLOZZI,

2011). No caso, por meio do projeto, transmutaram-se espaços em processo de erosão e potencialmente um depósito de resíduos a céu aberto em uma praça de recreação para a população local (Figura 2, A e B). Ou seja, do espaço descampado, degradado e ocasional depósito de resíduos, a um espaço apropriado ao lazer.

Figura 2 Vista parcial da transformação de uma voçoroca

A: espaço transformado em praça de recreação para a população local

B: espaço anterior, em processo de erosão e potencialmente um depósito de resíduos a céu aberto

Buraco que foi antigo depósito de lixo a céu aberto em uma área pública de lazer para população de baixa renda no Bairro Areia Branca da cidade de Campinas. Veja a vista parcial da voçoroca na sequência.
Fotografia de Arlêude Bortolozzi.

A dimensão socioambiental no espaço urbano, na medida das conexões expressas, alia a capacidade de melhoramento das cidades com práticas sociais forjadoras de redes de sociabilidade e intervenção urbana (BORTOLOZZI, 2011). Dentro da complexidade requer-se impulsionar ações materiais e simbólicas relacionadas à saude, saneamento básico, segurança, espaços de recreação, mobilidade e salubridade habitacional.

Neste território particular de uma cidade os aportes metodológicos da ecopedagogia desencadearam um processo ao mesmo tempo de Educação

Ambiental e para inovação de políticas públicas urbanas. Na compreensão dos autores do presente texto, os paradigmas metodológicos de sustentação da ação e da pesquisa em Educação Ambiental, alicerçam-se numa discussão compartilhada no campo teórico e prático.

Os suportes metodológicos utilizados aliam-se para a sua legitimidade em uma visão conjunta dos problemas urbanos e na estratégia da inovação em políticas públicas. Ora, esta ótica conjuga a complexidade de seis fatores relacionados dialeticamente: atores sociais articulados na sociedade civil; participação democrática e reconhecimento das diferenças; a coerência e associação entre teoria/prática; flexibilidade e permeabilidade nos mecanismos decisórios; processo de educação dialógica, ética e estética; compromisso com a transformação das relações sociedade/natureza.

Considerações finais

Quando partimos da visão de uma sociedade sustentável temos que reconhecer a vigência de uma educação profissional nas universidades brasileiras de qualidade duvidosa ou constatar o baixo nível de ambientalização curricular que influencia no *ranking* da Educação Ambiental brasileira.

Nesse sentido, acreditamos que as pesquisas ambientais acadêmicas ao trabalhar os aportes metodológicos da ecopedagogia podem significar um grande potencial transformador da sociedade se na sua integração com a mesma procurar reservar espaço de manifestação (dar voz) aos diferentes interlocutores sociais, como uma estratégia metodológica de participação efetiva na gestão das cidades, influenciando políticas públicas para a solução dos seus problemas ambientais mais críticos.

O suporte metodológico da ecopedagogia pode delinear-se como um paradigma na medida em que compreende e atravessa algumas dimensões, entre as quais se menciona: exercício do planejamento urbano em diferentes esferas públicas articulando o municipal, estadual e federal; a conquista de espaços de reflexão que desembocam em propostas de ação coletiva; conflitos socioambientais persistentes; os sujeitos sociais na construção do conhecimento; ações inovadoras na gestão urbana integrada.

Assim sendo, a nossa análise possui como fio condutor um suporte metodológico para inovar no campo das políticas públicas. Neste o aspecto político tem muita significância, e a ecopedagogia ao incorporá-lo passa a ser também uma estratégia (teórico-prática), capaz de gerar novos pensamentos e ações e contribuir, por um lado, para uma visão integrada da complexidade das cidades contemporâneas e, por outro, para colocar em movimento práticas sociais transformadoras da realidade nas cidades brasileiras. Isto para assegurar de forma contínua e permanente e não apenas pontual a melhoria na vida dos seus habitantes.

EDUCAÇÃO AMBIENTAL E ALGUNS APORTES METODOLÓGICOS DA ECOPEDAGOGIA PARA INOVAÇÃO DE POLÍTICAS PÚBLICAS URBANAS

Resumo

No âmbito da atual globalização e devido à grande expansão urbana em todo o mundo, as cidades brasileiras vêm mostrando agravamento de vários problemas ambientais e passam a exigir respostas de solução urgentes tanto do poder público local quanto da Educação Ambiental. Diante da enorme complexidade do conhecimento ambiental urbano e da falta de planejamento para a solução dos seus problemas, a Educação Ambiental parece ter se tornado quase sempre inoperante. Assim sendo, novos paradigmas conceituais e práticos são fundamentais para a sua renovação. Dessa forma, este texto busca apresentar como alternativa alguns aportes metodológicos da ecopedagogia como uma estratégia de ação e de movimento para a inovação de políticas públicas urbanas.

Palavras-chave: Educação Ambiental; ecopedagogia; aportes metodológicos; políticas públicas; cidades brasileiras

ENVIRONMENTAL EDUCATION AND FEW METHODOLOGICAL APPROACHES FROM ECOPEDAGOGY TO INNOVATE URBAN PUBLIC POLICIES

Abstract

In the context of actual globalization and due to the enormous urban expansion all over the world, the Brazilian cities has been showing deep problems aggravation like urban floods which are asking for urgent solutions and good answers to the problem from local public power and from environmental education as well. But, the environmental education in front of a huge urban environmental knowledge complexity and the lack of urban planning seems to become in terms impracticable. So, new conceptual and practical paradigms are needed for its renovation. In that way, this paper intend to present some methodological approaches from Eco-pedagogy as an important strategy for the urban public policies innovation.

Keywords: Environmental Education; Eco-pedagogy; methodological approaches; urban public policies; Brazilian cities

1.2
Educação Ambiental no licenciamento: aspectos teórico-metodológicos para uma prática crítica

Carlos Frederico B. Loureiro
Lúcia de Fátima Socoowski de Anello

Introdução

Em um momento histórico de forte institucionalização da Educação Ambiental e, ao mesmo tempo, de avanço de um padrão de desenvolvimento comprometido com interesses privados, que ampliam a precarização do trabalho e a precificação da natureza, apresentar e analisar como a prática educativa ambiental se realiza no licenciamento ambiental é de indiscutível importância. Esta é uma temática que, diante desse contexto, tem ocupado espaço crescente nas pesquisas e produções teóricas em Educação Ambiental, além de ser um campo de trabalho em expansão no âmbito da gestão pública do ambiente, ainda pouco conhecido em seu histórico, com exigências legais e concepção teórico-metodológica.

Assim, objetiva-se discorrer sobre alguns dos seus pressupostos, tendo por referência a função do licenciamento no Estado brasileiro e a exigência da Educação Ambiental como condicionante de licença; além do acúmulo teórico e prático alcançado ao longo de mais de uma década de experiências desenvolvidas pelo Instituto Brasileiro do Meio Ambiente e dos Recursos Naturais Renováveis (Ibama), reconhecidamente o órgão público de referência no tema, cujo trabalho pioneiro foi desenvolvido pela extinta Coordenação Geral de Educação Ambiental (Cgeam). O capítulo trata, portanto, da fundamentação mínima para um contato mais próximo com essa prática social, indicando também uma parte da bibliografia básica utilizada na construção das normas federais (principalmente a NT 01/2010 – Cgpeg/Dilic/Ibama e a IN 02/2012 – Ibama) e dos programas e projetos executados nessa esfera.

1 O licenciamento ambiental

O licenciamento é um processo institucionalizado, previsto constitucionalmente e na Política Nacional do Meio Ambiente (Lei Federal 6.938/81), cujas diretrizes gerais foram definidas pelas resoluções do Conselho Nacional do Meio Ambiente (Conama) 01/86 e 237/97. É um instrumento de regulação da relação público-privado e da contradição capital-trabalho, atributo exclusivo do Estado, que busca garantir certos padrões de desenvolvimento social e econômico e de proteção ambiental na autorização da execução de um empreendimento que possui potencial impacto, risco ou dano ambiental e socioeconômico. Tais padrões são almejados por meio do cumprimento de um conjunto de exigências legais e de condicionantes estabelecidas segundo critérios que evidenciam motivações políticas e econômicas (a correlação de forças sociais em dado momento histórico) e em conformidade com parâmetros oriundos do conhecimento científico, que igualmente evidenciam certa concepção hegemônica de sociedade e de desenvolvimento.

O licenciamento constitui um instrumento da gestão ambiental pública que não se esgota nos mecanismos de comando e controle, mesmo tendo nesse aspecto seu momento determinante, possuindo inúmeras interfaces com outros instrumentos de planejamento, monitoramento, participação e controle social, previstos na legislação ambiental (Estatuto da Cidade, Política Nacional de Recursos Hídricos, Plano Nacional de Gerenciamento Costeiro, Sistema Nacional de Unidades de Conservação da Natureza etc.).

Em última instância, o licenciamento se insere no marco regulatório da gestão ambiental pública, cuja finalidade é garantir o ambiente como bem comum, portanto, como condição inalienável da existência e da dignidade de vida. O que exige que este e os demais instrumentos da política ambiental, em sua dimensão social, atuem na reversão de processos assimétricos no uso e apropriação dos recursos naturais, garantindo direitos políticos e sociais e promovendo o acesso minimamente justo ao que é socialmente produzido (LOUREIRO, 2012). Por isso, no licenciamento, suas medidas envolvem compensação e mitigação, conforme adequada descrição encontrada em Walter e Anello (2012, p. 78).

> A exigência de medidas mitigadoras e compensatórias como parte do licenciamento ambiental é prevista na Resolução Conama, 01/1986. A Nota Técnica Cgpeg/Dilic/Ibama, 001/2010, que detalha os procedimentos e diretrizes para implementação de projetos de Educação Ambiental no licenciamento da atividade de petróleo, apresenta definições específicas para cada uma delas. Medidas mitigadoras "são o conjunto de procedimentos metodológicos capazes de minimizar e/ou evitar: i) os efeitos difusos dos impactos negativos da atividade licenciada; ii) o agravamento de impactos identificados e; iii) a ocorrência de novos impactos".

Medidas compensatórias, por outro lado, objetivam contrabalancear uma perda ou um inconveniente atual ou futuro, ou seja, destina-se a compensar impactos não mitigáveis.

E tais medidas devem ser concebidas e efetivadas em um processo uno, no qual ambos os aspectos necessariamente devem ser entendidos na totalidade integrada das condicionantes de licença.

Em resumo, em sua face social, as condicionantes do licenciamento visam mitigar os efeitos dos processos econômicos licenciados e assegurar direitos, por meio de ações complexas de intervenção em uma realidade social desigual (LOUREIRO, 2012b).

2 A Educação Ambiental no licenciamento e seus sujeitos

Diante do exposto, a educação no licenciamento ambiental significa estabelecer processos sociais e práticas educativas que fortaleçam: a participação em espaços públicos dos grupos sociais vulneráveis, cujos modos de vida foram afetados ou encontram-se sob ameaça e risco em sua possibilidade de reprodução material e simbólica; o acesso e controle social das políticas públicas; e a reversão das assimetrias no uso e apropriação de recursos naturais, tendo por referência os marcos regulatórios da política ambiental brasileira (QUINTAS, 2000; CGEAM & IBAMA, 2002).

Desde sua origem, esta buscou ser a expressão, em um instrumento da política ambiental, do campo crítico e emancipatório da Educação Ambiental no âmbito da gestão ambiental pública. Isso significa dizer que a Educação Ambiental no licenciamento está inserida no campo crítico por exigir que a prática educativa situe historicamente as relações sociais e de produção e por estabelecer como premissa a possibilidade de superação das condições de expropriação e de preconceito existentes, por meio da ação organizada dos grupos sociais espoliados e de conhecimentos produzidos na práxis com estes. Tal perspectiva crítica assume seu caráter emancipatório ao almejar a autonomia dos agentes sociais pela intervenção transformadora das relações de dominação, opressão e expropriação material (QUINTAS; GOMES & UEMA, 2006; LOUREIRO, 2009).

Nesse sentido, considerando a formulação teórica e a base legal descritas, é condição para um programa de Educação Ambiental sua clara delimitação de objeto, de sujeitos e de objetivos e metas a serem verificadas e acompanhadas por um processo avaliativo qualiquantitativo que precisa ser tornado público (LOUREIRO, 2013b).

Delimitar sujeitos e objetivos implica, em primeiro lugar, a capacidade de se definir critérios socialmente legítimos (perante o saber científico e os saberes tradicionais e populares) que permitam identificar os efeitos de uma atividade licenciada e quais são os afetados negativamente por esta, estabelecendo hierarquia de prioridades de temas/problemas, regiões, grupos e projetos. Orientação esta de procedimento que assegura, em última instância, um processo institucionalizado justo e circunscrito às competências do instrumento público de gestão ambiental.

Implica ainda entender que a Educação Ambiental é uma condicionante que tem na Licença de Operação (LO) seu ponto máximo de execução, uma vez que ao ser vinculada à obtenção dessa licença e sua renovação, obriga a constituição de um programa de longo prazo. Assim, ao se assegurar um princípio da Política Nacional de Educação Ambiental, qual seja, o caráter continuado e permanente dos processos educativos, a mitigação passa à condição de momento determinante das ações educativas.

Para sua execução coerente, a proposta de Educação Ambiental no licenciamento tem como um de seus pressupostos, inspirado na pedagogia freireana e na classificação dos grupos sociais, a clara delimitação dos denominados sujeitos prioritários do processo educativo. Estes podem ser entendidos como sendo aqueles que portam a condição material e simbólica, em função de seu lugar social (expropriados e em relação de dominação diante do Estado), de protagonizar processos de reversão de desigualdades (econômicas e de poder) inerentes a sociedades de classes.

Na terminologia da Educação Ambiental no licenciamento, a identificação mais direta desse lugar social se dá pelo entendimento do grau de vulnerabilidade de um grupo social, segundo três variáveis básicas: dependência dos recursos naturais para reprodução das condições básicas de vida, nível de acesso a direitos sociais e capacidade de organização e intervenção nas decisões políticas.

Outro critério elementar e complementar refere-se à inserção dos sujeitos na cadeia produtiva e seus vínculos com o trabalho (metabolismo sociedade-natureza e movimento de objetivação-subjetivação humana que se dá pela atividade de transformação da natureza), enquanto categoria ontológica fundante do ser social e da perspectiva crítica que inspira a proposta de educação no processo de gestão ambiental. Esta escolha teórica também se justifica, uma vez que o licenciamento é o instrumento, por excelência, de regulação das relações público-privado na questão ambiental e da exploração dos recursos naturais.

Sendo a produção e o trabalho metodologicamente determinantes para a identificação dos grupos sociais, alguns outros critérios de identificação tornam-se relevantes e precisam ser considerados:

• Atividade produtiva não mercantil e seu grau de sensibilidade diante do avanço das forças econômicas de mercado.

• Processos produtivos de baixa tecnologia e vinculados às dinâmicas ecossistêmicas.

• Organização produtiva prioritariamente possuindo caráter comunal, coletivo ou de subsistência.

- Organização produtiva e cultural de menor impacto em seus usos dos recursos naturais.
- Grau elevado de territorialização do processo produtivo e no processo de constituição da cultura.

Todos esses podem ser considerados critérios que permitem meios de identificação de grupos sociais afetados pelas atividades licenciadas e que estão mais "próximos" de processos sociais de menor impacto ambiental, cujos direitos sociais são precariamente garantidos e o ambiente se constitui como objeto de disputa mediado pelas instituições responsáveis pela gestão ambiental pública.

3 Pressupostos político-pedagógicos da gestão ambiental pública

A sociedade não está descolada das questões do Estado e se define de forma desigual e diversa. Nela convivem e disputam agentes sociais, em suas formas de se organizar, criar identidades e interferir politicamente (ANELLO, 2006). Consequentemente, o modo de apropriação dos recursos naturais envolve interesses e necessidades que determinam a qualidade ambiental resultante e a distribuição social dos custos e benefícios. Portanto, qualquer ato de ordenação do ambiente, ao atender certos interesses também contraria outros interesses e, em muitos casos, põe em risco as condições materiais e simbólicas que devem garantir a satisfação das necessidades básicas de grupos sociais já vulneráveis em decorrência do movimento histórico de formação da sociedade de classes (LOUREIRO & HACON, 2011; LOUREIRO & LAYRARGUES, 2013).

Assim, o processo de apropriação social da natureza, além de não ser neutro, também é assimétrico (LOUREIRO & LAYRARGUES, 2013a). Desse modo, cabe ao Estado, por meio de seus instrumentos da gestão ambiental, fomentar condições para transformar o espaço "técnico" da gestão em espaço público, criando meios para a efetiva participação dos diferentes agentes sociais, particularmente os que historicamente foram postos na condição de opressão cultural, expropriação material e exclusão de processos de tomada de decisão (LOUREIRO, 2010).

Com essa compreensão e diante do arcabouço legal existente no licenciamento, conclui-se pela necessidade de uma prática educativa ambiental intencional e política, que seja capaz de trabalhar, de modo problematizador e concreto, com as múltiplas dimensões das práticas sociais que originam o modo como nos relacionamos na natureza (LOUREIRO & FRANCO, 2012). Caso contrário, uma ação planejada não conseguirá intervir na realidade, transformando-a, e nem abordar satisfatoriamente os efeitos de um empreendimento por desconhecer os nexos entre: o fundamento econômico (como se produz, quem produz e para que, quem se apropria e se beneficia de quê, quem recebe o ônus da atividade, quais são os custos energéticos e ecológicos etc.), as culturas dos grupos sociais, a dinâmica ecológica e os pressupostos pedagógicos da gestão ambiental.

Por pressupostos pedagógicos da Educação Ambiental no licenciamento entendem-se os seguintes:

- Elaborar o conteúdo dos projetos, respeitando-se os marcos regulatórios e em diálogo com grupos sociais definidos como sujeitos prioritários.

- Estabelecer interface das ações de organização e mobilização social com políticas públicas locais.

- Utilizar metodologia que tenha caráter processual, crítico, participativo e dialógico.

- Promover o fortalecimento institucional da gestão ambiental local, articulando as diferentes esferas do poder público e a sociedade civil organizada organicamente vinculada às lutas populares.

Diante do exposto, é possível afirmar que a Educação Ambiental no licenciamento atua fundamentalmente na gestão dos conflitos de uso (de recursos naturais) e distributivos (dos bens gerados) ocasionados por um empreendimento licenciado, objetivando garantir, por meio de processos coletivos de atuação dos grupos sociais (UEMA, 2006):

1) A apropriação pública de informações pertinentes.

2) A produção de conhecimentos e valores que permitam o posicionamento responsável e qualificado dos agentes sociais envolvidos no licenciamento e na gestão ambiental pública.

3) A ampla participação e mobilização dos grupos afetados em todas as etapas do licenciamento e nas instâncias públicas decisórias.

4) O apoio a movimentos e projetos (de cunho cultural e econômico) que atuem na reversão dos processos assimétricos no uso e apropriação da natureza e de afirmação de culturas.

5) O estímulo a práticas culturais que reforcem identidades dos sujeitos do processo educativo (LOUREIRO, 2009a, 2012a).

4 Pressupostos metodológicos da Educação Ambiental no licenciamento

As premissas político-pedagógicas expostas, o referencial teórico adotado e a prática no licenciamento federal (Ibama), sinalizam para um conjunto de pressupostos metodológicos que fornecem unidade e direção a todas as ações a serem desenvolvidas em um projeto de Educação Ambiental no licenciamento.

- Respeitar os passos metodológicos da concepção pedagógica freireana (FREIRE, 1976, 2005) de mobilização e organização social, criação de espaços dialógicos de problematização, construção de conhecimentos críticos e intervenção na realidade, protagonizada por grupos sociais vulneráveis, transformando-a. Cabe assinalar que neste mesmo livro há um capítulo especificamente sobre Paulo Freire (Saito; Figueiredo e Vargas, nesta coletânea) que pode ser visitado.

- Assumir que a formação é inerente aos processos de organização, mobilização e intervenção dos sujeitos em espaços públicos.

- Pressupor que a formação humana, cerne do ato educativo, resulta de práticas simultâneas de pesquisa, problematização, desenvolvimento de capacidades, mobilização, organização e intervenção na realidade.

5 Caminho metodológico básico

Como uma contribuição final, segue a estrutura básica metodológica das pedagogias críticas (Figura 1), por ser esta uma demanda comum entre educadores ambientais que estão tomando contato inicial com o tema. É preciso lembrar que há mudanças nesta, dependendo da orientação ser mais vinculada à pedagogia freireana (FREIRE, 1976, 2005; GADOTTI; FREIRE & GUIMARÃES, 2001) ou histórico-crítica (SAVIANI, 2010, 2011, 2012), que conformam as principais orientações críticas no cenário brasileiro e latino-americano. Deve ser reforçado também que o fluxo montado não corresponde a um receituário, mas ilustra a necessidade, para os críticos, de se buscar meios para apreender a realidade em suas múltiplas determinações (CHASIN, 2009), de modo a se definir categorias e conceitos que possibilitem a compreensão complexa e historicizada da realidade e a intervenção coletiva e organizada, transformando e sendo transformado em um processo uno e indissociável.

Considerações finais

A consolidação de uma proposta crítica de Educação Ambiental no âmbito de um instrumento da política ambiental fortemente pressionado pelos interesses econômicos privados não é tarefa simples. Sendo preciso recordar também que sua construção e normatização foi objeto de várias disputas no Estado e só se materializou por força do empenho de sujeitos oriundos dos órgãos ambientais, sindicatos, universidades e movimentos sociais que se dedicam a concretizar a dimensão pública da gestão ambiental (LOUREIRO, 2012a).

Os resultados alcançados nos projetos e programas de Educação Ambiental no licenciamento[1], sempre repletos de tensões inerentes a licenças dadas em situações de conflitos ambientais e de apropriação desigual da natureza, sinalizam para a importância de se implementar processos educativos com intencionalidades e sujeitos definidos e voltados para a formação em seu sentido mais amplo.

---

1. Pesquisas feitas sobre os programas de Educação Ambiental no licenciamento podem ser encontradas em monografias, dissertações e teses defendidas majoritariamente na UFPA, UFS, UFBA, UFRJ, Uerj e Furg. Muitas destas podem ser encontradas no site www.lieas.fe.ufrj.br

Figura 1 Fluxograma baseado nas pedagogias críticas voltado para a Educação Ambiental no licenciamento

EDUCAÇÃO AMBIENTAL NO LICENCIAMENTO: ASPECTOS TEÓRICO-
-METODOLÓGICOS PARA UMA PRÁTICA CRÍTICA

Resumo

É de indiscutível importância apresentar e analisar a Educação Ambiental no licenciamento em um momento de forte impulso desenvolvimentista no Brasil. Esta tem ocupado espaço crescente nas pesquisas em Educação Ambiental, além de ser um campo de trabalho em expansão no âmbito da gestão pública do ambiente, ainda pouco conhecida em seu histórico, exigências legais e concepção teórico-metodológica. Neste capítulo objetiva-se discorrer sobre alguns dos seus pressupostos, tendo por referência a função do licenciamento no Estado brasileiro e a exigência da Educação Ambiental como condicionante de licença. Com isso, busca-se garantir ao leitor um contato mais próximo com suas premissas normativas, indicando também uma parte da bibliografia básica utilizada na construção das normas federais (principalmente a NT 01/2010 – Cgpeg/Dilic/Ibama e a IN 01/2012 – Ibama) e dos programas e projetos executados nessa esfera.

Palavras-chave: Educação Ambiental; pedagogia crítica; licenciamento ambiental; gestão pública do ambiente.

ENVIRONMENTAL EDUCATION IN LICENSING: THEORETICAL AND METHODOLOGICAL ASPECTS FOR A CRITICAL PRACTICE

Abstract

It is of unquestionable importance to present and analyze environmental education in licensing at a time of strong impetus to development in Brazil. This has occupied increasing space in research in environmental education, in addition to being a field in expansion in the scope of environmental public management, still little known in its history, legal requirements and theoretical-methodological design. In this chapter, we aim to discuss some of the assumptions of environmental management, based on the licensing function in the Brazilian State and the requirement of environmental education as a basis of license. To that end, we seek to ensure the reader a closer contact with its normative assumptions, indicating also a part of the basic bibliography used in the construction of federal standards (primarily the NT 01/2010 – Cgpeg/Dilic/Ibama and in 01/2012 – Ibama) and the programs and projects conducted in this sphere.

Keywords: environmental education; critical pedagogy; environmental licensing; environmental public management.

1.3
Educação Ambiental numa abordagem freireana: fundamentos e aplicação

Carlos Hiroo Saito
João Batista de Albuquerque Figueiredo
Icléia Albuquerque de Vargas

Introdução

Ao começar este trabalho compartilhado nós procuramos iniciar com uma reflexão da relevância e contributos que decorrem de parcerias, nos moldes que Paulo Freire nos propõe. E, ao ter como referência nossa os contributos freireanos, assumimos o compromisso político de optar por políticas de investigação engajada com e para os desfavorecidos da sociedade moderna. Ou seja, fazemos uma opção por pesquisas científicas comprometidas com os oprimidos e com projetos de superação da opressão.

Em certa medida, começamos bem ao promovermos o diálogo entre nós primeiramente e então buscar continuar essa mesma conversa entre nós e nossos leitores por meio desse exercício de ressaltar a importante lógica de Freire ao nos instigar a associar ensino-pesquisa-ação. Ao apresentar uma pesquisa dialógica, de base freireana, temos que reconhecer os princípios e pressupostos da dialogicidade e da Teoria de Ação Dialógica. Assim, apresentamos a seguir alguns conceitos fundamentais de Paulo Freire e suas interdependências, com o intuito de fortalecer as bases dessa interlocução.

| Alguns conceitos fundamentais de Paulo Freire

Amorosidade

Inicialmente somos levados a anunciar que uma intencionalidade dialogal implica amorosidade, fé, esperança, humildade e criticidade (FIGUEIREDO, 2007, 2012). Isso deriva do fato de que Paulo Freire nos diz que não há diálogo sem profundo amor ao mundo e aos [seres humanos].

Só que não pode ser um amor piegas e sentimental, de caráter individual, nem tampouco um amor frente a uma designação abstrata de oprimidos, mas a estes em sua concretude. Em continuação a este exercício de definição freireana do amor, ele nos diz que amor é diálogo e diálogo é amor. Daí não poder ocorrer numa "relação" de dominação, de opressão (FIGUEIREDO, 2012). Freire (2005) nos afirma que o amor é um ato de coragem, porque representa o comprometer-se com os oprimidos e sua causa. E completa: "este compromisso, porque é amoroso, é dialógico" (p. 92). Fica assim indicada a relação entre os conceitos de amorosidade e dialogicidade, assim como deste com os demais conceitos, que procuramos expressar graficamente na Figura 1.

Dialogicidade

Freire nos adverte que, para ocorrer um diálogo autêntico, torna-se essencial um pensar crítico, um pensar que se consolida na busca da razão de ser, com foco na "transformação permanente da realidade, para a permanente humanização dos [seres humanos]" (FREIRE, 2005, p. 95).

Em vista disso, devemos pensar o conceito de diálogo, transposto à sala de aula, não como uma atitude demagógica de simples conversar com o aluno (DELIZOICOV, 1982, p. 15), mas a continuidade de um diálogo anterior, na própria busca do conteúdo programático. Há uma investigação de fundo, de base, que deve ser o alicerce para o diálogo, para a pesquisa, para a atividade educativa. Esta se relaciona com a luta com o povo para a recuperação da humanidade roubada. Fica assim indicada a relação entre os conceitos de dialogicidade e investigação temática, conforme a Figura 1.

Portanto, o diálogo, e também a dialogicidade, tem pelo menos até aqui dois componentes: o momento de início e a finalidade. Se o diálogo se inicia mesmo na ausência física de contato entre educador e educando porque é anterior ao encontro destes, também não tem por fim a facilitação da conversa e convívio, mas objetiva a emancipação, correspondendo então ao *"encontro dos homens para ser mais"* (FREIRE, 2005, p. 95).

Observem que o conceito de dialógico aqui defere um pouco do conceito de dialógico apresentado no capítulo "Educação Ambiental e a Teoria da Complexidade: articulando concepções teóricas e procedimentos de abordagem na pesquisa" (TOMMASIELLO et al.) deste livro, mas é bom conhecer as duas visões.

Figura 1 Fluxograma com as interconexões entre conceitos e processos no pensamento freireano

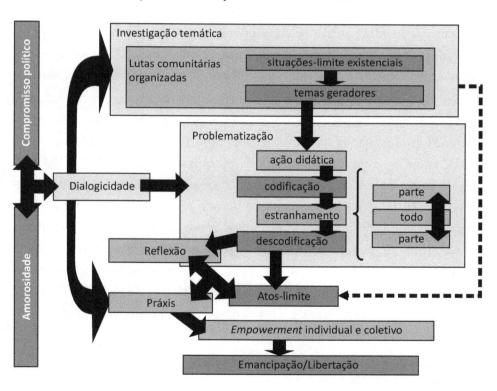

Investigação temática

O processo de investigação temática é um ato pedagógico que demanda investigação (pesquisa) e tomada de decisão, guiada pelo compromisso teórico e a expertise didática. Compreendemos assim que uma investigação nos moldes freireanos requer uma metodologia que reafirme a dialogicidade da educação libertadora: uma metodologia que foi denominada, por Freire, de Investigação do Universo Temático do Povo, ou do conjunto de seus temas geradores. No dizer de Saito (2001, p. 128), esses temas geradores, por envolverem situações-limite existenciais que exigem então atos-limite de compreensão e intervenção social, trazem à tona a percepção de novas situações-limite que por usa vez novamente exigem ação.

Estes processos, em si, fomentam aprendizagem, pois implicam, geralmente, a pesquisa e tessitura de conhecimentos e saberes. Dessa maneira, por meio da permanente ação transformadora que nós, seres humanos, vamos nos constituindo em ser-mais. Daí a defesa de Saito e Santiago (1998) para, no processo de investigação temática, se buscar nas lutas da comunidade, organizada, as aspirações históricas enquanto aspirações do povo, que podem se desdobrar em temas geradores de outros tantos temas (e lutas) que articulam conhecimento e ação (atos-limite) para transformação da realidade.

E é nesse desvelar das questões que emergem da admiração das relações humano-mundo que podemos potencializar sua transformação. Nisto identificamos um forte apelo político numa perspectiva dialógica de transformação do mundo, como consequência da pesquisa engajada (FIGUEIREDO, 2004). Disso decorre que o ponto de partida é a relação ser humano-mundo, contextualizado e historicamente datado. E o que se investiga não é o ser humano como objeto de pesquisa, e sim as relações deste com seu pensamento-linguagem-sentimento-espiritualidade-coletividade-práticas sociais. Assim reconhecemos nossa atenção para as relações humano-mundo e humano-humano, implícito na primeira (FIGUEIREDO, 2007, 2012), e apontamos as conexões entre a investigação temática, o tema gerador e os atos-limite, conforme a Figura 1.

Codificação-descodificação

Para Saito (2001), a partir da seleção dos temas geradores, que, organizados, virão a desenvolver o conteúdo programático, estes devem sofrer um tratamento didático de modo que as situações neles inseridas possam ser apresentadas de forma "codificada".

Isto porque, para Freire (2005, p. 111), *"faltando aos homens uma compreensão crítica da totalidade em que estão, captando-a em pedaços nos quais não reconhecem a interação constituinte da mesma totalidade, não podem conhecê-la"*. Decorre disso o esforço a ser empreendido de codificação-descodificação, como parte do processo dialógico-problematizador, que corresponde a um *"esforço de propor aos indivíduos dimensões significativas de sua realidade, cuja análise crítica lhes possibilite reconhecer a interação de suas partes"* (FREIRE, 2005, p. 111).

A codificação significa criar situações, seja através de recursos audiovisuais, textos de jornais ou problemas, que levem os educandos a, partindo da situação retratada, analisarem, discutirem e estabelecerem relações sobre a complexidade social envolvida, os limites e as possibilidades de transformação. Diz-se que os alunos procedem a uma descodificação quando buscam uma visão de conjunto através de um processo de "distanciamento", projetando-se para fora da situação-limite, como se a estivessem observando e analisando.

Essa dinâmica de codificação-descodificação para Freire corresponde a um movimento dialético entre totalidade-partes. Fica assim indicada a interconexão entre tema gerador resultante da investigação temática, o processo de codificação-descodificação, e a problematização, conforme a Figura 1.

Problematização

Nessa dinâmica de distanciamento, para estranhar a realidade e reapropriar-se dela, melhor compreendendo-a, vive-se coletivamente um processo de problematização em que os envolvidos passam de uma ação descritiva para uma ação analítica (DELIZOICOV, 1982).

Cabe ainda destacar que o processo de problematização não envolve apenas o conhecer a realidade, em que se parte da situação-limite existencial, mas também a busca da transformação dessa situação existencial limitante, perspectiva compartilhada no capítulo "Educação Ambiental no licenciamento: aspectos teórico-metodológicos para uma prática crítica" (LOUREIRO & ANELLO, 2013). Não se problematiza a realidade apenas para conhecê-la, problematiza-se para modificá-la. Mais ainda, isto se dá na instância da coletividade, dialogicamente, e não como mero exercício intelectual de aprendizado dos conceitos científicos.

Fecha-se assim o ciclo de uma visão global do pensamento freireano, passando pelos conceitos principais, articulados entre si conforme a visão sintética da Figura 1.

2 Síntese teórica objetiva sobre os pressupostos metodológicos paradigmáticos relacionados ao pensamento de Paulo Freire

Apesar da apresentação dos conceitos freireanos separadamente, é possível verificar, na discussão dos mesmos, que há uma profunda interdependência entre eles.

A amorosidade é acima de tudo um ato de compromisso com a transformação da sociedade, em favor dos oprimidos. A dialogicidade inicia-se com a reflexão sobre o ato educacional, e se operacionaliza na investigação temática, que por sua caracterização significa pesquisar na realidade concreta as situações-limite existenciais que possam ser apreendidas como temas geradores e problematizados para transformação dessas mesmas situações. Estes temas geradores, por sua vez, só o serão geradores de outros temas e processos dialógicos se puderem ser apresentados didaticamente como situação codificada, que, sendo parte, instigue a um distanciamento (estranhamento) do habitual percebido para se buscar o todo, para que no processo de descodificação se retorne do todo à parte, estranhado, mas reassimilado como práxis (teoria-ação) para que resulte em atos concretos e coletivos de transformação da realidade.

Cabe acrescentar que este processo não deve voltar-se para interesses individuais, mas o individual como representativo de um todo que são os sujeitos históricos oprimidos, e que o ganho de consciência se dá no plano articulado do indivíduo e da coletividade, fortalecendo sua consciência e sua ação social enquanto *empowerment* individual e coletivo (FRIEDMANN, 1992). É uma problematização coletiva, historicamente contextualizada e socialmente referenciada.

3 Que interfaces existem entre os princípios e objetivos da Educação Ambiental (baseado na Lei 9.795/1999) e o pensamento de Paulo Freire?

Na análise feita por Saito (2012) sobre os desafios para a Política Nacional de Educação Ambiental (Pnea), instituída pela Lei 9.795/1999, é defendida a ideia de que meio ambiente e sociedade se encontram intimamente interligados, e que a busca de uma sociedade ambientalmente equilibrada só se dá simultaneamente com a busca de uma sociedade justa, igualitária e democrática, ancorada nos dois primeiros princípios contidos no artigo 4º da referida lei (I. o enfoque humanista, holístico, democrático e participativo; II. a concepção do meio ambiente em sua totalidade, considerando a interdependência entre o meio natural, o socioeconômico e o cultural, sob o enfoque da sustentabilidade), desdobrados no objetivo da Pnea de "desenvolvimento de uma compreensão integrada do meio ambiente em suas múltiplas e complexas relações envolvendo aspectos ecológicos, psicológicos, legais, políticos, sociais, econômicos, científicos, culturais e éticos" (artigo 5º, inciso I). Na continuidade da análise dos dispositivos da Lei 9.795/1999, Saito (2012) ainda aponta como desdobramento que o princípio da necessidade de vinculação entre ética, educação, trabalho e práticas sociais (artigo 4º, inciso IV), abre caminho para a problematização das relações sociais e de trabalho onde se expressam mecanismos de opressão social a partir do "estímulo e o fortalecimento de uma consciência crítica sobre a problemática ambiental e social" (artigo 5º, inciso III) e a "construção de uma sociedade ambientalmente equilibrada, fundada nos princípios da liberdade, igualdade, solidariedade, democracia, justiça social, responsabilidade e sustentabilidade" (artigo 5º, inciso V). Ou seja, esses dispositivos defendem, em última instância, que a Educação Ambiental volte-se para a construção da cidadania. Subsidiariamente, pode-se argumentar que o princípio VII (a abordagem articulada das questões ambientais locais, regionais, nacionais e globais) também contribui para essa mesma perspectiva, numa conformação de análise sistêmica que guarda relação com a necessidade de distanciamento e estranhamento da percepção local para que melhor se instrumentalize para conscientizar-se das situações-limite e dos meios para superação pela ação consciente e dialogada com seus pares. Finalmente, o princípio V (a garantia de continuidade e permanência do processo educativo) completa a visão de diálogo permanente para problematização da realidade existencial, processo inconcluso e permanente na vida social de qualquer indivíduo imerso numa relação social. Assim, pode-se dizer que esse conjunto de princípios e objetivos da Pnea se encontra em consonância com os objetivos educacionais de Paulo Freire consagrados em sua *Pedagogia do oprimido* (FREIRE, 2005) e outros escritos (FREIRE, 1967, 1975).

4 Análise de estudos de caso à luz dos conceitos e pressupostos sistematizados

Existem no Brasil em atividade dezenas de grupos de pesquisa que atuam segundo o pensamento de Paulo Freire, que podem ser identificados no Diretório de Grupos de Pesquisa do CNPq, inclusive com recorte em Educação Ambiental.

Apesar de inúmeros trabalhos em Educação Ambiental fazendo uso de uma abordagem freireana em diferentes contextos (SAITO, 1999; BASTOS & SAITO 2000; BERLINCK et al. 2003; FIGUEIREDO, 2004; LOUREIRO, 2006; PERNAMBUCO & SILVA, 2006; FIGUEIREDO, 2007; SAITO et al., 2008; BRANDOLT et al., 2009; GARCIA, 2010; OLIVEIRA, 2010; SILVA, 2011; RUSCHEINSKY & COSTA, 2012; FIGUEIREDO, 2012; SAITO et al., 2012; ALVES, 2013; SAITO, 2013), para fins de comentário à luz da teoria apresentada, selecionamos um estudo de caso em Educação Ambiental que trata da sequência didática para a "Trilha da Matinha" – Trilha Interpretativa da Embrapa de Dourados, MS – fundamentada na Dinâmica de Investigação Temática (ALVES, 2013). Nesse trabalho foi levantada inicialmente a percepção sobre questões ambientais dos alunos do 6º ano do Ensino Fundamental de uma escola pública de Dourados/MS por meio da análise textual discursiva e interpretação de mapas mentais. Foi constatado que os alunos percebem as queimadas, a poluição do ar e dos rios, o desmatamento, o descarte inadequado do lixo e o aquecimento global como problemas ambientais. A Dinâmica de Investigação Temática proposta por Paulo Freire (2005) foi adotada como uma forma de planejar os conteúdos programáticos, de maneira que estes pudessem emergir da coletividade de educadores e educandos, na forma de temas geradores. A autora adaptou a dinâmica proposta por Delizoicov (1991) para operacionalização da investigação temática freireana, produzindo a sequência didática combinando a interpretação de mapas mentais (KOZEL, 2009) usados como elementos codificadores, com o processo de Análise Textual Discursiva (MORAES, 1999, 2003; MORAES & GALIAZZI, 2007) como descodificadores:

1) Caracterização dos visitantes – Passo em que se reconheceu o ambiente escolar dos alunos, por meio do diálogo com as professoras das disciplinas de Geografia e Ciências que acompanharam o processo da pesquisa, por meio de leitura do PPP (Projeto político-pedagógico da escola), e, posteriormente, por meio de uma conversa com os educandos.

2) Análise de situações e escolha das codificações – Desenvolvida em sala de aula, foi realizada a codificação, por meio da elaboração de mapas mentais sobre o tema "Problemas ambientais", e, posteriormente, do diálogo fomentado durante o levantamento (em grupos) das convergências e divergências verificadas pelos alunos em seus mapas mentais, denominados nesta etapa como Mapas mentais I.

3) Diálogos descodificadores – Ainda em sala de aula, com os alunos divididos em grupos, os mesmos indicaram as convergências e divergências observadas nos Mapas mentais I. Nesta prática, diversos conceitos emergiram como temas geradores para trabalhar a Educação Ambiental na Trilha da Matinha, na Embrapa de Dourados, MS.

4) Redução temática – Escolhido o tema gerador a ser desenvolvido na trilha, com a participação das professoras, foram levantados os conceitos apresentados no processo de descodificação e, a partir destes, identificados quais os conhecimentos disciplinares necessários para o entendimento do tema escolhido.

5) Desenvolvimento do programa – Após assistirem a vídeos e explicações sobre o tema gerador e elaborarem um mapa mental sobre o tema apresentado (Mapa mental II), os alunos fizeram uma visita à Trilha da Matinha e Bosque de Espécies Arbóreas Nativas, onde observaram elementos naturais que exemplificam questões levantadas nos diálogos descodificadores, para, por fim, elaborarem um novo mapa mental (Mapa mental III) com representações da experiência vivida.

Estes passos fornecem as bases dialógicas sobre ambiente e sociedade para que possam ser estabelecidas as ações a serem executadas para solução dos conflitos, passando então do diálogo sobre os problemas para uma pronúncia do mundo, redesenhado, reinterpretado, e transformado pelos agentes envolvidos: alunos e professores.

Considerações finais

O pensamento de Paulo Freire e os diversos conceitos que conformam a chamada Pedagogia Dialógico-problematizadora apresentam complexidade que demanda explicitar a essência de seu pensamento e seu compromisso político com a libertação dos oprimidos. Procurou-se aqui resgatar um pouco desses conceitos, tentando apresentar de forma sintética os principais elementos do seu pensamento e como se aplicam em diversas ações bem-sucedidas de Educação Ambiental. Esperamos com isso abrir novos caminhos para pensar e agir, enquanto educadores em constante processo de formação.

EDUCAÇÃO AMBIENTAL NUMA ABORDAGEM FREIREANA:
FUNDAMENTOS E APLICAÇÃO

Resumo

Para tratar de Educação Ambiental na perspectiva freireana, procurou-se resgatar alguns dos conceitos principais no pensamento de Paulo Freire, segundo o nosso compromisso político de optar por políticas de investigação engajada com e para os desfavorecidos da sociedade moderna. Esta perspectiva advém da ideia de que meio ambiente e sociedade se encontram intimamente interligados, e que a busca de uma sociedade ambientalmente equilibrada só se dá simultaneamente com a busca de uma sociedade justa, igualitária e democrática, cuja essência, argumenta-se estar contida na Política Nacional de Educação Ambiental. Os conceitos selecionados foram os de amorosidade, dialogicidade, investigação temática, codificação-descodificação, problematização, para os quais uma síntese teórica é apresentada, tanto em sua individualidade como no entrelaçamento de uns com os outros. Uma representação gráfica dessas interdependências é trazida com o intuito de facilitar a visualização dessa integração conceitual, que articula amorosidade e compromisso político com dialogicidade, e esta com a investigação temática e o conceito de práxis, de forma que as situações existenciais, apreendidas das lutas históricas das comunidades organizadas possam se configurar como temas geradores. Estes temas, por meio de ação didática, devem ser codificados e posteriormente descodificados num processo de estranhamento, de tal forma que resulte articuladamente em novas reflexões e novos atos-limite. Trata-se de práxis, que leva a um maior empoderamento individual e coletivo que constituam parte de um processo emancipatório e libertador. Grupos de pesquisa nacionais que articulam Paulo Freire e Educação Ambiental são listados, e um estudo de caso é apresentado (Sequência Didática para a "Trilha da Matinha" – Trilha Interpretativa da Embrapa de Dourados, MS) como forma de ilustrar a aplicação desses conceitos na Educação Ambiental.

Palavras-chave: Paulo Freire; amorosidade; dialogicidade; investigação temática; codificação-descodificação; problematização.

ENVIRONMENTAL EDUCATION IN A FREIREAN APPROACH: BACKGROUND AND APPLICATION

Abstract

To treat the Environmental Education in a Freirean Perspective, we tried to rescue some of the key concepts in the thought of Paulo Freire, in our political position for choosing research policies engaged with and for those disadvantaged people in modern society. This perspective becomes from the idea that environment and society are closely interlinked, and that the search for an sustainable society only occurs simultaneously with the search for a just, egalitarian and democratic society. It is argued that this essence is contained in Brazilian National Policy on Environmental Education. The concepts selected were lovingness, dialogicity, thematic research, coding-decoding, problem posing, for which a theoretical synthesis is presented both isollatedly and in intertwining with each other. A graphical representation of these interdependencies is brought in order to facilitate viewing of this conceptual integration, which combines lovingness and political commitment with dialogicity, and the last one with thematic research and the concept of praxis, so that the existential situations, captured from the historical struggles of organized communities can be configured as generative themes. This themes, modified by didactic action, can be encoded and then decoded inside a process of estrangement, resulting in a closely articulated new thinking and new limit acts. It represents praxis, leading to higher individual and collective empowerment that are part of a process of emancipation and liberation. National research groups that articulate Paulo Freire and Environmental Education are listed, and a case study is presented (Teaching Sequence for "Matinha Trail" – Interpretative Trail Embrapa Dourados, MS) as a way to illustrate the application of these concepts in environmental education.

Keywords: Paulo Freire; lovingness, dialogicity, thematic research, coding-decoding, problem posing.

1.4
Educação Ambiental e a Teoria da Complexidade: articulando concepções teóricas e procedimentos de abordagem na pesquisa

Maria Guiomar Carneiro Tommasiello
Sônia Maria Marchiorato Carneiro
Martha Tristão

Introdução

Várias opções de formas de construção do conhecimento são focadas nos capítulos deste livro. A escolha de uma delas depende essencialmente do problema de pesquisa, ou seja, o pesquisador "[...] evidencia as opções que fez e de que modo essas escolhas são adequadas ao problema de pesquisa". (DOBBERT, 1990, apud BRITO & LEONARDOS, 2001, p. 27). Nessa perspectiva, partimos do pressuposto de que o problema não deve ser apresentado de forma isolada das ocorrências históricas, econômicas, culturais e políticas, de acordo com outros autores como Saito, Figueiredo e Vargas; Loureiro e Anello; Pedrini et al.; Grynszpan; Tozoni-Reis e Vasconcellos (neste livro).

Assim, nos coadunamos especialmente com o que defendem Saito, Figueiredo e Vargas (nesta coletânea), que o ponto de partida de uma investigação em Educação Ambiental é a relação ser humano-mundo, contextualizada historicamente. O que se investiga, segundo esses autores, então, não é o ser humano como objeto de pesquisa, mas sim as relações e os processos que desenvolvem os sujeitos, com seu pensamento-linguagem-sentimento-espiritualidade-coletividade e suas práticas sociais. Nesse sentido é que a pesquisa em Educação Ambiental deve ser compreendida, em sua urgência nos dias de hoje para propiciar orientações significativas ao desenvolvimento da educação, dada a insustentabilidade das sociedades consumistas no mundo.

Sob essa ótica, nesta era de globalização econômica e cultural, há necessidade de mudanças do estilo de vida, que implicam outra racionalidade para a compreensão do ser humano e de mundo, no sentido de que a crise socioambiental suscita novas responsabilidades de pessoas e instituições para com a vida em todas suas formas. Nesse cenário insere-se a Educação Ambiental, enquanto dimensão essencial com vistas à formação de sujeitos críticos e participativos, frente à sustentabilidade socioambiental. No entanto, valores, atitudes e ações éticas frente à realidade ambiente pressupõem um conhecimento integrado, com base numa leitura e interpretação multidimensional de fatos, fenômenos e acontecimentos.

A Educação Ambiental efetivará práticas sociais, possibilitando compreensão dos conflitos e problemas socioambientais sob o pressuposto de que o meio ambiente é resultado de inter-relações complexas entre sociedade, cultura e natureza, num contexto territorial. Tal abordagem tem base na Teoria da Complexidade, e Morin confere-lhe uma característica nova: é necessário juntar, ligar o que esteve disjunto, como a cultura e a natureza, o ser humano e o meio ambiente, a teoria e a prática – enfim, superar as dicotomias do paradigma hegemônico da ciência moderna.

Na Teoria da Complexidade a totalidade é mais do que o somatório das partes internas, como resultante das interconexões de seus elementos em um processo dinâmico de evolução não linear, que se renova na configuração de um novo todo. Assim, "[...] o pensamento complexo não é contrário ao pensamento simplificante, ele o integra" (MORIN, 1996, p. 14).

Da segunda metade do século XX, a partir dos anos de 1970, o pensamento complexo é valorizado para apreender e explicar as múltiplas dinâmicas intra e inter-relacionais do mundo – tributário da revolução científica emergente da Física, via Mecânica Quântica, com Max Planck em 1905, originando a visão sistêmica e tendo como base o conceito de ecossistema quanto à organização e interdependência dos seres vivos entre si e com o meio ambiente.

O pensamento sistêmico estava em fluxo desde os anos de 1930, disseminando-se a partir de 1950, quando as concepções de Bertalanffy transformaram-se num movimento científico associado às contribuições posteriores da teoria da informação e da cibernética. A primeira relaciona-se à sinergética, que trata simultaneamente da ordem e desordem, das quais resulta algo novo; e a segunda diz respeito à teoria das máquinas autônomas, pela curva da retroação como mecanismo de controle (*feedback*), superando o princípio da causalidade linear (MORIN, 1996; MORAES, 2004).

A teoria dos sistemas lança as bases de um pensamento da organização. Segundo Morin (1996, p. 12), a primeira lição sistêmica é que o todo é mais que a soma das partes: "Isso significa que existem qualidades emergentes, ou seja, que nascem da organização de um todo e que podem retroagir sobre as partes. [...] o todo também é menos que a soma das partes, pois as partes podem ter qualidades que são inibidas pela organização do todo". O pensamento sistêmico é produzido como redes de relações em torno de objetos ou fenômenos a serem estudados e que ocorrem em redes de níveis diferenciados de complexidade – cada nível, por sua vez, inserido em redes sistêmicas maiores.

A Teoria da Complexidade pode ser básica para fundamentar a Educação Ambiental que tenta superar a fragmentação do conhecimento, dado que o meio ambiente é uma realidade abrangente, complexa e demanda outras racionalidades com envolvimento intuitivo-emocional e ético. Nessa linha de pensamento abordaremos questões específicas sobre a pesquisa em Educação Ambiental com base na Teoria da Complexidade.

1 A pesquisa em Educação Ambiental desde a Teoria da Complexidade

Como podemos entender a pesquisa desde a Teoria da Complexidade? Segundo Arrial e Calloni (2010), há necessidade de uma mudança de aporte epistemológico em relação ao método da ciência moderna. O método não é mais uma estrutura definida antecipadamente, mas algo que se constrói na medida em que o processo do conhecimento sobre a realidade pesquisada avança, distinguindo-se por ser capaz de articular o que está separado e de unir aquilo que está dissociado.

E como argumenta Tristão (2008, p. 32):

> Esse é um indício de que o modelo atual é insustentável e de que estamos encontrando um outro caminho onde a razão não é a primazia do conhecimento. Então, estamos vivendo um período de rupturas, de transição paradigmática entre a visão newtoniana, cartesiana e mecanicista e uma visão sistêmica e ambiental.

Na contemporaneidade compreende-se que um conhecimento epistemicamente inteligível para interpretar e entender as questões do meio ambiente abrange diversas dimensões da realidade – física, biológica, geográfica, histórica, política, cultural, econômica etc. – sob o foco da organização relacional, com base nos princípios da complexidade. Neste contexto vale focar alguns princípios teórico-metodológicos, como operadores cognitivos, que configuram o pensamento complexo: (i) o sistêmico ou organizacional; (ii) o hologramático; (iii) a retroatividade; (iv) a recursividade; (v) a auto-eco--organização (autonomia/dependência); (vi) o dialógico; e (vii) a reintrodução do sujeito cognoscente na construção do conhecimento. Estes princípios são interligados, complementares e interdependentes.

O **princípio sistêmico, ou organizacional**, de uma dada realidade ambiente refere-se à conjugação relacional das inúmeras partes ligadas no todo – nas partes estão presentes as informações do todo e no todo informações das partes, configurações essas compreendidas sob o **princípio hologramático** (MORIN, 1996). Essa dinâmica relacional entre as partes e o todo, e vice-versa, acontece de modo retroativo/recursivo e auto-eco--organizativo: no **princípio da retroatividade** ou **de regulação**, as causas agem sobre os efeitos, e estes sobre as causas: "[...] o todo retroage sobre o todo e sobre as partes, que, por sua vez, retroagem reforçando o todo [...]" (MORIN, 2008, p. 228), assegurando existência e constância de um determinado sistema. Com efeito, podemos observar que toda a agressão cometida contra a natureza tem retroagido sob a forma de aquecimento global, do buraco da camada de ozônio, da diminuição do volume de água dos rios e da biodiversidade local e planetária, entre outros problemas. Esses exemplos também se conectam ao **princípio da recursividade**, que rompe com a linearidade de causa e efeito, de produto/produtor; e vai além do princípio da retroação (ou *feedback*), pois é um circuito gerador no qual produtos e efeitos são, eles próprios, produtores e causas daquilo que os produzem – como no caso da ação humana sobre o meio ambiente, que retroage e resulta nos problemas acima focados.

Esses dois princípios, de retroação e recursividade, são, pois, dinâmicas processuais de existência, de organização, de energia motriz e de autonomia de um sistema, com características de indeterminação e de irreversibilidade; tais princípios rompem com a ideia de linearidade temporal, possibilitando o entendimento de que a evolução de um sistema implica uma contínua transformação.

Nessa dinâmica do movimento de retroação e recursividade, num sistema, está o **princípio da auto-eco-organização** – relações de produção e troca de energia, de informação com autonomia e dependência. Segundo Morin (2008, p. 251), os seres vivos dispõem de "[...] autonomia de organização e de comportamento, que lhes permite se adaptar ao ambiente, e inclusive de adaptar o ambiente a eles e dominá-lo. Mas eles estão na mesma dependência ecológica [...] do ambiente [...]".

Na perspectiva de leitura e interpretação de mundo, o pensamento complexo valoriza o **princípio dialógico** e o **da reintrodução do sujeito cognoscente**. O primeiro une noções antagônicas, complementares e concorrentes, o que permite manter a dualidade no seio da unidade, que são indissociáveis e imprescindíveis para compreender uma mesma realidade. O desafio do princípio dialógico consiste em captar a lógica complexa que compreende a união de noções que se contrapõem, tais como: ordem/desordem, organização/desorganização, autonomia/dependência e que constituem os processos organizadores no mundo complexo da vida e da história humana (MORIN, 1996). Por sua vez, o princípio da reintrodução do sujeito cognoscente, isto é, "[...] a volta do observador na sua observação [...]" (MORIN, 2005, p.

185), como reintegração do observador-conceptor, para além do observador inconsciente do seu lugar no devir histórico, ou do pesquisador imparcial ou distanciado do seu objeto de estudo.

Esses princípios, em forma sucinta, norteiam a análise e interpretação atual das questões socioambientais, locais e globais. Observamos que o princípio dialógico, aqui, tem uma perspectiva diferencial quanto ao conceito dialógico apresentado no capítulo "Educação Ambiental numa abordagem freireana: fundamentos e aplicação", neste livro. A Teoria da Complexidade explicita-se na construção de uma nova epistemologia dialogicamente unificadora dos conhecimentos científico e psico-sócio-cultural; por sua parte, a contribuição de Paulo Freire, pela sua Pedagogia Libertadora, assume a dialogia como práxis metodológica, enquanto conhecimento educacional crítico e, pois, gerador de transformação cognitivo-afetiva e político-histórico-social. Ambos os capítulos consideram a relação ser humano-mundo com ênfase diferenciada quanto aos conflitos socioambientais, resultantes das desigualdades sociais.

2 Articulando concepções teóricas e procedimentos de abordagem à luz da Teoria da Complexidade

São muitos os ensaios sobre a Teoria da Complexidade, mas sua aplicação como método não linear aparece em poucos trabalhos empíricos, enquanto instrumento de análise científica.

Como tentativa de exemplificar um caminho para pesquisa em Educação Ambiental sob essa abordagem, produzimos um fluxograma de análise (Figura 1), que é um recorte de um instrumento de avaliação construído por Bonil e Pujol (2008a, 2008b)[1], aplicado ao programa da disciplina "Didática das Ciências Experimentais" no curso para formação de professores dos primeiros anos do ensino fundamental na Faculdade de Ciências da Educação da Universidade Autônoma de Barcelona. Os autores tiveram

---

1. Sugerimos a leitura completa dos trabalhos citados que trazem sugestões de análise em outros âmbitos, assumidos pela Teoria da Complexidade.

como objetivo verificar a validade desse instrumento na avaliação de um programa de ensino. Partem do eixo conceitual **ser vivo**, para avaliar a apreensão dos licenciandos dos princípios da Teoria da Complexidade, a partir da produção de materiais didáticos, antes e depois de cursarem a disciplina. O instrumento de avaliação compõe-se de unidades de análise estruturadas em um *continuum* – desde uma perspectiva geral a uma específica – e organizadas em: âmbitos, categorias e indicadores, sob três níveis. Quanto aos âmbitos, são focados estudos sob quatro perspectivas: a) a sistêmica, b) da causalidade, c) da aleatoriedade, presença do acaso e da indeterminação, d) da irreversibilidade. Neste trabalho apresentamos somente o primeiro âmbito: a perspectiva sistêmica. A Figura 1, referente ao primeiro e segundo níveis de análise, é explicitado no Quadro 1 pelas categorias listadas na primeira coluna, expressando princípios teóricos da visão sistêmica complexa, que são complementares e não hierárquicos. O terceiro nível de análise do fluxograma corresponde aos indicadores na coluna 2 do Quadro 1, dando informações sobre as categorias. Com base em amostras dos trabalhos dos alunos, antes e depois da disciplina, foi firmada a validade do instrumento quanto a questões teórico-metodológicas, na perspectiva da complexidade, bem como identificadas melhorias relativas ao instrumento e aos próprios processos de ensino e aprendizagem. Apesar de o instrumento ter sido proposto pelos autores para a investigação no campo da Didática das Ciências, pode ser estendido e adaptado a outros temas e fenômenos de interesse na Educação Ambiental. A seguir apresentamos o fluxograma com os três níveis de análise (Figura 1) e as categorias, princípios e indicadores, segundo a perspectiva sistêmica proposta por Bonil e Pujol (2008a) – Quadro 1.

Figura I Fluxograma indicando os níveis de análise de um fenômeno no âmbito de uma abordagem sistêmica

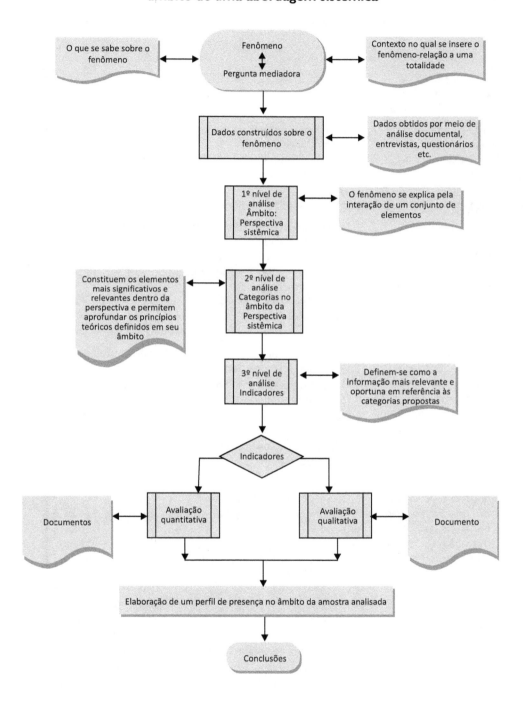

Quadro 1 Categorias, princípios e indicadores no âmbito da perspectiva sistêmica

Âmbito: estudos sobre a perspectiva sistêmica	
Categorias e princípios	**Indicadores**
∅: O fenômeno se apresenta de forma estática e /ou isolada	
A: O fenômeno se explica pela interação de um conjunto de elementos • princípio sistêmico ou organizacional	1. O fenômeno sistema é apresentado como um conjunto de elementos (identificação). 2. O fenômeno sistema aparece como um conjunto de elementos que interagem conjuntamente. 2.1. A relação: a) é explícita, b) não é explícita. 3. Definem-se as redes de relações entre os elementos do sistema.
B: O sistema tem estrutura, fluxo (de matéria e energia) e funções • princípio de retroação ou regulação	1. Descrevem-se os elementos que compõem o sistema e sua organização (estrutura). 2. Define-se a função dos elementos do sistema. 3. Definem-se ou descrevem-se os fluxos (matéria e energia) que compõem o sistema. 4. Relacionam-se: estrutura-fluxo/estrutura-função/fluxo-função, estrutura-fluxo-função 5. A relação pode ser: a) estática, b) dinâmica.
C: Os sistemas naturais estão em interação com o meio • princípios de retroação, recursividade e auto-eco-organização	1. Apresenta-se um sistema em interação com o meio ambiente. 2. Explicitam-se as relações com o meio ambiente. 3. Definem-se as relações considerando-se: a) matéria, b) energia. 4. Constroem-se modelos explicativos das relações do sistema e o meio ambiente, tendo-se em conta os fluxos de entrada e de saída. 5. Relaciona-se o fluxo com a desordem do sistema. 6. Relaciona-se o fluxo com a desordem do sistema e a auto-organização.

D: O sistema se auto-organiza como resposta às flutuações do meio
• princípio de retroação, recursividade e auto-eco-organização
	1. Dá-se uma visão dinâmica do sistema.
	2. Faz-se referência a flutuações.
	3. Contemplam-se algumas perturbações que desordenam o sistema.
	   3.1. Em nível de: a) sistema: estrutura/função/fluxo; b) meio: estrutura/função/fluxo; c) relação sistema-meio: estrutura / função/fluxo.
	4. Faz-se referência aos processos de auto-organização do sistema.
	5. Descrevem-se os processos de autorregulação no âmbito do sistema.
	6. Constroem-se modelos explicativos no âmbito do sistema:
	   6.1. A auto-organização se relaciona com as flutuações.
	   6.2. A auto-organização tem um componente aleatório.
	7. Contempla-se a possibilidade de surgimento de um novo sistema a partir da desordem e da auto-organização.

E: O sistema apresenta limites e emergências • princípio de retroação e regulação	1. Faz-se referência a: a) emergência, b) limite do sistema. 2. Na referência: a) não há nenhuma relação entre eles, b) sim, há uma relação entre eles. 3. Estabelece-se uma relação múltipla entre emergências e limites.
F: Consciência da existência de diferentes níveis sistêmicos que se podem estudar de forma simultânea • princípios dialógico e de reintrodução do sujeito cognoscente	1. Os fenômenos se situam em diferentes níveis sistêmicos. 2. Estabelecem-se relações entre os diferentes níveis sistêmicos. 3. Apresentam-se as relações entre fenômenos que ocorrem em diferentes níveis sistêmicos. 4. Os fenômenos são situados em uma escala sistêmica e se explicam em outros níveis sistêmicos. 5. Estudam-se os níveis sistêmicos seguindo os esquemas que definem os sistemas complexos adaptativos.

Fonte: Bonil e Pujol, 2008a, p. 13. Tradução e adaptação nossa.

Considerações finais

Neste trabalho abrimos perspectivas e abordagens para um delineamento de pesquisas em Educação Ambiental, tendo como referência o paradigma da complexidade. Assim, foram focados princípios básicos e sugerido um possível caminho de investigação que inspire a trajetória da pesquisa científica a partir de princípios e pressupostos integradores. Diante disso, mesmo com a proposição de categorias e indicadores de análise, não temos a intenção de um modelo pronto de pesquisa em Educação Ambiental, como um caminho a ser seguido. O caminho é a contextualização sob o foco da Teoria da Complexidade, a qual é congruente com o significado do contexto em que ocorrem os fenômenos socioambientais.

EDUCAÇÃO AMBIENTAL E A TEORIA DA COMPLEXIDADE: ARTICULANDO CONCEPÇÕES TEÓRICAS E PROCEDIMENTOS DE ABORDAGEM NA PESQUISA

Resumo

O objetivo do texto é abrir perspectivas para um possível caminho de investigação em Educação Ambiental, com base no paradigma da complexidade. Foi focada, inicialmente, a Educação Ambiental em sua finalidade quanto à formação de sujeitos críticos e participativos frente à sustentabilidade das realidades ambientes, implicando outra racionalidade na compreensão do ser humano e de mundo. A partir do pressuposto de que o meio ambiente é resultado de inter-relações complexas entre sociedade, cultura e natureza, num contexto territorial, tal entendimento tem como base a Teoria da Complexidade, visando superar as dicotomias do pensamento da ciência moderna.

Na Teoria da Complexidade a totalidade é mais que o somatório das partes internas, como resultante das interconexões de seus elementos em um processo dinâmico de evolução não linear, que se renova na configuração de um novo todo. A partir do histórico sobre a emergência desta teoria, são destacados seus princípios teórico-metodológicos fundamentais – interligados, complementares e interdependentes –, que configuram o pensamento complexo: (i) o sistêmico; (ii) o hologramático; (iii) a retroatividade; (iv) a recursividade; (v) a auto-eco-organização; (vi) o dialógico; e (vii) a reintrodução do sujeito cognoscente na construção do conhecimento. São muitos os ensaios sobre a Teoria da Complexidade, mas sua aplicação como método não linear aparece em poucos trabalhos científicos. Como tentativa de exemplificação foi elaborado um fluxograma de análise de um fenômeno com possíveis categorias e indicadores, sob a perspectiva sistêmico--complexa, na qual qualquer fenômeno pode ser visto como um sistema que é parte de um todo maior, abrindo possíveis alternativas para pesquisas em Educação Ambiental.

Palavras-chave: Educação Ambiental, Teoria da Complexidade, Princípio Sistêmico.

ENVIRONMENTAL EDUCATION AND THE COMPLEXITY THEORY: ARTICULATING THEORETICAL CONCEPTS AND PROCEDURES IN RESEARCH APPROACH

Abstract

The purpose of the article is to open perspectives for a possible avenue of research in Environmental Education, based on the paradigm of complexity. It was initially focused on Environmental Education in its purpose for the formation of critical and participatory subjects before the sustainability of environment realities, implying another rationality in the understanding of the human beings and of the world. From the assumption that the environment is the result of complex interrelationships between society, culture and nature, in a territorial context, this comprehension is based on the Complexity Theory, aiming to overcome the dichotomies of thought of modern science. In the complexity theory, the whole is more than the sum of the internal parts, as resulting from the interconnections of its elements in a dynamic process of nonlinear behavior, which is renewed in the configuration of a new whole. From the history of the emergence of this theory its fundamental theoretical and methodological – interconnected, interdependent and complementary – that make up the complex thought are emphasized: (i) systemic, (ii) the holographic, (iii) the retroactive, (iv) recursion, (v) self-eco-organization, (vi) the dialogical, and (vii) the reintroduction of the knower in knowledge construction. There are many essays on the theory of complexity, but its application to a non-linear method appears in a few scientific papers. In an attempt to exemplify it, we designed a flowchart analysis of a phenomenon with possible categories and indicators from the perspective of systemic-complex, in which any phenomenon can be seen as a system that is part of a larger whole, opening possible alternatives for research in Environmental Education.

Keywords: Environmental Education, Complexity Theory, Systemic Principle.

1.5
Educação Ambiental em uma perspectiva CTSA: orientações teórico-metodológicas para práticas investigativas

Danielle Grynszpan

Introdução

Tendo inicialmente a sigla CTS, centrado mais nos impactos tecnológicos na sociedade, o movimento Ciência-Tecnologia-Sociedade-Ambiente (CTSA) incorporou a preocupação com o agravamento das consequências ambientais no planeta, razão pela qual acrescentou-se o "A" à tríade Ciência-Tecnologia-Sociedade (CTS) (RICARDO, 2007; SANTOS, 2008). Dessa forma, a filosofia que norteia a metodologia dos trabalhos CTSA incorpora o pensamento de que as intervenções humanas no mundo contemporâneo, em boa medida, são derivadas do próprio desenvolvimento científico e tecnológico e este não deveria ser aceito, acriticamente, como um fim em si mesmo nas sociedades que se proclamam democráticas. Uma postura ética e humanista demanda ações de cunho sociocultural e educacional, para que a apropriação social dos conhecimentos científicos e tecnológicos possibilite o empoderamento individual e coletivo.

Assim, o movimento CTSA se insere na escola, mas transcende a relação didático-pedagógica que acontece no espaço e no tempo da educação formal. A Educação Ambiental na perspectiva CTSA está imbuída do compromisso de contribuir para que as sociedades se façam ouvir no campo político, com influência na tomada de decisões ligadas à vida cotidiana – permeada de questões afetivas, étnicas, históricas e econômicas, advindas dos contextos familiares, escolares ou comunitários, bem como relacionadas aos âmbitos locais, regionais e planetários. **Em outras palavras, nesta abordagem de CTSA e Educação Ambiental afirmamos uma articulação entre empoderamento individual e coletivo, ética, cidadania e humanismo.**

Neste capítulo apresentamos um trabalho baseado na metodologia investigativa em Educação Ambiental, que teve desde sempre a orientação CTSA e o objetivo de contribuir para uma formação humanista e o exercício da cidadania. Com a preocupação em oferecer uma abordagem dos conteúdos curriculares que incorporasse, também, as questões do cotidiano ligadas aos contextos socioculturais derivadas do desenvolvimento científico e tecnológico universal, nosso trabalho sempre se voltou, ainda, a desvelar as consequências da ausência da expressão concreta desse mesmo desenvolvimento nos locais onde atuamos. A desnaturalização desta situação de inexistência ou deficiência de vínculo entre o desenvolvimento científico-tecnológico, por um lado, e as condições de vida das populações, por outro, precisa ser sempre perseguida nas iniciativas ligadas à Educação Ambiental. Esta é uma questão crucial: da naturalização dos problemas decorre a falta de sua percepção, ou o reforço de visões e/ou crenças que persistem e resultam em aceitar, como se fora uma fatalidade, a falta de água em determinada escola ou lugar de um município cujo Índice de Desenvolvimento Humano (IDH) é dos maiores no Brasil, ou considerar normal a carência de esgotamento sanitário em parcela expressiva dos municípios brasileiros, bem como suportar a perda de vidas decorrente do desabamento de casas construídas sobre um lixão – uma situação que perdurou tanto tempo e perpassou tantas gestões até se tornar "um acidente", embora constituísse um triste exemplo de uma tragédia anunciada. Este é o desafio maior da perspectiva CTSA de trabalho em Educação Ambiental: a problematização metodológica inicial relevar o cenário socioambiental. Nesta perspectiva, também nos orientamos pelo conceito de *promoção da saúde* (GRYNSZPAN et al., 2013) e buscamos enfocar os fatores determinantes das condições de vida, no lugar de desenvolver trabalhos ligados à prevenção de doenças ou à sua cura. A oportunidade de apoio da Cooperação Social Fiocruz nos proporcionou engendrar uma tecnologia social ligada ao empoderamento individual e coletivo dos participantes, que contribuísse para o desenvolvimento da percepção, mobilização e ação nos diferentes contextos. Graças ao conjunto de processos e produtos desenvolvidos ao longo de dois anos, calcado nos princípios da abordagem

CTSA, foi possível sensibilizar e conseguir realizar ações voltadas para a melhoria da saúde ambiental em ambientes urbanos, orientadas pelo incentivo à apropriação gradual da metodologia investigativa em Educação Ambiental nas comunidades escolares e seus entornos locais. Este trabalho foi desenvolvido entre 2010 e 2012, em parceria intersetorial com a Fundação Municipal de Educação da cidade de Niterói, Estado do Rio de Janeiro, Brasil, e se destinou à criação de uma tecnologia social representada pela metodologia investigativa desenvolvida em salas-ambiente, criada como fruto desta colaboração intra e interinstitucional. Nossos resultados podem inspirar outras iniciativas que visem à formação de polos educacionais e interculturais que também busquem estimular o diálogo e favoreçam o empoderamento da comunidade escolar e da sociedade em geral, nos processos democráticos de participação política. Conforme indicam Pedrini, Costa e Ghilardi (2010), a vulnerabilidade social em países latino-americanos seria melhor enfrentada por intermédio de uma educação emancipatória, política e transformadora.

1 Educação Ambiental e as relações CTSA: implicações metodológicas

Nas sociedades atuais existe uma vascularização escolar que deveria servir à democratização dos saberes e, como Santos e Mortimer (2000) indicam, oferecer condições para que os conhecimentos universais ligados à ciência e à tecnologia possam ser apropriados como saberes escolares, por meio do enfoque CTSA. De forma complementar, a metodologia investigativa ligada ao viés CTSA também orienta a tomar como referência a sociedade e o ambiente como cenários para o desenvolvimento de saberes escolares. Problemas socioambientais significativos devem ser lançados e abordados, com o suporte dos saberes científicos e tecnológicos, tendo em conta, ainda, os saberes culturais. Nesta linha, ao estimular o desenvolvimento da metodologia investigativa embebida na perspectiva CTSA e, portanto, em estratégias que se fundamentam na arguição da realidade, estamos identificados com os pontos de vista teórico-conceituais de Freire e Fagundez (2011). Em nosso trabalho de Educação Ambiental em uma abordagem CTSA, além da preocupação cognitiva, ligada ao desenvolvimento de argumentação, visamos, ainda, alcançar as dimensões social e afetiva. O respeito à diversidade de pensamentos, costumes, opiniões e soluções encontradas pelos atores sociais também é um valor central em estratégias metodológicas de cunho CTSA. Os resultados que alcançamos evidenciam que é possível provocar transformações nas relações humanas em prol de uma lógica ambientalista, ligada ao desenvolvimento humano integral (O'SULLIVAN, 2004). Além de nos basearmos em uma visão multidimensional que permite maior compreensão das problemáticas ambientais, também estimulamos questionamentos significativos que geram um processo de transformações sucessivas, cujos resultados produzem a realimentação do processo em espiral, na medida em que um crescimento contínuo vai ocorrendo em ritmo crescente, através do lançamento de novas perguntas-desafio, como se pode depreender do círculo virtuoso apontado no fluxograma (Figura 1).

Para inspirar roteiros de trabalho ligados à metodologia investigativa de um processo de Educação Ambiental com viés CTSA, optamos por compartilhar um caso que acompanhamos, de uma escola próxima a um rio frequentada por uma comunidade que habitava às suas margens. As perguntas-desafio foram lançadas durante o processo educacional:

> O rio ao lado de nossa escola sempre teve aparência suja e, praticamente, sem vida? Por que o rio está tão poluído? Isto tem a ver com o pH da água? Esta situação tem relação com a comunidade que mora à beira do rio? Haveriam outras causas? Como se poderia resolver ou, pelo menos, minorar os problemas e até mesmo revitalizar o rio?

Partindo de objetivos cognitivos oficialmente assumidos pela educação formal, de reconhecimento dos componentes da paisagem, bem como dos possíveis agentes de sua transformação, estimulamos procedimentos de observação crítica, além da busca de informações. Complementarmente, nossa metodologia estimula os estudantes a registrar e organizar os dados de maneira autônoma durante a observação individual, para posterior análise e discussão dos resultados tanto na etapa de trabalho em equipes de, no máximo, cinco alunos, bem como no momento coletivo, no qual vão construir os conhecimentos de maneira compartilhada. Fundamentalmente, a metodologia envolve a valorização da postura crítica diante de questões socioambientais, o desenvolvimento da argumentação oral e escrita, bem como da possibilidade de interação social com base em pactos afetivos firmados – como a consideração ao colega, que embute aguardar a vez e o incentivo a falar, bem como, também, a ouvir com atenção o que os colegas dizem – até mesmo se houver discordância de ideias. Assim, chamamos a atenção para a importância do debate embasado em distintas interpretações acerca dos dados registrados, uma decorrência do desenvolvimento do pensamento lógico e da diversidade sociocultural. No encaminhamento da(s) conclusão(ões) do trabalho realizado nas equipes (pequenos grupos) durante a sequência investigativa, o professor precisa orientar a manifestação de consensos/dissensos no coletivo da classe para favorecer o intercâmbio de ideias. O trabalho em equipe, desta forma, é fundamental – tanto para a construção coletiva do conhecimento como para a valorização do trabalho colaborativo entre os atores sociais e, inclusive, para permitir a incorporação das contribuições dos sujeitos mais tímidos, que não conseguem se expressar na classe numerosa.

Figura 1 Educação Ambiental na perspectiva CTSA: orientações filosóficas e teórico-metodológicas ligadas ao desenvolvimento da metodologia investigativa na fase interdisciplinar da educação formal (no espaço dialógico da "sala-ambiente") e na possível passagem à transdisciplinaridade, representada pela parceria entre a educação formal e a não formal, com a interação entre a comunidade escolar e a comunidade do entorno

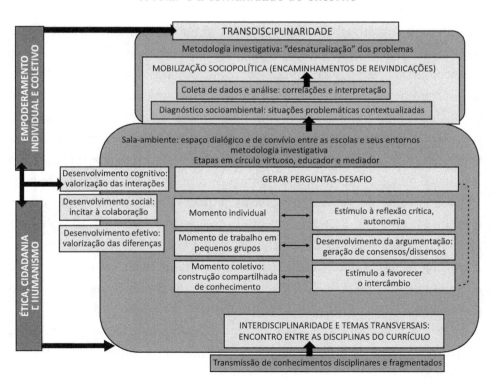

Este tipo de metodologia contribui para a aproximação entre as questões do cotidiano da vida e as noções que perpassam o currículo, como "diversidade e conservação ambiental", ou "a paisagem e os possíveis agentes de sua transformação", colaborando para o estabelecimento de relações entre a ação humana e suas consequências socioambientais. Como indicam Freitas et al. (2006), o enfoque de situações contextuais pode contribuir para a promoção do desenvolvimento cognitivo e emocional, uma vez que os atores sociais se envolvem na análise e discussão de problemas que contemplam as relações CTSA. Em nosso trabalho, a metodologia contribuiu para que os problemas socioambientais se tornassem mais inteligíveis: auxiliou a perceber questões e a gerar perguntas. Igualmente, colaborou para a superação dos obstáculos cognitivos, socioculturais e afetivos relacionados à compreensão e à possibilidade de ação. Por meio da apresentação de uma experiência ligada a esta abordagem, que ocorreu em Niterói, um município do Estado do Rio de Janeiro, podemos depreender a importância do enfoque inter e transdisciplinar alcançado. É necessário enfatizar que nosso trabalho, a princípio, desenvolveu-se no espaço da educação formal, com a possibilidade de trabalharmos a superação da transmissão de conhecimentos pela metodologia investigativa apenas com relação ao ensino de ciências. Como indica Tozoni-Reis (2001), a redução da prática educativa à transmissão de conhecimentos técnico-científicos contribuiria para limitar a possibilidade de atuação dos professores como mediadores da prática social, construída e construtora da humanidade. Durante o processo, a adesão voluntária de professores de outras disciplinas transcendeu o esperado, resultando na sensibilização dos coordenadores pedagógicos das nove disciplinas da educação municipal para a concretização de uma proposta de trabalho interdisciplinar. Adicionalmente, os gestores responsáveis pela educação municipal já nos haviam possibilitado a criação de um espaço que denominamos "sala-ambiente". As "salas-ambiente" foram planejadas para favorecer o desenvolvimento da metodologia investigativa embebida na perspectiva CTSA, com a reorientação das práticas docentes no sentido de possibilitarem o processo de construção compartilhada do conhecimento. Este espaço dialógico, produto do próprio processo CTSA, revelou grande potencial de contribuição ao enfrentamento de problemáticas socioambientais cotidianas nas diferentes regiões do município e evoluiu para se constituir em espaço integrador entre o ensino e a educação não formal. Adicionalmente, a formação continuada dos educadores em serviço e o trabalho nas "salas-ambiente" foram também impulsionados pela sensibilização dos gestores para a aceitação de um ator social ao qual chamamos de "professor de acompanhamento", um colega educador e também professor regente do próprio município, porém mais experiente na metodologia. Além de auxiliar no planejamento e organização das atividades metodológicas investigativas, os "professores de acompanhamento" trabalhavam em dupla com os educadores regulares das escolas. Houve casos de duplas que se associavam a outras, formando grupos de trabalho que, por sua vez, apresentaram resultados marcantes em termos de processos de letramento ambiental relacionado ao alfabetismo científico (GRYNSZPAN, 2008) com viés humanista.

O trabalho CTSA que descrevemos sobre a questão do rio, vinculado a problemas socioambientais do entorno escolar e da realidade de vida dos educandos, serviu como exemplo relacionado à metodologia investigativa na escola e fora dela, em suas etapas individual, em pequena equipe e no coletivo da classe. Vale ressaltar que, no seu decorrer, a metodologia sempre se voltou ao desenvolvimento integral no que tange à preocupação com a autoestima de cada um dos participantes, à valorização da colaboração e do respeito mútuo entre todos os atores, proporcionando um ambiente de inclusão e crescimento, tanto no plano individual como no coletivo da classe. Este processo foi enriquecido pelas trocas que envolveram outros sujeitos da comunidade escolar, bem como familiares e moradores do entorno. Como esperávamos, houve uma gama de diferentes patamares de envolvimento individual e de engajamento comunitário em cada uma das regiões onde o trabalho CTSA se desenvolveu. Se o quadro foi bem diverso, a aplicação de conhecimentos e talentos próprios dos participantes, ante o desafio de pensarem suas questões reais, sempre produziu mudanças em seus contextos vivenciais e proporcionou lançarem soluções passíveis de concretização, além de alguns encaminhamentos aos gestores públicos em ocasiões propícias – caso do pleito formalmente encaminhado à gestão pública municipal, por meio de um abaixo-assinado ligado à revitalização do rio em questão, que recebeu o endosso do então secretário municipal de Ciência e Tecnologia, por ocasião de um evento externo ligado à Semana Nacional de Ciência e Tecnologia.

Para que a metodologia investigativa seja melhor compreendida no caso relatado, é preciso, adicionalmente, descrever resumidamente etapas antecedentes do processo de trabalho CTSA ligado à questão do rio. Anteriormente ocorrera uma formação de professores baseada no desenvolvimento de uma sequência didático-pedagógica investigativa que implicava o uso dos peagâmetros (aparelhos de uso no campo, destinados a medição de pH) disponibilizados em todas as "salas-ambiente" das escolas municipais envolvidas. Além de contribuir para que os professores soubessem fazer uso dos equipamentos, a formação se destinava a contribuir para que os professores se sentissem mais seguros e pudessem vivenciar a organização e o planejamento de atividades para compor uma sequência que visasse à construção de conceitos que permeiam o cotidiano da vida – como acidez e basicidade. Começamos pelo nível de percepção de órgãos dos sentidos, com o estímulo apenas do paladar e do olfato, em uma atividade investigativa na qual se fez uso de produtos e alimentos utilizados no dia a dia da população. Na segunda etapa da sequência foram utilizados indicadores (fenolftaleína e azul de bromotimol) para verificação da cor das substâncias e comparação com uma escala de pH, representada por uma gradação de cores que auxiliou na classificação das substâncias investigadas em ácidas ou básicas. A terceira etapa já envolveu o uso do peagâmetro, um equipamento cuja tecnologia poderia conferir maior precisão à investigação sobre acidez e basicidade. Desta forma, o conjunto de atividades integrou uma sequência didático-pedagógica na "sala-ambiente", voltada para a compreensão do próprio conceito de pH na vida cotidiana, a partir da visualização e análise dos resultados, que puderam ser interpretados desde a utilização de recursos simples até métodos mais precisos.

Na fase transdisciplinar do trabalho, alunos e professores (de Ciências Naturais e Sociais, além da língua e Matemática, que haviam passado pela formação conosco) seguiram juntos a fim de trabalhar uma situação problemática do contexto ligada ao rio. No roteiro investigativo, uma pergunta era direcionada aos moradores da comunidade, no sentido de colher informações com base em suas memórias:

        O rio foi sempre assim? Como esse rio era antigamente?

Em seguida, as equipes, constituídas de um pequeno grupo de alunos, foram orientadas a realizar coletas de amostra d'água do rio em três pontos diferentes de seu curso, escolhidos a partir de hipóteses ligadas a possíveis causas da poluição. Em cada um desses pontos foram registradas observações e coletadas informações (p. ex., sobre odor e transparência da água, ou, ainda, sobre a largura do rio), bem como foram feitas notas acerca da presença/ausência de seres vivos e foram caracterizadas as águas quanto a sua aparência e o pH. Os dados foram inicialmente discutidos em campo e, posteriormente, o debate seguiu na "sala-ambiente", com base na geração de outras perguntas-desafio que as próprias equipes propuseram: *"O pH poderia ter alguma relação com a degradação do rio? De que maneira? Poderia também explicar a possibilidade de revitalização em alguns de seus pontos, ou seja, um reaparecimento de seres vivos em determinados pontos do rio?"*

A sequência metodológica deste trabalho proporcionou uma discussão em classe, gerada pelas perguntas-desafio lançadas pelos professores que mediavam o processo e que se destinavam a incitar à busca das influências das ações antrópicas que poderiam estar relacionadas às transformações pelas quais o rio passou e ainda passa, tanto no sentido de sua degradação como de sua recuperação. Para finalizar, ainda se indagou sobre a possibilidade de a comunidade escolar traçar estratégias para incentivar a revitalização do rio e a conservação ambiental naquela localidade. Os relatores de cada equipe apresentaram as ideias consensuais e os dissensos de suas equipes ao coletivo de alunos e professores envolvidos. Ao final, cada estudante deveria registrar o conhecimento, construído coletivamente, em seu caderno de trabalho.

Esta proposta metodológica investigativa, orientada pela perspectiva de trabalho CTSA, teve o objetivo de estreitar a relação alunos-comunidade a partir de uma exploração interdisciplinar da temática *Terra e gente* na "sala-ambiente", com reflexos transdisciplinares ligados à desnaturalização da situação de um rio transformado em um grande valão, aceita anteriormente, pelos moradores (incluindo-se as famílias dos alunos e alguns funcionários), como "normal". Partimos do pressuposto que a Educação Ambiental com abordagem CTSA deva facilitar a compreensão, por exemplo, das consequências do despejo de efluentes domésticos *in natura* para a poluição dos cursos d'água, provocando, inclusive, alterações no seu pH. Dessa forma enfatizamos o papel da extensão acadêmica e mostramos que a parceria que desenvolvemos favoreceu a abordagem CTSA, tendo contribuído para a formação dos estudantes no sentido do exercício da cidadania, bem como ao processo de desnaturalização do problema, sem o qual estaríamos reforçando a aceitação de situações vitais como a falta de água ou de esgotamento sanitário, relacionadas a tantos problemas de saúde que vão das doenças à falta de lugar apropriado para lazer, com a contaminação de rios. A formação humanista característica do movimento CTSA, calcada na valorização à diversidade, interação e colaboração na construção compartilhada de soluções, também mostrou-se bem apropriada pelos diversos atores nos diferentes contextos. Foram registradas práticas propositivas na resolução de problemas que ultrapassaram, em alguns casos, posturas de acomodação já bem arraigadas – o que consiste, muitas vezes, em obstáculo intangível para projetos de sustentabilidade socioambiental.

Como sugerem Vasconcellos, Spazziani, Guerra e Figueiredo (2009), a incorporação da Educação Ambiental nos movimentos da educação popular vem acompanhada da influência dos ideais educativos de Paulo Freire. Assim, uma proposta de Educação Ambiental na perspectiva CTSA também pode implicar trabalhar em uma perspectiva humanística freireana relacionada a uma ótica centrada na condição existencial. Para complementar a leitura, indicamos que neste mesmo livro há um capítulo específico sobre Paulo Freire (Saito; Figueiredo e Vargas, nesta coletânea). Nesse sentido, o enfoque CTSA pelo qual optamos dialoga, essencialmente, com a reflexão sobre as condições de vida em um mundo contemporâneo, permeado de desafios ligados às diversas realidades socioambientais e de dilemas relacionados aos riscos do desenvolvimento científico e tecnológico (SANTOS & MORTIMER, 2000). A metodologia de nosso trabalho CTSA também se caracteriza pelo papel dos professores, vistos como mediadores do processo educacional e responsáveis pelo planejamento de atividades investigativas que suscitem a curiosidade dos alunos, bem como sua criatividade, a fim de estimular a proposição de soluções originais e possíveis de serem realizadas. Mais do que respostas, esperamos que as interações entre os diversos atores provoquem uma cadeia incessante de perguntas. A perspectiva ética de nosso trabalho está focada em questões como o estímulo à valorização das interações entre os pares dentro da escola, bem como entre escolas, incitando à formação de projetos coletivos e à própria efetivação de uma rede municipal de escolas.

2 Da Educação Ambiental CTSA ligada à interdisciplinaridade na escola ao letramento transdisciplinar

No decorrer do trabalho em Niterói, os professores das nove disciplinas das escolas de 3º e 4º ciclos decidiram trabalhar a temática *Terra e gente* na "sala-ambiente" das escolas, por ocasião do seminário de planejamento realizado no início do ano de 2012. Com base em situações vividas pelas comunidades devido às chuvas que castigaram o município, cada uma das "salas-ambiente" (construídas como desdobramento de nosso trabalho) foi desenvolvida a partir de uma estrutura parecida, com recursos educacionais semelhantes, ligados a proporcionar estímulo à construção compartilhada de conhecimentos por meio de sequências didático-pedagógicas voltadas para o estabelecimento de um espaço convivial que deveria colaborar para o incentivo a trabalhos relacionados ao diagnóstico socioambiental. Neste sentido, cada "sala-ambiente" passou a representar um espaço de estímulo a perguntas e à investigação acerca de questões ambientais, transversais ao currículo. Além disso, cada "sala-ambiente" resultou em uma tentativa concreta de um espaço de interação entre os atores sociais que quisessem se unir em torno de projetos e, inclusive, possibilitou a permanência em horários vagos de aulas, mas não vazios de ideias – o que demandou superar a resistência de alguns funcionários, como uma inspetora que não conseguia absorver a possibilidade de alunos preferirem ir à "sala-ambiente" trabalhar no lugar de irem brincar no recreio. Cada "sala-ambiente" se diferenciou das demais por questões adequadas a cada uma das distintas realidades socioambientais locais – embora também houvesse associações entre escolas, por interesses convergentes sobre temas específicos e desenvolvidos por professores comuns a mais de uma escola. Na Semana de Ciência e Tecnologia estas parcerias interescolares ficaram patentes, como o trabalho que versou sobre o Morro do Bumba, uma sequência educacional que mereceu destaque pela coordenação estadual pela abordagem metodológica CTSA ligada à compreensão de uma tragédia socioambiental. Alguns educadores passaram a formar equipes de planejamento e a conformar, verdadeiramente, o que se chama de rede pública – na contramão do movimento mais usual de isolamento de cada escola. Graças ao estímulo à abordagem dialógica da perspectiva do trabalho CTSA, a Educação Ambiental proporcionou o desenvolvimento da metodologia investigativa nas práticas socioeducacionais cotidianas, relevando a pluralidade de percepções culturais, bem como a atribuição de significados individuais variados.

As perguntas-desafio – inter e transdisciplinares, ligadas ao currículo ou à vida – são questões que suscitam todo um processo de letramento que envolve a elaboração de hipóteses, análise de evidências empíricas, interpretação dos dados e encaminhamento para busca de resolução das situações--problema relacionadas a questões sociocientíficas de caráter ambiental. Por meio da metodologia investigativa ligada à orientação CTSA, pode-se lançar mão de questões polêmicas e assuntos que geram controvérsias vinculadas à ciência, à sociedade, à tecnologia e ao ambiente. Para exemplificar, relatamos uma experiência desenvolvida em Niterói, a partir do dilema criado em torno da situação "dieta escolar pobre em hortaliças e o custo elevado dos alimentos sem agrotóxicos". Esta questão foi aproveitada como desafio a ser enfrentado, tendo incitado ao trabalho colaborativo entre os diversos atores ligados à comunidade escolar e seu entorno. A metodologia investigativa resultou no encaminhamento de soluções estratégicas ligadas tanto à questão da nutrição como à superação da falta de espaço físico para cultivo e produção de alimentos. O trabalho CTSA representou uma contribuição para uma possível transformação, ligada tanto à percepção da importância das hortaliças para a saúde como à criação de soluções concretas que permitissem o acesso cotidiano à alimentação equilibrada das famílias envolvidas com a comunidade escolar. O processo de letramento socioambiental transpôs realmente os muros da escola para sensibilizar a comunidade, representada pelos familiares dos alunos e alguns funcionários, traduzindo-se em melhores práticas de agricultura familiar e hábitos alimentares para os atores sociais envolvidos no processo. Vale ressaltar que, a princípio, a intenção fora desenvolver estudos interdisciplinares sobre a germinação de sementes e desenvolvimento das plantas – com a exploração de temas curriculares afeitos às Ciências, Matemática e Geografia, além da preocupação argumentativa ligada à língua portuguesa. Inicialmente, também, a colaboração seria no âmbito da melhoria da alimentação dentro da própria escola, com a produção direcionada ao enriquecimento da qualidade da merenda. No entanto, foram realizadas algumas iniciativas para testar, comparativamente entre escolas, o desenvolvimento de sementes com práticas alternativas de cultivo de hortaliças livres de agrotóxicos em espaços ocupados pelas comunidades. Desta forma, a iniciativa interdisciplinar ligada à Educação Ambiental nas escolas transpôs seus muros, alcançando uma abrangência comunitária e a realização da utopia da transdisciplinaridade, com a integração do ensino à educação não formal, em uma construção compartilhada que integrou saberes culturais aos conhecimentos científico-tecnológicos, relacionados em uma perspectiva humanista e cidadã voltada para uma melhor qualidade de vida comunitária. O processo coletivo suscitou, complementarmente, oportunidades de intercâmbio entre os diferentes atores sociais: professores e outros educadores, alunos e suas famílias – com resultados marcantes advindos destas interações e que também se integram aos objetivos da Educação Ambiental em uma perspectiva CTSA existencialista freireana. Concretamente, este esforço proporcionou um fomento adicional à agricultura familiar, bem como ao enriquecimento da dieta alimentar em determinadas escolas, sem que houvesse ônus financeiro, além da superação de obstáculos relacionados à decodificação de conceitos curriculares ligados à compreensão da vida – como ciclo, transformação, energia, massa e equilíbrio. Os conhecimentos construídos coletivamente, frutos do processo sociointerativo que valorizou tanto a cultura escolar e a científica, bem como os saberes comunitários, favoreceram o desenvolvimento de modelos inspiradores para a realização de hortas sustentáveis, com práticas saudáveis de agricultura e redução do uso de agrotóxicos – apesar das limitações de espaço na escola e nas casas. A temática aqui abordada, ligada à agricultura, à nutrição saudável e à questão dos preços dos alimentos sem agrotóxicos, suscitou o desenvolvimento de um projeto coletivo para enfrentamento de uma questão-desafio essencial para determinadas comunidades, tendo originado sequências que abordaram outros assuntos controversos que foram igualmente trabalhados, como a questão da terra (mais do que o solo, por englobar também seres vivos). Em uma relação com o tema interdisciplinar *Terra e gente*, que havia sido escolhido pelo coletivo de professores de 3º e 4º ciclos da rede municipal, desenvolveu-se um trabalho na perspectiva CTSA freireana, no qual se buscou valorizar o conhecimento da comunidade local e suscitar a reflexão sobre questões existenciais da comunidade. Os saberes comunitários, já adquiridos pelos alunos em sua formação, foram levados em conta na prática pedagógica docente como ponto de partida para estruturação de novos conhecimentos. Assim, os professores atuaram como mediadores, gerando questionamentos sobre saúde ambiental por parte dos alunos, no intuito de problematizar o tema da alimentação: por exemplo, sobre o que se come e o que não se come no dia a dia (inclusive com possível abordagem socioeconômica da questão da fome). A intervenção político-pedagógica está ligada à leitura da realidade e associada a um projeto de ação sobre ela, traduzido pela construção das hortas e cultivo de alimentos, baseados na mobilização social a partir do conhecimento e da compreensão crítica da necessidade de melhoria alimentar, que teria que ser alcançada sem despesa financeira maior.

Assim, procurando estimular a vivência de uma Educação Ambiental orientada sempre pela abordagem CTSA, buscou-se levar a cabo um trabalho voltado ao estímulo a perguntas, favorecendo o enfoque metodológico investigativo. Nesta mesma perspectiva, um outro caso interessante é o de uma escola situada em uma região carente do mesmo município, que sofria falta total de água em determinado período do ano. Dessa forma, os alunos foram estimulados a refletir sobre esta questão que, adicionalmente, implicava suspender as aulas na escola. Tendo esta situação como desafio a ser investigado, construíram um pluviômetro rústico, de material reciclado. Os principais mediadores foram alguns professores, que orientaram a coleta de dados pluviométricos pelos alunos e seu registro, durante certo período de tempo. A organização dos dados e sua análise permitiram evidenciar que a distribuição da água era desigual ao longo de certo período do ano. Assim, os alunos foram convidados à reflexão e, ao longo da metodologia investigativa característica de nosso trabalho CTSA, propuseram que houvesse um aproveitamento da água de um período mais chuvoso para a temporada da seca. A classe, em construção compartilhada, propôs que se pensasse na possibilidade de um sistema de captação da água da chuva para seu aproveitamento na limpeza da escola em período de escassez. Desenvolveram toda a argumentação para levar o pleito à direção da escola, com base em dados que mostravam que esta proposição poderia resolver a falta de água, na medida em que se gastaria menos com caminhões-pipa e o dinheiro da escola poderia ser direcionado apenas à água potável. Um grupo de estudantes se apresentou em praça pública durante a Semana Nacional de Ciência e Tecnologia. Expuseram seu trabalho calcado na metodologia investigativa. Expressaram sua capacidade de organizar e integrar os dados coletados em um conhecimento relacionado ao exercício da cidadania, e também demonstraram sua capacidade de mobilização social e postura política ao encaminhar um pedido fundamentado e direcionado à gestão pública presente, por meio de abaixo-assinado ligado à construção de uma cisterna na escola e à importância do abastecimento de água potável. Vale enfatizar, ainda, que o processo cognitivo resultou na transformação de um ambiente socialmente violento em outra realidade afetiva, segundo depoimento de alunos, professores e da diretora. Adicionalmente, este caso significou uma verdadeira revolução cultural na medida em que uma solução concreta para o risco da falta de água foi apresentada pelos próprios educandos. Um dos professores, que esteve à frente da abordagem investigativa CTSA com seus alunos, nos relatou que, quando o designaram para aquela instituição, havia se sentido castigado por ter se rebelado diante de uma situação de trabalho. Na época, a transferência para este estabelecimento escolar representava o isolamento em um local distante e perigoso, além de socioeconomicamente carente. Segundo ele, hoje não poderia estar mais feliz: sente-se reconhecido, tanto pelos alunos como pela gestão da escola. Fomos testemunhas da capacidade da diretora da escola de absorver mudanças na proposta educacional e contar com o apoio da comunidade escolar, bem como da comunidade do entorno. A integração entre a educação formal e a não formal ocorreu em diferentes momentos e a comunidade faz uso dos espaços escolares para seu enriquecimento cultural (na "sala-ambiente") e até mesmo para lazer. Queremos com isso salientar o potencial dos trabalhos de Educação Ambiental em uma perspectiva CTSA, na medida em que podem contribuir para possíveis transformações socioambientais e para o desenvolvimento humano nas suas três principais dimensões – cognitiva, social e afetiva –, além de colaborar para uma formação comprometida com o exercício da cidadania e do humanismo. A memória de *Primavera silenciosa* (CARSON, 2010) permanece relevante na medida em que o Brasil carrega o título de maior consumidor de agrotóxicos do mundo (PEREIRA, 2012). Em uma outra escola ligada ao trabalho CTSA aqui descrito, as perguntas-desafio ligadas à metodologia investigativa e as interações em um espaço dialógico de aprendizagem colaborativa, como a "sala-ambiente", puderam gerar um processo de letramento ambiental voltado à inserção do conceito de *promoção da saúde* no lugar dos convencionais "programas de saúde" – cujos conteúdos são apresentados no Ensino Fundamental, via de regra, como um conjunto de ciclos de doença fomentados por animais vetores que deveriam ser exterminados por pesticidas – segundo a ótica biomédica ainda predominante, que não se coaduna com a postura ambientalista (GRYNSZPAN et al., 2013). Há perspectivas de desdobramentos futuros ligados à percepção do risco socioambiental, a partir deste trabalho educacional, com possível desenvolvimento de ações intersetoriais de saúde coletiva.

Considerações finais

A Educação Ambiental tem como premissa contribuir para uma visão humanista, uma postura ética e para o exercício da cidadania, com base no empoderamento individual e coletivo que, por sua vez, resulta de processos de formação que incitam um posicionamento crítico e a construção compartilhada de um conhecimento transformador das realidades. Uma Educação Ambiental com viés CTSA incorpora as preocupações políticas às socioambientais, uma vez que preferimos uma "primavera dialógica", com clara ênfase à valorização das interações, baseada na liberdade de expressão das manifestações populares e na responsabilidade dos poderes públicos, com igualdade de direitos e diversidade de visões. Esta abordagem está comprometida com a compreensão das múltiplas relações CTSA e com o empoderamento das populações para o enfrentamento das situações de vida – a partir de sua percepção, valores e interpretação dos problemas locais, regionais, nacionais e planetários.

EDUCAÇÃO AMBIENTAL EM UMA PERSPECTIVA CTSA: ORIENTAÇÕES TEÓRICO-
-METODOLÓGICAS PARA PRÁTICAS INVESTIGATIVAS

Resumo

Este texto tem como fundamento a abordagem Ciência-Tecnologia-Sociedade-Ambiente (CTSA) e pretende relacionar preceitos filosóficos a premissas metodológicas que orientam as práticas educacionais. Com foco na Educação Ambiental, sua preocupação é relatar casos concretos que possam inspirar outras iniciativas que, norteadas pela perspectiva socioambientalista, possibilitem trabalhos interdisciplinares nas escolas e proporcionem experiências transdisciplinares, voltados para problemas do cotidiano das comunidades escolares e mesmo questões planetárias. A metodologia apresentada é baseada na problematização das diferentes realidades socioambientais, com a elaboração de estratégias didático-investigativas calcadas na valorização de perguntas e na promoção de interações entre todos os atores sociais, bem como de parcerias intersetoriais, a fim de suscitar a criação de espaços dialógicos que colaborem para o desenvolvimento humano nas dimensões cognitiva, social e afetiva. Apresentamos alguns exemplos de projetos com orientação educacional CTSA, para evidenciar a preocupação relacionada à capacidade de se entender o mundo contemporâneo em suas múltiplas relações Ciência--Tecnologia-Sociedade-Ambiente, assim como o compromisso com o empoderamento pessoal e coletivo no sentido do exercício da cidadania. Salientamos, ainda, o potencial das iniciativas de Educação Ambiental com viés CTSA para proporcionar melhores condições de interpretação dos riscos das intervenções ambientais, assim como de enfrentamento dos problemas pelos atores envolvidos. Enfatizamos a importância da cooperação entre os professores como mediadores do processo, assim como entre as escolas, para a formação de verdadeiras redes públicas, também integradas às comunidades de seu entorno. Adicionalmente, ressaltamos as parcerias intersetoriais, especialmente com a participação de instituições acadêmicas, uma vez que estas devem ocupar seu papel de produção de conhecimentos voltados para o interesse e a melhoria da qualidade de vida das populações brasileiras. O fluxograma reflete os caminhos e as orientações principais que baseiam nossa experiência.

Palavras-chave: Perspectiva CTSA, Metodologia Investigativa, Espaço Dialógico, Inter/Transdisciplinaridade.

ENVIRONMENTAL EDUCATION IN A CTSA PERSPECTIVE: THEORETICAL--METHODOLOGICAL GUIDELINES FOR INVESTIGATIVE PRACTICES

Abstract

This text is based on the CTSA approach (the initials of Science, Technology, Society and Environment, in portuguese), and search to relate philosophical precepts to the methodological premises that guide educational practices. With a focus on environmental education, its concern is to report cases that can inspire other initiatives that, guided by the socioenvironmentalist perspective, enable interdisciplinary work in schools, as well as transdisciplinary experiences, aimed at everyday problems faced by school communities and even planetary issues. The methodology presented is based on the problematization of different environmental realities, with the elaboration of didactic and investigative strategies predicated on the valuation of questions and the promotion of interactions between the different social actors, as well as cross-sector partnerships in order to inspire the creation of dialogic spaces that can collaborate for human development in the cognitive, social and emotional dimensions. We bring some examples of educational projects based on the CTSA approach, to highlight the concern related to the ability to understand the contemporary world in its multiple science-technology--society-environment relationships, as well as a commitment to personal and collective empowerment in the sense of the exercise of citizenship. We also point out the potential of CTSA environmental education initiatives in providing better interpretation of the risks of environmental interventions, as well as the addressing the problems by the social actors. We emphasize the importance of cooperation among teachers as mediators of the process, as well as between schools, for the formation of true Public networks also integrated to the communities surrounding it. Additionally, we stress the importance of cross-sectoral partnerships, especially with the participation of academic institutions, since they must play their role of knowledge producers aimed at the interests and the improvement of the quality of life of Brazilian populations. The flowchart reflects the paths and main orientations that base our experience.

Keywords: CTSA Perspective, Investigative Methodology, Dialogic Space, Inter/Transdisciplinarity.

PARTE 2

Metodologias de intervenção em contextos variados da Educação Ambiental

2.1
A metodologia de pesquisa-ação em Educação Ambiental: reflexões teóricas e relatos de experiência

Marília Freitas de Campos Tozoni-Reis
Hedy Silva Ramos de Vasconcellos

Introdução

A Educação Ambiental no Brasil já está consolidada na pesquisa e na ação pedagógica. São muitas e diferentes as formas de considerá-la e de colocá-la em prática. Essas diferenças explicitam, de certa forma, um processo de amadurecimento teórico e metodológico inerente aos processos educativos numa sociedade que, embora problematize cada vez mais a necessidade de atenção à educação, historicamente vem tratando-a como um bem social de menor importância para investimentos sociais de toda natureza.

Assim, nosso ponto de partida para as reflexões sobre a metodologia da pesquisa-ação neste texto é a Educação Ambiental crítica, compreendida em sua dimensão transformadora e emancipatória, cujo principal objetivo é construir, de forma radicalmente coletiva e participativa, novas relações com o ambiente que sejam ecologicamente equilibradas e socialmente justas. Há, inclusive neste livro, um capítulo que também trata da Educação Ambiental crítica, no campo do licenciamento que pode ser lido (Loureiro e Anello, nesta coletânea).

A dimensão participativa da pesquisa-ação exige a necessidade de entendermos o processo educativo, que implica esta metodologia, como processo de pesquisa, como prática social de conhecimentos (SANTOS, 1989) sobre a realidade humana e social que, em suas relações com a natureza, exige contextualização histórica. Isto é, "tomada de posições" que superem as abordagens científicas pautadas pela racionalidade neutra e objetiva, sem abrir mão do rigor científico e metodológico.

Temos discutido em vários espaços acadêmicos (em particular nos EPEAs – Encontros de Pesquisa em Educação Ambiental e no GT-22: Educação Ambiental, da ANPEd – Associação Nacional de Pós-graduação e Pesquisa em Educação) a necessidade de amadurecer, na pesquisa em Educação Ambiental, as questões metodológicas. Embora considerando o significativo desenvolvimento da produção de conhecimentos em Educação Ambiental no âmbito acadêmico-científico nos últimos anos, identificamos nessas oportunidades de avaliação coletiva, que um número significativo de pesquisas em Educação Ambiental carece de rigor teórico e metodológico. Nossas preocupações com a metodologia das pesquisas realizadas relacionam-se à necessidade de garantir relevância científica e relevância social. Isso significa que compreendemos a prática investigativa como um processo científico de produção de conhecimentos que cuide dos mais diferentes aspectos: das referências teóricas das mais diferentes modalidades da pesquisa até as técnicas e instrumentos de investigação.

Desta forma, um primeiro ponto a considerar sobre a metodologia da pesquisa-ação em Educação Ambiental é uma tendência, no mundo acadêmico, de desvalorização das metodologias participantes ou participativas. Essa desvalorização resulta das concepções reducionistas de pesquisa sob formas essencialmente experimentais, que só a compreendem pela separação radical entre o sujeito e o objeto. Mas consideremos que essa desvalorização também é resultado de certa banalização desta opção metodológica na pesquisa acadêmica, confirmada pelos estudos em Educação Ambiental que anunciam essas modalidades de pesquisa, mas que apresentam resultados que se resumem aos relatos de experiências educativas sem a necessária produção de conhecimentos, ou sem o importante investimento no processo participativo, elementos fundamentais da metodologia. Temos encontrado, ainda, alguns estudos que anunciam outras modalidades de investigação científica e que, com diferentes graus de interação entre pesquisadores e pesquisados, não "assumem" ou explicitam estas como modalidades participativas.

Podemos considerar assim, em função da formação muito diversificada daqueles que se têm dedicado ao estudo e à ação educativa ambiental, alguma confusão sobre os pressupostos teórico-metodológicos da investigação científica. Isso significa que os estudos dos temas metodológicos dos processos de pesquisa qualitativos, em particular da pesquisa-ação – e sua dimensão participativa – são importantes para contribuir no amadurecimento da investigação científica e, de forma ainda mais importante, a prática educativa em Educação Ambiental.

I Reflexões teóricas sobre a metodologia da pesquisa-ação na Educação Ambiental

Consideramos, então, que a Educação Ambiental, pela sua visão da complexidade do mundo, pela constatação dos efeitos das relações antropocêntricas socioambientais nos últimos séculos e o conhecimento interdisciplinar com que ela trabalha, ainda necessita, na prática, de constantes pesquisas que orientem os profissionais que a ela se dedicam. A pesquisa-ação para o estudo de ações capazes de favorecer adequadas relações ecológicas é uma possibilidade metodológica adequada e possível, ainda que algumas vezes malcompreendida.

Nas universidades brasileiras, por exemplo, organizadas pela reunião de pesquisadores nos diferentes campos científicos, a Educação Ambiental sente-se como possibilidade teórica e prática para facilitar o trabalho articulado entre pesquisa, ensino e extensão. No entanto, sua utilização necessita romper os "feudos da disciplinarização" da linguagem que resultaram da fragmentação do pensamento científico, iniciado a partir dos séculos XVI e XVII por Nicolau Copérnico e Galileu Galilei, consolidado por Francis Bacon e René Descartes e pelos cientistas dos séculos posteriores (JAPIASSU & MARCONDES, 1993). Podemos considerar que essa fragmentação ainda está presente na organização da vida social nas sociedades atuais, inclusive na formação dos educadores ambientais.

Por outro lado, a Educação Ambiental tem, em sua natureza interdisciplinar, características de ação intra e extraescolar, mesmo em se tratando de seu desenvolvimento no campo da educação formal. Nunca é demais lembrar que, desde a última metade do século XX, ela tem sido considerada parte inseparável das medidas internacionais propostas pela Organização das Nações Unidas (ONU) para a preservação e melhoria do ambiente humano expressando a convicção comum de que "É indispensável um trabalho de educação em questões ambientais [...]" (Declaração da ONU sobre o Meio Ambiente Humano, 1972, § 19. In: DIAS, 2006, p. 372).

Sendo um estudo eminentemente social e essencialmente humano, por ser educação, depende da visão filosófica do educador, que varia no tempo e no espaço. Por outro lado, ela também acompanhou o avanço científico-tecnológico que traz à nossa consciência os efeitos atuais da civilização e das decisões políticas sobre o equilíbrio ecológico do Planeta Terra, sobrepondo o econômico-financeiro ao ecológico. Por tudo isso, não é de se estranhar que a implantação da Educação Ambiental ocorra tão frágil e lentamente, apesar das leis, acordos e campanhas realizadas, tanto no campo nacional quanto internacional.

Embora até hoje respeitado, pelo inegável sucesso do avanço técnico alcançado, o método científico já no século XX vinha sendo considerado insuficiente em seu olhar racionalista para os estudos de natureza social e histórica (ou positivista, pela designação de Augusto Comte criada no fim do século XIX, como lembram JAPIASSU & MARCONDES, 1993, p. 52).

Com essas preocupações, diversas correntes ganharam força e maior respeitabilidade nas pesquisas sociais, como a fenomenologia de Husserl (JAPIASSU & MARCONDES, 1993, p. 124), a hermenêutico-filosófica de Dilthey e Paul Ricoeur (p. 118), e os estudos histórico-dialéticos de Marx, Engels e Gramsci influenciando a pesquisa na Educação Ambiental, inclusive a pesquisa-ação (TOZONI-REIS & TOZONI-REIS, 2004).

A pesquisa-ação tem sido inspirada, então, por mais de um pensamento filosófico. Podemos vê-la, em seu surgimento, na corrente que poderia ser considerada positivista, como na teoria de campo de Kurt Lewin (1890-1947). No entanto, no Brasil tem-se consolidado a corrente histórico dialética, que inspira também outros pesquisadores da América Latina, rebatizada como pesquisa participante (BRANDÃO, 1981) por considerar como característica principal a participação radical dos indivíduos como sujeitos do fato social estudado. Essa radicalidade diz respeito à exigência de participação dos sujeitos envolvidos desde a determinação do objeto da pesquisa que será o objetivo geral até nas ações desenvolvidas por todos, considerados atores ou participantes e não mais "objeto" ou "informantes" dos processos de pesquisa.

Podemos dizer que a origem da pesquisa-ação encontra-se no início do século XX nos estudos de uma ciência nova, a Psicologia Social, que trouxe, através de Lewin, uma nova relação de pesquisa que resultasse em ação social, em mudança psicossocial (BARBIER, 1985). Assim, a pesquisa-ação proposta por Lewin, embora inspirada pelo desejo de mudança social, mas limitada pelo seu referencial positivista, difere bastante das propostas metodológicas de inspirações transformadoras históricas e dialéticas.

Se Lewin tem sido considerado como o precursor da pesquisa-ação por seus estudos sobre grupo, um autor que se dedicou ao estudo de grupos, fundador do psicodrama, tem sido esquecido: Jacob Levy Moreno (1889-1974), como indicam Tozoni-Reis e Tozoni-Reis (2004). Encontramos nos estudos de Moreno os fundamentos metodológicos para a pesquisa-ação, especialmente em sua dimensão participativa de forma ainda mais próxima daquela que se firmou entre nós. O psicodrama emerge da socionomia – estudo das leis que regem o comportamento social e grupal – um sistema teórico voltado para a transformação social. A proposta socionômica tem opção metodológica contrária à tentativa de aplicar ao estudo das relações sociais o método científico das Ciências Naturais, paradigma dominante desde então. Sua principal argumentação era a de que a natureza do objeto determina o método, sendo, portanto, impossível realizar uma investigação social a partir de uma suposta separação entre o investigador e o objeto: a realidade estudada não pode se reduzir ao que é controlável, como pretendia o Positivismo. Para Moreno (1972), na pesquisa e na intervenção nos grupos sociais, a separação entre sujeito e objeto é impossível quando o "objeto" é o próprio homem.

Ao estabelecer que somente é possível conhecer a sociedade humana no que ela tem de dinâmica, de movimento, temos a pesquisa-ação. Então, o pesquisador realiza sua pesquisa participando do grupo, em conjunto com ele, assumindo sua subjetividade e procurando colocar-se como instrumento do projeto grupal. Para Moreno não era suficiente a transformação do investigador em participante, era preciso também atribuir a todos os membros do grupo o papel de pesquisadores. Para conhecer plenamente o grupo e suas condições de vida, é necessário que todos os membros sejam também investigadores, participando na condução da investigação e na explicitação das vivências grupais. Temos aqui o duplo papel do pesquisador e dos participantes de que fala Moreno: investigar e participar; participar e investigar. Se o pesquisador-experimentador não estiver atento a isso, não realizar esse duplo papel para ambos, corre o risco de tornar-se um participante e, ao mesmo tempo, um "agente secreto" do método científico (MORENO, 1972).

Lewin já usava a expressão "pesquisa-ação", enquanto Moreno usou a expressão "observação participante". Temos chamado neste texto genericamente de pesquisa-ação a metodologia investigativa em análise, mas com a preocupação de indicar a necessidade radical de participação dos envolvidos como condição de sua realização. Assim, a metodologia refere-se mais propriamente à produção de conhecimentos no campo da educação que articula três dimensões: a ação educativa, a investigação científica sobre os processos educativos, e a participação social. Trata-se, portanto, de um processo de produção de conhecimentos sobre Educação Ambiental que tem como pressuposto básico a necessidade de participação dos sujeitos na investigação dos fenômenos da prática educativa.

São muitos e variados os autores que contribuem para a compreensão desta modalidade de pesquisa como possibilidade metodológica para a Educação Ambiental hoje. Podemos indicar aqui Brandão (1981, 2003), Freire (1980, 1981, 1990), Barbier (2002), Ezpeleta (1989), Demo (2007), Florian (1994), Gómez et al. (1999), Thiollent (2000), Angel (2000), Santos (2004), Tozoni-Reis (2005, 2007, 2009), Loureiro (2007) e Vasconcellos (2011), entre outros.

Carlos Rodrigues Brandão é um dos mais importantes autores desta metodologia e a define como "uma modalidade nova de conhecimento coletivo do mundo e das condições de vida de pessoas, grupos e classes populares" (BRANDÃO, 1981, p. 9). O conhecimento sobre os grupos e classes, produzidos pela (e não "com") participação dos sujeitos envolvidos, supera o controle ideológico da prática acadêmica e científica de "conhecer para agir", que implica separar, em forma de oposição, "pesquisadores" e "pesquisados". Conhecer a sua própria realidade, produzindo conhecimentos sobre ela, produzindo sua própria história com o objetivo de transformá-la é um de seus princípios. A superação dos "pesquisados" como "objeto" de estudo e a transformação de "pesquisadores e pesquisados" em "sujeitos", aliados e parceiros no processo de produção de conhecimentos sobre a realidade social, tem como objetivo a "reconquista popular".

Paulo Freire (1981) também problematizou os aspectos "políticos e ideológicos" da educação indicando a necessidade de conhecer concretamente a realidade na qual, ou com a qual, atuamos. Confrontando as ações dominadoras com as libertadoras na ação sobre uma determinada realidade, argumentou sobre a importância de compreendermos concretamente a realidade superando o conhecimento da realidade empírica, pela participação popular nos problemas que a afeta. O processo educativo como conscientização é um processo de pesquisa-ação. Para conhecer um pouco mais sobre Paulo Freire, indicamos a leitura de um capítulo específico sobre ele neste mesmo livro (Saito; Figueiredo e Vargas, nesta coletânea).

Esse processo educativo aparece plenamente articulado ao processo de investigação e compreensão da realidade vivida para sua transformação, colocando a ciência a serviço da emancipação social, como afirma Demo (1992) ao identificar os desafios desta metodologia: pesquisar e participar, investigar e educar. Trata-se de articular concretamente a teoria e a prática no processo educativo e investigativo.

Ezpeleta (1989) também concebe a pesquisa participante como metodologia que articula a pesquisa e a participação a um componente essencialmente político. Para garantir maior rigor e solidez teórica propõe que esses elementos estejam em equilíbrio. É comum encontrarmos esses elementos desequilibrados na prática da pesquisa-ação em Educação Ambiental. Podemos afirmar que, segundo a autora, os componentes políticos dizem respeito às escolhas e posicionamentos com relação aos processos de transformação e de emancipação popular. Sobre o papel político do grupo de pesquisadores parceiros, Gómez et al. (1999) acrescentam o papel ativo que assumem os sujeitos no processo de investigação, que, tomando como ponto de partida os problemas reais, refletem sobre eles, rompendo com a dicotomia teoria e prática na produção de conhecimentos sobre a realidade investigada.

Thiollent (2000) considera que o eixo metodológico da pesquisa-ação é a articulação entre a produção de conhecimentos para a conscientização e solução de problemas socialmente relevantes. Se, por um lado, esta metodologia valoriza na pesquisa a ação, essencialmente educativa, por outro, não pode perder de vista na ação – educativa e social – a produção de conhecimentos sobre a realidade. A ênfase em um ou em outro aspecto desse processo descaracteriza a metodologia como articuladora, radical, da produção do conhecimento com a ação educativa e política, que somente se concretiza pela participação de todos os sujeitos. Embora esse autor declare haver distinção entre pesquisa-ação e pesquisa participante, não se detém nessas distinções, destacando apenas que a considera pertinente ao estudo da interação social em que aspectos sociopolíticos são privilegiados, considerando que é no campo intermediário entre o "nível microssocial (indivíduos, pequenos grupos) e o que é considerado macrossocial (sociedade, movimentos e entidades de âmbito nacional ou internacional) que ela se situa" (THIOLLENT, 1985, p. 8), e alerta que alguns partidários da metodologia convencional veem na pesquisa-ação e na pesquisa participante um grande perigo, o do rebaixamento do nível de exigência acadêmica. Sua resposta é que este tipo de metodologia se propõe, como um de seus principais objetivos, a indicar meios de responder com maior eficiência aos seus problemas através da indicação de "diretrizes de ação transformadora". Ele discute a importância que o material e métodos propostos podem ter no campo da educação, da prática política e da informação, entre outros, a partir de um diagnóstico da situação em que os participantes tenham voz e vez. Tal como a entendemos, a pesquisa-ação não trata de psicologia individual e também não é adequada ao enfoque macrossocial. Assim, a pesquisa-ação é linha de pesquisa associada a diversas formas de ação coletiva que é orientada em função da resolução de problemas ou de objetivos de transformação.

Para Angel (2000), que estudou a pesquisa-ação com professores no ensino formal, há diferentes graus de participação dos envolvidos nesta modalidade de pesquisa, e esses graus podem definir a metodologia como "colaborativa" ou "participativa". Isso somente tem sentido para destacar a *processualidade* da pesquisa-ação: "colaborativa" (a "adesão" dos grupos sociais a uma pesquisa proposta) ou "participativa" (construção coletiva), o que importa é o "grau máximo" de participação, real e concretamente possível.

A pesquisa-ação existencial, integral, pessoal e comunitária de Barbier (2002) identifica também um duplo objetivo: transformar a realidade e produzir conhecimentos relativos a ela. Isso significa que, longe da neutralidade, essa metodologia de pesquisa tem caráter essencialmente político e pedagógico, articulando o processo investigativo, educativo e a transformação social. Fundamentada nos princípios da pesquisa qualitativa, em especial o princípio de que a investigação dos fenômenos sociais tem que se preocupar mais com sua compreensão do que com a explicação desses fenômenos, é pressuposto da pesquisa-ação "estudar a criatura em toda sua complexidade" (p. 48), refutando o princípio da neutralidade, substituindo-o pelo princípio da mediação no papel do pesquisador. Barbier (2002) apresenta-nos ainda um panorama da pesquisa-ação desde sua origem – em Lewin – até os tempos atuais, posicionando-se a favor do que ele chama de pesquisa-ação radical, que marca uma mudança radical, paradigmática na investigação dos fenômenos sociais: a posição dos sujeitos no processo de pesquisa; maior valorização da metodologia em relação aos resultados; os processos de mudança como articuladores da reflexão e da prática social. Sobre as críticas que a pesquisa-ação recebe dos modelos experimentais de pesquisa social, rebate com argumentos epistemológicos: "levar em consideração o meio que ele estuda e o grau de validação dos resultados junto às pessoas envolvidas, refletindo em termos de serviço prestado à comunidade atingida pela pesquisa e não unicamente à comunidade científica" (BARBIER, 2002, p. 50). Estamos, portanto, diante de uma metodologia de pesquisa que, questionando os paradigmas da ciência moderna, radicaliza sua crítica aos processos acadêmico-científicos de produção de conhecimento sobre a realidade pelas metodologias científicas tradicionais: "Ora, é somente durante o processo de pesquisa que o verdadeiro objeto (a necessidade, o pedido, os problemas) emerge, e que os participantes são capazes de apreendê-lo progressivamente, de nomeá-lo e compreendê-lo" (BARBIER, 2002, p. 51).

O caráter emancipatório da pesquisa-ação caracteriza um amadurecimento da pesquisa científica para incorporarmos, de forma compartilhada, o saber, a ciência, a tecnologia e a educação na vida comunitária. Brandão (2003) dá ênfase à mobilização dos esforços do grupo em torno de uma "causa popular". Para ele, a participação dos grupos sociais somente tem sentido como estratégia de mobilização desses grupos, oprimidos na apropriação – ou expropriação – de conhecimentos sobre sua própria realidade. O conhecimento compartilhado refere-se ao inacabamento humano (e do conhecimento humano), à certeza da possibilidade de autonomia e emancipação dos sujeitos, à possibilidade de diálogo sobre o existente, à impossível neutralidade da ciência, à pluralidade e possibilidade de cooperação das comunidades humanas, ao caráter processual da pesquisa e à possibilidade de criação coletiva de saberes sobre a experiência humana no mundo.

A superação do paradigma da ciência moderna, por sua insuficiência para estudar os fenômenos sociais e humanos, é marca epistemológica da pesquisa-ação. Os objetos de superação são a neutralidade, a objetividade e a racionalidade da ciência. O envolvimento de todos nos processos investigativos sobre a realidade social é assumido, valorizado, problematizado e, de "pecado metodológico", transforma-se em princípio, elemento fundante desta metodologia da pesquisa.

Esse *saber pensar e intervir juntos* é a preocupação central em Demo (2007), que a denomina como Pesquisa Prática (PP). A produção do conhecimento como *princípio científico* e como *princípio educativo* significa que a pesquisa é tão fundamental para a produção de conhecimentos como para o acesso, vivo e dialógico, a esse conhecimento – o ensino. Esse autor apresenta quatro pressupostos metodológicos para a produção de conhecimentos pela pesquisa: a PP é mais indicada para os fenômenos do relacionamento humano; o conhecimento científico é ideológico porque é político, trata-se de controlar pela PP a ideologia na elaboração da contraideologia; a realidade humana é histórica e mutável, a PP pode contribuir para que os grupos sociais se tornem sujeitos de sua própria história; e, por último, o conhecimento da realidade social exige a interação dinâmica entre teoria e prática.

A pesquisa-ação como possibilidade, política e metodológica, de articulação dos interesses científicos com os interesses sociais também foi estudada por Santos (2004) integrada à ecologia de saberes (parceira entre os saberes tradicionais e saberes científicos), e apontada como alternativa para a universidade superar a crise de legitimidade que a distancia dos problemas sociais concretos.

Como qualquer outra modalidade de pesquisa em educação na perspectiva crítica e emancipatória, a pesquisa-ação em Educação Ambiental refere-se à produção de conhecimentos sobre a realidade e sobre os processos educativos voltados para transformação dessa realidade, pensada e compreendida. A produção de conhecimentos é a intenção e o caminho metodológico é a ação. A originalidade das metodologias participativas refere-se, portanto, às diferenças na realização do processo de pesquisa. A pesquisa e a ação educativa para a transformação da realidade tem forte referência teórica e metodológica na "filosofia da práxis" que emerge do pensamento marxista (KONDER, 1992; VÁZQUEZ, 2011). A participação dos grupos sociais, "parceiros de pesquisa", tem como pressuposto que a observação dos envolvidos sobre o seu próprio ambiente e seus próprios problemas permite a produção de conhecimentos e reflexões mais legítimas, podendo resultar em ações significativas, de perspectivas transformadoras, sobre a realidade. Nesse sentido, o conhecimento tradicional, ou o conhecimento do senso comum, tem o mesmo valor na realização desta metodologia quanto o conhecimento científico. Esse é um dos pontos polêmicos da pesquisa-ação, pois o mundo acadêmico aprendeu a desvalorizar o conhecimento que não seja ciência, compreendida como ciência pura, construindo-o, muitas vezes de forma artificial, inadequada e com empobrecedora rigidez. O paradigma da ciência moderna, com seus rigorosos procedimentos metodológicos, "aprisionou" o pensamento do pesquisador que, solitário, pretende pensar sobre uma realidade que é dinâmica, coletiva e mutável. Esse modelo de ciência, portanto, construído pela neutralidade, diferenciou o fazer científico da experiência comum, promovendo um divórcio entre a ciência e a realidade social. A superação do olhar ingênuo e fragmentado de quem vive a realidade e a conhece empiricamente, pelo compartilhamento e reflexão na ação, analisado e compreendido, torna-se, ao mesmo tempo, conhecimento produzido e processo educativo, educando, em parceria, pesquisadores-acadêmicos e pesquisadores-comunitários.

As "armadilhas", os equívocos, os "usos e abusos" da pesquisa-ação também foram estudados por Demo (2007) que destaca a qualidade da pesquisa e a qualidade da participação. Garantir à pesquisa-ação qualidade na pesquisa é uma importante questão teórica e metodológica. É preciso ser exigente do ponto de vista metodológico, teórico, empírico e prático, elegendo a relação teoria e prática, compreendida pela dialética, como seu fundamento. São dois os desafios: ser pesquisa e ser participação. Sobre a participação, o autor indica a necessidade de legitimidade da associação entre o grupo social e os pesquisadores profissionais, garantindo uma convivência radicalmente democrática; a representatividade dos dirigentes, assim como sua rotatividade; a participação efetiva, real e concreta de seus membros; e a autossustentabilidade. Como fragilidades teóricas o autor identifica as diferentes formas de compreensão do pensamento marxista, principal referencial teórico dessa proposta, em especial da dialética, e, igualmente, da pedagogia freireana. Somenos também a compreensão do conceito de práxis de Marx e Gramsci.

Muito próximo a essas reflexões, estão as de Loureiro (2007) sobre a Pesquisa-ação Participante na Educação Ambiental sob a abordagem dialética e emancipatória. Situando os debates, tensões e polêmicas, hoje empreendidos pelas diferentes tendências teóricas e metodológicas da Educação Ambiental como contexto de discussão desta modalidade de pesquisa, o autor inicia suas reflexões pela crítica à pesquisa "não dialética". Nesse sentido, ele retoma a discussão dos paradigmas da ciência tradicional, problematizando a necessidade de tratar a Educação Ambiental, no que diz respeito à prática da pesquisa, sob uma metodologia que responda ao paradigma complexo, dialético, crítico, transformador, participativo e emancipatório. Nesse sentido, indica como opção teórico-metodológica a "dialética marxiana". A partir daí, a argumentação que constrói identifica como conceitos teóricos fundamentais para a pesquisa-ação em Educação Ambiental o conceito de dialética de Marx; o de *intelectual orgânico* de Gramsci, da relação entre o pensamento e a prática e o de *hegemonia*; a valorização dos indivíduos e a vinculação da ciência com um projeto emancipatório de Sartre; o conceito de consciência e conscientização; e, por último, o conceito de cotidianidade.

Para nós, a preocupação daqueles que consideram a metodologia da pesquisa-ação como uma prática nas pesquisas realizadas no campo da Educação de "rebaixamento do nível de exigência acadêmica", ainda existente na segunda década do século XXI, consideramos aquilo que nos propõe Menga Lüdke e outros (2001), que nos ensina que é fundamental a "produção de conhecimentos novos; produção rigorosa de encaminhamentos; comunicação de resultados; introdução de uma dimensão crítica e de reflexão; sistematização na coleta de dados; interpretações enunciadas segundo teorias reconhecidas e atuais que contribuem para permitir a elaboração de uma problemática, assim como uma interpretação dos dados" (LÜDKE et al., 2001, p. 39). No caso da pesquisa-ação, teríamos que acrescentar a compreensão e os efeitos da ação social transformadora propiciada pela participação social no grupo de pesquisadores, acadêmicos e comunitários. Assim, estamos considerando como um processo de pesquisa-ação a unidade entre a investigação científica, a ação educativa, a participação social e a transformação da realidade, que se realiza como demonstrado no fluxograma a seguir (Figura 1).

Figura 1 Fluxograma com as etapas de uma pesquisa-ação

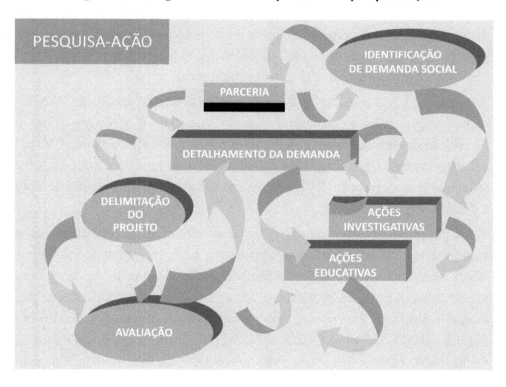

A pesquisa, acompanhando uma ação com fins definidos desde o início, tanto pode interessar a quem pretende obter um produto material quanto um processo de transformação social, ou mesmo um processo de aperfeiçoamento didático. Isto é consequência de sua origem filosófica com diferentes visões do mundo desejável para a humanidade, na sua evolução até o nosso século XXI e dos objetivos das ações praticadas. A pesquisa-ação que consideramos importante para a Educação Ambiental será desenvolvida em grupos sociais não muito grandes, é aquela capaz de apontar caminhos para as transformações necessárias à humanidade para que ela efetue, verdadeiramente, um "contrato natural" com a Terra, uma "nova aliança", uma "metamorfose" como nos vem propondo Serres (1991), Prigogine (1996) e Morin (2011).

2 Relatos de experiências com a metodologia da pesquisa-ação em Educação Ambiental

Colocadas essas reflexões acerca da pesquisa-ação com participação radical dos envolvidos como alternativa epistemológica e metodológica para pesquisa em Educação Ambiental, vejamos agora algumas experiências realizadas com a participação das autoras deste texto.

Durante o seu trabalho de Coordenadora Central de Estágios Profissionais (Ccesp), enquanto professora-associada da PUC-Rio, Hedy participou da criação da Ação Comunitária de Acari para a Educação e Saúde (Acaes) em uma favela na zona norte da cidade do Rio de Janeiro. Para o registro sistemático deste trabalho foi usada a metodologia de pesquisa-ação durante a década de 1980.

A partir de trabalho junto à comunidade local, foi criada uma creche comunitária e um centro de atenção primária à saúde. O trabalho tinha por objetivo específico a utilização dos conhecimentos dos jovens universitários, acompanhados por seus professores, na melhoria das condições de vida dos moradores de uma das favelas mais violentas daquela época. Oficialmente era um estágio dos alunos, com orientação de professores de sua área de formação. O objetivo geral era o de atuarem em um processo de educação popular com o olhar de ética profissional. Os contatos para conhecimento prévio das necessidades mais urgentes daqueles moradores foram feitos por dois professores da universidade, que as encaminharam como atividade de extensão à Ccesp. Lá, o interesse dos moradores era a organização de uma creche comunitária.

Iniciado o trabalho conjunto, alunos, professores e moradores do local formaram um grupo. Dois anos depois, além da creche, foi também organizado um Centro de Atenção Primária à Saúde, voltado para um atendimento materno-infantil. A construção do prédio próprio para a creche (em mutirão) e para o Centro de Saúde (com verba obtida por financiamento) ocorreu na década de 1980 e fortaleceu o grupo envolvido.

Após alguns anos das relações estabelecidas entre as duas comunidades, professores universitários e alunos, obtido suporte financeiro através de convênios assinados pela universidade, sentiu o grupo necessidade da autonomia dos moradores. Confirmaria o sucesso da educação popular emancipatória a que nos havíamos dedicado nas reuniões semanais regulares: profissionais da área da educação e da saúde, da engenharia, do serviço social, da psicologia, da antropologia, do direito, da universidade, e as professoras leigas e agentes de saúde lá formados, além de outros moradores da comunidade, como regra, pais das crianças beneficiadas. Para isso, muitas reuniões deste grupo eram em horário capaz de reunir, no local, homens e mulheres já participantes do processo. Para outras, alguns moradores se deslocavam para o local necessário. Conseguimos redigir cooperativamente um estatuto e legalizar o trabalho como de uma Organização Não Governamental, pessoa jurídica capaz de assumir seus próprios convênios, composta apenas de moradores da favela, eleitos por seus pares, independentes da associação de moradores e dos traficantes que exercem o "poder local": a Ação Comunitária de Acari para a Educação e a Saúde (Acaes).

Uma vez que já havia suporte econômico, para a continuidade, após a legalização da Acaes como pessoa jurídica, capaz de assinar convênios com órgãos públicos, que garantiria a materialidade e a supervisão profissional da Educação Infantil, fizemos um registro do trabalho, "após a frequência simultânea, durante dez anos, nos dois espaços estudados" (VASCONCELLOS, 1991, p. 40), enquanto grupo, gerando com isso a reflexão sobre o percurso que nos levou à concretização do desejo do grupo. Desenvolveu-se assim uma pesquisa-ação, com o objetivo de saber da possibilidade do afastamento dos professores e alunos, sem prejuízo dos avanços conquistados, pelo fortalecimento dos moradores, no que consideramos uma transformação social de médio porte, um primeiro passo para (quem sabe?) outras melhorias socioambientais. A redação de uma pesquisa que acabou parte de uma tese de doutorado (VASCONCELLOS, 1991), foi acompanhada pelo grupo até a sua defesa, na Universidade Federal do Rio de Janeiro (UFRJ).

Os atores do processo foram universitários e membros da comunidade, atuantes de cada época do trabalho, dividida em quadriênios (1979-1982, 1983-1986, 1987-1990) objeto da pesquisa. Os que trabalhavam em 1990 participaram das entrevistas que foram gravadas, inclusive entre alguns que já não moravam mais no local, ou já se haviam formado na universidade. A transcrição das fitas foi feita, também, por pessoas dos dois grupos envolvidos. A sala da UFRJ ficou cheia dos atores da pesquisa-ação, no dia da defesa da tese. Na creche foi feita uma festa pelo bom êxito da pesquisa e a Acaes teve seus convênios renovados por muitos anos. A Acaes manteve o seu trabalho na creche até 2004, catorze anos depois do término do trabalho de extensão, em 1990.

A riqueza das informações obtidas na comunidade, durante a pesquisa, serviu não somente para indicar o fortalecimento da autonomia do grupo, mas revelou também as forças sociais existentes na favela: nem todas puderam fazer parte do relatório da pesquisa, pois isso colocava em risco sua segurança em relação ao poder local (na margem do Estado de Direito). Embora os grupos marginais poderosos da época já não existam hoje, a região, agora um complexo ainda maior de favelas, é considerada ainda uma das de mais baixo índice de desenvolvimento humano (IDRH) da cidade. O poder local à margem do Estado mantém a sua força lá. A divulgação dos resultados da pesquisa feita em diversos eventos, na época, não destacou a pesquisa-ação, nem o enfoque da ética ambiental desenvolvido. Suas análises foram realizadas com foco na constatação de que aquele processo de extensão universitária realizou-se, inegavelmente, como uma via de mão dupla: a universidade produziu conhecimento novo em diferentes artigos de diferentes áreas de conhecimento; a comunidade construiu e manteve a sua creche até que um governo estadual populista transformou o prédio, construído em mutirão pelos pais das crianças em seus dias de descanso e dinheiro doado, em um "restaurante para o café da manhã". Muitos dos participantes locais da pesquisa-ação deixaram de morar na favela e ampliaram seus estudos, o que confirma o êxito da ação pesquisada e a complexidade do processo de transformação social e ambiental.

Marília (TOZONI-REIS, 2009) descreve sua experiência com a pesquisa-ação pela orientação de cerca de trinta trabalhos de conclusão de curso de graduação e pós-graduação *lato sensu* que tiveram a pesquisa-ação-participativa como metodologia de pesquisa em Educação Ambiental, além daquelas realizadas no Programa de Pós-Graduação em Educação para a Ciência na Universidade Estadual Paulista (Unesp) – Campus Bauru: seis projetos de mestrado e um de doutorado, tendo a pesquisa-ação-participativa em Educação Ambiental como metodologia.

Essas atividades de orientação foram transformadas em objeto de estudo, reunindo os projetos de iniciação científica, especialização, mestrado e doutorado num único projeto: "Formação de educadores ambientais: uma proposta de pesquisa-ação-participativa". Todos esses subprojetos, reunidos no projeto de formação dos educadores ambientais, foram realizados com a participação de diferentes grupos sociais e comunitários: idosos em grupos de convivência, jovens estudantes, adolescentes estudantes, crianças estudantes e professores da educação básica. Todos os projetos foram realizados em espaços educativos formais e não formais (escolas de vários níveis e comunidades variadas). As análises empreendidas tiveram como objetivos contribuir para consolidar a pesquisa-ação-participativa em Educação Ambiental como metodologia de produção de conhecimentos e ação educativa; produzir conhecimentos socioambientais e pedagógicos; proporcionar oportunidades para que os educadores ambientais em processo de formação vivenciem a relação teoria e prática; e, também, contribuir, através das atividades de formação de educadores ambientais, para que o Ensino Superior, e consequentemente a universidade, desenvolva relações com a comunidade, entendendo ser esse um compromisso da universidade pública.

Considerações finais

Dessas experiências emergem alguns temas para estudo e aprofundamento como a necessidade de adequar um processo dinâmico, complexo, com "vida própria" às exigências formais de tempo de conclusão dos trabalhos acadêmicos e à expectativa dos sujeitos-parceiros quanto ao papel de pesquisadores nos projetos. A permanência das pessoas, individualmente, nos grupos formados para os processos investigativo-educativos é também um ponto que merece destaque. Mas uma das dificuldades vividas nos projetos se apresenta como fundamental, como essencial, na realização de estudos sob esta metodologia: a realização, concreta, da articulação entre a produção de conhecimentos – a pesquisa – e a ação educativa.

Isso significa que a articulação entre o conhecimento e a ação, o conhecimento que dá sentido de compreensão à ação e que, ao mesmo tempo, emerge dela, e é construído pela ação, é o ponto central da pesquisa-ação--participativa.

A METODOLOGIA DE PESQUISA-AÇÃO EM EDUCAÇÃO AMBIENTAL:
REFLEXÕES TEÓRICAS E RELATOS DE EXPERIÊNCIA

Resumo

O objetivo deste capítulo é discutir a metodologia da pesquisa-ação em uma Educação Ambiental crítica, compreendida em sua dimensão transformadora e emancipatória. É através do uso desta metodologia participativa que buscamos estudar novas relações com o ambiente que sejam ecologicamente equilibradas e socialmente justas. Entendemos aqui o processo educativo como prática social de conhecimentos sobre a realidade humana e social que, em suas relações com a natureza, exige contextualização histórica, sem abrir mão do rigor científico e metodológico. Assim, consideramos, através das reflexões teóricas sobre essa metodologia de pesquisa na Educação Ambiental, a unidade entre a visão de mundo que embasa a investigação científica, a ação educativa, a participação social e a transformação da realidade. É a pesquisa acompanhando uma ação com fins definidos desde o início, por um grupo de pesquisadores, como possibilidade metodológica de articulação dos interesses científicos com os interesses sociais, integrada à ecologia de saberes e apontada como alternativa, para a universidade superar a crise de legitimidade que a distancia dos problemas sociais concretos. Finalmente, são apresentados, pelas autoras, exemplos da aplicação da pesquisa-ação em suas práticas, enquanto educadoras e pesquisadoras ambientais em suas universidades.

Palavras-chave: pesquisa-ação; Educação Ambiental; participação social; emancipação.

THE METHODOLOGY OF ACTION RESEARCH IN ENVIRONMENTAL EDUCATION:
THEORETICAL REFLECTIONS AND EXPERIENCE REPORTS

Abstract

The purpose of this chapter is to discuss the methodology of an action-research in a critical Environmental Education, in its transformative and emancipatory dimension. By the use of this participatory methodology we seek study new relationships with the environment that are ecologically balanced and socially fair. We describe the educational process as a social practice around knowledge about the human and social reality. This social reality, in its relation with nature requires historical contextualization, without renouncing the scientific and methodological rigor. Thus, we believe, through theoretical reflections on this research methodology in Environmental Education, the necessary unity among the worldview that underlies scientific research, educational activities, social participation and transformation of reality. It is a research following an action with defined purposes from the beginning, by a group of researchers, as methodological possibility to join scientific interests with social interests, integrated into the ecology of knowledge. This could also be appointed as alternative research to the University to overcome the crisis of identity that make it distant of the concrete social problems. Finally, the authors present examples of the application of action-research in their practices, while Environmental educators and researchers in their Universities.

Keywords: action research, environmental education, social participation, emancipation.

2.2
Metodologias em Educação Ambiental para a conservação socioambiental dos ecossistemas marinhos

Alexandre de Gusmão Pedrini
Suzana Ursi,
Flávio Berchez
Monica Dorigo Correia
Hilda Helena Sovierzoski
Flávia Mochel

Introdução

Os oceanos, com sua geobiodiversidade riquíssima, apesar de toda sua contribuição ao Planeta Terra, por exemplo, como fornecedor de oxigênio, mediador do clima e fonte de alimento e fármacos, não vêm recebendo o cuidado devido por grande parte da humanidade (PEDRINI, 2010b). Isso pode ser facilmente identificado quando os cientistas apresentam dados desanimadores sobre a situação dos mares, biomas e ecossistemas no litoral brasileiro (PEDRINI, 1990; STEINER et al., 2004; CORREIA & SOVIERZOSKI, 2009; BERCHEZ & BUCKERIDGE, 2012; TURRA et al., 2013). A população dos diversos países litorâneos em todos os continentes pleiteia intempestivamente aos governos, políticas, programas e planos públicos e seus financiamentos na esperança de frear a devastação dos mares planetários.

Há inúmeras convenções e tratados internacionais que traduzem a angústia dos povos litorâneos, incluindo os refugiados ambientais que já tiveram seus territórios submergidos pela elevação do nível dos mares em face do aquecimento global. Um desses documentos é a Agenda 21, que aborda claramente em capítulos as questões dos oceanos e da biodiversidade (BRASIL, 2003). A intensa utilização do ambiente marinho tem gerado mais impactação negativa que positiva, como, por exemplo, pelo turismo costeiro massificado (PEDRINI et al., 2007, 2008a, 2008b, 2010; SILVA & GHILARDI-LOPES, 2012; TUNALA et al., 2013).

Nesse contexto se insurge a Educação Ambiental para Sociedades Sustentáveis e Responsabilidade Global (Eass) adotada pelo Programa Nacional de Educação Ambiental (ProNEA, segunda versão) que já foi caracterizada por diversos educadores ambientais para variados contextos (BERCHEZ et al., 2005; PEDRINI & BRITO, 2005; PEDRINI et al., 2011). A Eass tem como características principais ser, pelo menos: a) emancipatória; b) interdisciplinar; c) transformadora; d) holística; e) contextual; f) globalizadora; g) ética; h) comunitária etc. Há várias percepções metodológicas que se identificam com a Eass e que estão sendo apresentadas resumidamente neste livro (Lima e Giesta; Loureiro e Anello; Silva e Saito; Tommasiello; Carneiro e Tristão; Soares e Marcinkowski; Costa e Costa, todos nesta coletânea).

Fernandes e Kawasaki (2012) realizaram uma análise sobre as metodologias mais adotadas nas pesquisas do grupo de discussão de pesquisa no VI Encontro de Pesquisa em Educação Ambiental em 2011. Esse evento é um dos mais importantes da Educação Ambiental (EA) no Brasil. São elas: a) a natureza da pesquisa através de pesquisa documental, estudo de caso e pesquisa-ação; b) aos instrumentos de coleta de dados/informação a maioria absoluta foi de registros documentais, seguida de entrevistas e observação participante; c) aos temas de pesquisa predominaram políticas públicas seguidas de práticas e projetos e percepção ambiental e estudos de estado da arte. Percebe-se claramente o predomínio de estudos teóricos realizados por meio de estratégias metodológicas baseadas essencialmente em documentos midiáticos (CDs DVDs, livros etc.).

Há algumas poucas obras especificamente sobre metodologia da EA, sendo selecionadas as de Pedrini (2007) e Barcelos (2008). A coletânea de Pedrini (2007) apresenta duas partes, sendo a primeira com três capítulos e mais adequada a iniciantes: a) formular uma proposta de trabalho ("um caminho das pedras"), tendo por base qualquer ideia do cidadão; b) sugestões de como elaborar o relatório das atividades realizadas; c) propõe uma metodologia para se realizar um estudo de caso. Na segunda parte, apresenta metodologias de EA no contexto escolar, universitário, empresarial e como inserir atividades lúdicas numa atividade ou projeto. O livro individual de Barcelos (2008) apresenta uma metodologia baseada em afirmações sobre o que é mentira ou verdade e sua discussão. Vale a leitura.

No contexto da EA x biodiversidade as metodologias seriam basicamente experimentais, porém com apoio de textos impressos e mídias. Saito (2013) analisa as principais abordagens metodológicas da EA no contexto da biodiversidade e discute seis principais dilemas/contradições enfrentados na produção de materiais didáticos do Projeto para Conservação e Uso Sustentável da Diversidade Biológica (Probio) do Ministério do Meio Ambiente divulgado pelo governo federal em 2006. A sua principal questão foi como desenvolver uma Eass a partir apenas de materiais impressos de apoio.

Há vários modelos de Eass para o ambiente marinho, convivendo entre si e com referencial teórico-metodológico variado. Pedrini (2010) apresentou uma tipologização da prática da Eass: a) atores sociais (pescadores, marisqueiros, catadores de caranguejos, ambulantes); b) espécies ícones ou bandeiras (baleias, botos, golfinhos, aves, tartarugas, peixes etc.); c) ecossistemas (pradarias marinhas, manguezais, lagunas, recifes de corais, costões rochosos, estuários etc.); d) espaços simulados (aquários, oceanários, berçários etc.); e) de espaços formais para oferta de cursos de extensão ou livres em biologia marinha básica (bases costeiras ou marinhas de colégios de nível médio, de instituições de Ensino Superior ou organizações não governamentais, meios de hospedagem etc.). Em cada opção dessa tipologia os métodos, técnicas e abordagens são muito variados.

Serão apresentadas a seguir três abordagens metodológicas, segundo os ecossistemas selecionados como exemplo: a) costões rochosos; b) recifes; c) manguezais.

1 Costão rochoso

O litoral brasileiro, com sua rica geobiodiversidade marinha, apresenta inúmeros problemas devido à ação antrópica desde a sua descoberta por

Portugal no século XVI. A qualidade socioambiental do costão rochoso marinho não fugiu aos variados impactos ambientais negativos na região costeira brasileira e mundial. Eles vêm afligindo os organismos marinhos. Isso ocorre tanto pela ação direta humana pelo turismo (PEDRINI et al., 2005; SILVA & GHILARDI-LOPES, 2012) como, por exemplo, pela indireta por mudanças climáticas, incidentes/acidentes da indústria do petróleo e gás, atividades de prospecções geofísicas, pesca predatória, emissão de efluentes domésticos etc. (BERCHEZ & BUCKERIDGE, 2012; TURRA et al., 2013).

Os governos tentaram ao longo do tempo disciplinar a ocupação do solo costeiro e marinho, criando áreas protegidas e legislação preventiva, fiscalizadora e corretiva. Porém, de nada tem adiantado, pois se criam Unidades de Conservação da Natureza sem equipe humana para efetivá-la na prática, tal como ocorre na aplicação da legislação conservacionista preventiva. A comunidade científica, em parceria ou não com organizações não governamentais, vem apresentando propostas de Educação Ambiental Marinha (EAM). Elas permitem compatibilizar as demandas dos caiçaras e de governo com as dos cientistas e empresários. Ou seja, pela divisão dos benefícios e malefícios a todos os interessados.

A perspectiva da EAM exclusivamente dirigida apenas à preservação de espécies ícones ou de biomas, excluindo o homem, não se sustenta mais. A EAM precisa ser emancipatória política e financeiramente, de modo a oferecer sustentabilidade a todos os atores sociais que dependem dos costões marinhos. Um exemplo possível é a implantação do ecoturismo marinho (PEDRINI et al., 2011). Há alguns trabalhos importantes envolvendo as comunidades do entorno de áreas protegidas públicas. Vale citar que no Parque Nacional Marinho de Abrolhos (Bahia), que possui costões e recifes, o Núcleo de Educação Ambiental (NEA) dessa unidade governamental, em parceria com cerca de trinta entidades privadas e governos locais, desenvolveu dezenas de atividades coletivas. São exemplos, segundo Ranieri e Rosamiglia (2007): a) cursos de capacitação à comunidade; b) teatro de fantoches sobre resíduos sólidos; c) produção de DVDs etc.

Há duas obras recentes que vêm contribuindo para apresentar à sociedade metodologias transformadoras e que substituam práticas maléficas pelas benéficas. São as obras coletivas de Pedrini (2010) e Ghilardi-Lopes et al.

(2012). Em Pedrini (2010) são apresentados relatos envolvendo as atividades essencialmente de universidades públicas e do governo federal. Vale destacar o projeto desenvolvido por Hadel (2010) que valoriza os costões rochosos das imediações do Centro de Biologia Marinha da Universidade de São Paulo. Realizam cursos não só para professores como para escolares e o público em geral, sendo suas atividades reconhecidas como extremamente necessárias e uma demanda pública local e nacional. Em Ghilardi-Lopes et al. (2012) a obra tem a intenção prioritária de aprofundar o conhecimento sobre a biologia e conservação marinhas e contribui bastante para atividades de divulgação científica sobre o mar (GHILARDI-LOPES et al., 2012).

Concluindo, a Eass, no contexto dos costões rochosos, ainda está nos seus primórdios e tem sido realizada e comunicada cientificamente nas regiões Sudeste e Nordeste brasileiras. Apesar disso, ela já vem apresentando alguns avanços em atividades essencialmente lideradas pelas universidades costeiras brasileiras.

2 Ecossistemas recifais

Assuntos relacionados à biodiversidade dos ecossistemas recifais da costa brasileira vêm sendo divulgados mais intensamente a partir da década de 1990, quando ainda no final do século passado ocorreu um incremento nos estudos sobre a fauna e flora marinhas, associadas às características geomorfológicas destes ambientes (CORREIA & SOVIERZOSKI, 2005, 2009), as quais deram origem aos recifes de coral e os recifes de arenito (Figura 1). Sabe-se que muitas das nossas espécies de invertebrados recifais são consideradas endêmicas da costa brasileira (CORREIA, 2011; CORREIA & SOVIERZOSKI, 2012). Entre as metodologias utilizadas, frequentemente direcionadas para a EA em ecossistemas recifais, vêm sendo realizadas palestras, aulas teóricas e visitas a campo, guiadas por professores e monitores. São realizadas em diferentes recifes no litoral alagoano, envolvendo principalmente alunos de graduação e do Ensino Médio, sendo também avaliada a percepção ambiental por meio da aplicação de questionários. Atualmente, dentro do contexto interdisciplinar e interativo da EA, promovido pelo uso de computadores e a internet, existem inúmeras facilidades para divulgação de dados relacionados à presença da rica biodiversidade e a necessidade de preservação dos ecossistemas costeiros. Isso ocorre, em especial, quanto aos nossos ambientes recifais, sendo que muitas destas informações vêm sendo utilizadas com o objetivo de ampliar e apoiar a EA voltada para estes temas, os quais estão disponibilizadas no site https://sites.google.com/site/comunidadesbentonicas/

Figura 1 Vista aérea dos ecossistemas recifais em Alagoas: (A) Recife de coral da Ponta Verde, Maceió e (B) Recife de arenito do Francês, Marechal Deodoro

Fotografias de M.D. Correia.

As atividades antrópicas, como a pesca e o turismo em áreas recifais, vêm causando inúmeros impactos ambientais devido ao uso desordenado, comprometendo assim a sustentabilidade da biodiversidade e a preservação destes ecossistemas (CORREIA & SOVIERZOSKI, 2008, 2010). Tais fatos têm sido motivo de inúmeras discussões sobre EA na sociedade, inclusive no contexto escolar, junto às aulas de Ciências e Biologia para o ensino básico e fundamental entre jovens e adultos. Com base nesta premissa, Souza et al. (2011), através de uma pesquisa participativa, demonstraram uma realidade bastante preocupante devido à constatação do baixo interesse e, consequentemente, o reduzido compromisso com as questões ambientais por parte dos jovens e adultos.

Há vários relatos sobre EA para a conservação de ecossistemas marinhos (cf. PEDRINI, 2010). Um deles, o Projeto Coral Vivo (www.coralvivo.org.br), que iniciou as atividades no início da década passada no sul da Bahia, vem concretizando inúmeras atividades (SEGAL et al., 2007; GOUVEIA et al., 2008). Uma campanha de EA voltada para a divulgação e preservação visando à conduta consciente nos ecossistemas recifais brasileiros foi realizada pelo Ministério do Meio Ambiente (PRATES et al., 2010). Entretanto, o reduzido conhecimento sobre a importância dos ecossistemas recifais, pela população brasileira, foi comprovado junto aos moradores e turistas que frequentam diversos ecossistemas recifais, incluindo alguns recifes inseridos em áreas de preservação ambiental, como nos litorais de Alagoas (OLIVEIRA & CORREIA, 2013; SILVA et al., 2013), na Paraíba (COSTA et al., 2007), em Pernambuco (STEINER et al., 2004; OLIVEIRA et al., 2009) e no Rio Grande do Norte (FEITOSA et al., 2012). Fatos semelhantes também podem ser comprovados quando, após um dia ensolarado de visitação, olhamos para os nossos recifes e constatamos uma enorme quantidade de resíduos deixados pela própria população e pelos turistas. Isso vem causando sérios impactos ambientais e muitas vezes a morte de representantes da nossa fauna marinha, como no caso das aves e tartarugas, que ao se alimentarem de plásticos morrem.

Dentro deste contexto a importância da EA, direcionada para os ecossistemas recifais, vem sendo divulgada a partir da construção dos conceitos científicos sobre estes temas junto aos alunos do ensino básico, demonstrando ser este um assunto que promove o desenvolvimento da capacidade de observação e de interação dos alunos, com melhorias significativas no desempenho da aprendizagem (MORAIS et al., 2011). Sabe-se também que a associação de aulas teóricas com atividades práticas desperta o senso de investigação dos discentes e aprimora a sede por descobertas, motivando ainda mais o interesse dos alunos no dia a dia e em sala de aula (OLIVEIRA et al., 2011). Outro aspecto importante é a melhoria do ensino e do desempenho dos alunos a partir de atividades práticas voltadas para EA com metodologias diferenciadas (ARAÚJO et al., 2011).

Com relação à EA em ecossistemas recifais desenvolvida no ambiente escolar, Oliveira e Correia (2013) demonstraram que aulas teóricas associadas às aulas práticas de campo realizadas em dois recifes do litoral central de Alagoas, com alunos do Ensino Médio de uma escola pública estadual, foram consideradas ótimos mecanismos facilitadores do ensino e aprendizagem. Muitos dos alunos envolvidos sequer conheciam os recifes em questão ou já haviam visitado tal ecossistema, tendo-se constatado que os mesmos foram capazes de caracterizar a biodiversidade e as diferenças geomorfológicas entre os dois tipos de ecossistemas recifais, assim como identificar os vários impactos ambientais decorrentes de atividades antrópicas. Para Oliveira et al. (2013) o registro das atividades desenvolvidas durante as aulas de campo em ecossistemas recifais, utilizando diários de bordo produzido pelos próprios alunos, estimulou a capacidade de percepção e a interação dos estudantes, sendo que as informações obtidas proporcionaram o aprofundamento do conhecimento e a ampliação do interesse do alunado pela preservação da nossa biodiversidade marinha e dos nossos ecossistemas recifais. Algumas propostas de atividades que podem ser desenvolvidas para ampliar e disseminar a EA em ecossistemas recifais estão apresentadas no Quadro 1 a seguir:

Quadro 1 Propostas de atividades para EA em ecossistemas recifais

ETAPAS	ATIVIDADES
Preparação	• Seleção do conteúdo • Objetivos a serem alcançados • Escolha do local e data de cada etapa • Turmas de alunos do Ensino Médio • Autorização dos pais
Aula teórica	• Caracterização dos ecossistemas recifais • Tipos e distribuição dos recifes • Diversidade da fauna e flora recifal • Importância da preservação dos recifes
Aula prática em campo	• Professores e monitores envolvidos • Apresentação do roteiro • Observação dos exemplares vivos da fauna e flora • Noções práticas de ecologia • Identificação de impactos ambientais
Avaliação	• Relatórios dos alunos • Aplicação de questionários • Apresentação dos resultados para outras turmas da escola • Confecção de diários de bordo • Criação de blogs e outros meios de divulgação

3 Manguezal

A importância dos manguezais e o alarmante aumento da sua degradação têm motivado a manifestação de eventos de Educação Ambiental voltados para as áreas de manguezal. Em 1993 foi realizado o primeiro Encontro Nacional de Educação Ambiental em Áreas de Manguezal, em Maragojipe, Bahia. Já ocorreram sete encontros nacionais, e ainda, desde os anos de 1990, diversos encontros regionais e locais em diferentes cidades brasileiras, destacando-se, entre os mais frequentes, os estados do Maranhão, Pará, Ceará, Paraíba, Pernambuco, Bahia, Espírito Santo, Rio de Janeiro e Santa Catarina.

Em 2007 foi criada a Edumangue, durante o Encontro EA em Itaparica, BA. O grupo tem uma lista de discussão na web e discute ações de EA em todo o Brasil, compartilha informações, denúncias e notícias acerca dos manguezais brasileiros e comunidades tradicionais relacionadas. As metodologias mais comumente empregadas são as publicações de cartilhas (VILLAS BOAS, 2002), folhetos e livros (ALVES, 2001), além do uso de materiais pedagógicos e lúdicos, como flanelógrafos, fantoches (PANITZ et al., 2009, 2010), brinquedos confeccionados com material reciclado, que são geralmente utilizados em oficinas junto às comunidades pesqueiras, indígenas, quilombolas, urbanas, bem como na educação formal em escolas públicas e particulares (MACHADO, 2009). Coleções biológicas e maquetes também foram usadas em oficinas de Educação Ambiental em áreas de manguezal (PEREIRA et al., 2006), bem como exposições, visitas coordenadas e trilhas em manguezal (LIMA, 2009; GALLO NETO, 2010; SILVA JÚNIOR et al., 2010; MARTINS et al., 2011). Coreografias, dança, apresentações de teatro e poesia também são recursos frequentes nas atividades de Educação Ambiental voltadas para a sensibilização quanto à importância do ecossistema manguezal (MOCHEL, 2011, 2012), e, dentre as músicas compostas especificamente sobre o tema, há o incomparável *Cantarolama* de Carlinhos de Tote, Chiquinho e Vergara, versão CD, disponibilizada e adquirida diretamente dos autores.

Estudos de caso apresentando o uso da linguagem corporal (coreografia, dança e teatro) na sensibilização e na aquisição de conteúdos básicos sobre o ecossistema manguezal (MOCHEL, 2007, 2013) apresentam uma sequência metodológica que consiste em: 1) seleção de temática/problemática a ser desenvolvida; 2) planejamento de conteúdos; 3) seleção de músicas e canções; 4) proposição de movimentos básicos de coreografia junto ao grupo participante; 5) desenvolvimento/aperfeiçoamento da coreografia em conjunto com os participantes; 6) repetições da coreografia para incorporação do processo; 7) apresentação final do grupo em evento de culminância. Os itens 1, 2 e 3 geralmente são definidos pelo objetivo geral do projeto e/ou evento, norteando o facilitador ou responsável pela atividade que pode, então, buscar um conjunto de músicas e canções que abordem o tema. Os itens de 4 a 7 se desenvolvem em conjunto com o grupo de participantes da atividade. Nesse momento, o tema e o problema são expostos, a atividade (coreografia, teatro etc.) é proposta e os movimentos básicos apresentados são aperfeiçoados pelo grupo, que também pode propor novos movimentos, chegando, assim, à conclusão da *performance*. Os movimentos básicos mais comuns empregados são: 1) expressão dos elementos abióticos do ecossistema: movimentos corporais representando rios, maré, ventos, chuva; 2) expressão dos elementos de fauna: movimentos de caranguejo, garça, macaco; 3) expressão dos elementos da flora: árvores com raízes escoras, crescimento de propágulos, copas das árvores, sincício de árvores de mangue vermelho; 4) expressão dos elementos humanos no ecossistema: movimentos de canoas, remos, lançamento de redes, cata de caranguejo.

De um modo geral, há muito pouca abordagem pelo uso de jogos de Educação Ambiental elaborados especificamente para conteúdos que relacionam os diversos níveis de organização do ecossistema com os impactos em escala local à global e às medidas de proteção e conservação de manguezais. A importância dos jogos, que podem ser em formato digital ou tradicional, consiste basicamente em adicionar elementos motivadores às ferramentas de ensino-aprendizado, trazendo a esse processo uma dinâmica que introduz desafios e entretenimento aos conceitos acadêmicos. Durante o jogo, em si, os participantes também desenvolvem habilidades sociais, participativas, emocionais e cognitivas no processo que estabelece regras de erro/acerto e vivenciam o assunto como uma experiência no momento presente (BOHRER et al., 2009; BREDA & PICANÇO, 2011; MOCHEL, 2013).

Jogos educativos sobre o ecossistema manguezal foram elaborados pelo Laboratório de Manguezais (Lama) e Centro de Recuperação de Manguezais (Cermangue) da Universidade Federal do Maranhão, e contaram com a participação de 14 estudantes dos cursos de Oceanografia, Biologia e Comunicação Social da UFMA, sob a supervisão da coordenadora/orientadora do projeto. Os jogos elaborados foram empregados de maneira sistematizada no treinamento de professores em 22 escolas da rede pública de um município da Amazônia costeira maranhense, envolvendo a educação de crianças, adolescentes e adultos.

A metodologia consistiu na elaboração de quebra-cabeças *Unindo o manguezal*, jogo da memória *Lembrando o manguezal* (Figura 2) e jogo de tabuleiro *Trilha do manguezal* (Figura 3), e sua aplicação tem se mostrado eficiente na transversalização de conteúdos curriculares, bem como na sensibilização dos participantes. Elaborou-se um livro-texto base *Mangueando: brincando e aprendendo com o manguezal* (Figura 4), contendo atividades lúdicas de avaliação como palavras-cruzadas, caça-palavras, enigma, jogo dos erros, labirinto, ligue os pontos e forma-palavras para subsidiar os educadores e fornecer os principais conceitos. O Quadro 2 mostra os elementos metodológicos básicos sobre cada um desses jogos.

Quadro 2 Conteúdos, abordagens e níveis de complexidade de jogos de Educação Ambiental voltados para o ecossistema manguezal elaborados pelo Lama/Cermangue da UFMA

Estratégias pedagógicas	Quebra–cabeças *Unindo o manguezal*	Jogo da memória *Lembrando o manguezal*	Jogo de tabuleiro *Trilha do manguezal*
Participantes	• De 4 anos à terceira idade. • Individual ou em grupo.	• De 4 anos à terceira idade. • Individual ou em grupo.	• De 8 anos à terceira idade. • Em grupo.
Complexidade	Baixa.	Média.	Média-alta.
Objetivos do aprendizado	O ecossistema manguezal como uma unidade, unindo a presença humana de forma harmônica. *Abordagem pela paisagem.*	Elementos essenciais da estrutura e recuperação de manguezais; fauna e flora. *Abordagem pela estrutura e funcionamento.*	Manguezais como um ecossistema dinâmico no Planeta Terra. *Abordagem pela dinâmica e conceitos-chave.*
Conteúdos	Elementos básicos do ecossistema: marés, rios, lama, árvores. Atividades humanas: barco e pescador.	Flora espécies e anatomia: folhas, flores, raízes, propágulos, plântulas. Fauna: invertebrados e vertebrados.	Conceitos-chave: escalas de eventos, impactos e cenários, mudanças climáticas globais, sustentabilidade, recuperação ecológica, Educação Ambiental.
Estratégias e habilidades	Construção de cenário: unindo e combinando peças.	Encontro de pares similares: memorizando o quê e onde.	Acaso e sorte, iguais possibilidades: eventos aleatórios e de causa e efeito.
Práticas pós-jogo	Reflexões/ Discussão.	Reflexões/Discussão.	Reflexões/Discussão/ Soluções/ Alternativas.

Fonte: Mochel et al., 2013.

Figura 2 Jogo da memória com 40 peças abordando fauna, flora e recuperação de manguezais

Figura 3 Jogo de tabuleiro *Trilha do manguezal*, abordando conceitos-chave como mudanças climáticas globais, recuperação de manguezais e sustentabilidade

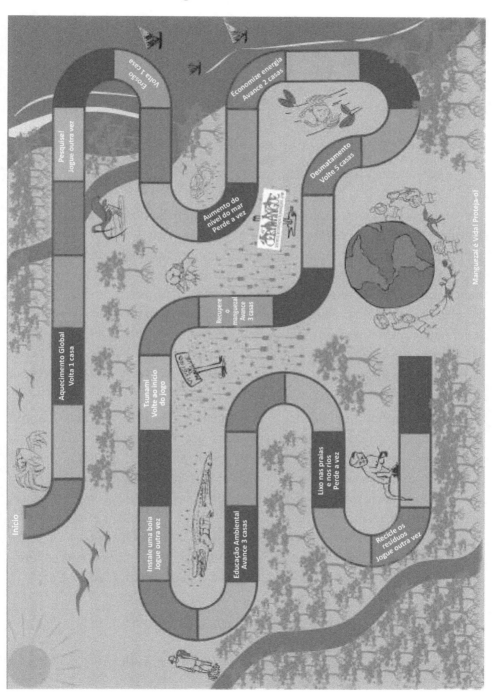

Figura 4 Caderno de texto base e atividades lúdicas, que fornece os conceitos básicos e as relações socioambientais sobre o ecossistema manguezal

A complexidade dos assuntos/temas é dada pela abordagem e, no jogo de quebra-cabeças e memória, também pelo número de peças. No jogo de tabuleiro os conceitos são abordados em maior profundidade e inter-relação, e a obediência às regras e a sujeição ao acaso/sorte dos dados requerem maior maturidade e reflexão dos participantes. Para acompanhar os jogos, foi elaborado um livro de conteúdos e atividades *Mangueando: brincando e aprendendo com o manguezal*, que aborda aspectos presentes nos jogos e relacionados à ecologia, fauna e flora dos manguezais, bens e serviços socioambientais, impactos humanos, mudanças climáticas globais, proteção e conservação desse ecossistema (MOCHEL, 2012).

De um modo simplificado, as vantagens do uso dessas metodologias de abordagem do ecossistema manguezal, por meio de jogos educativos, mostraram que: 1) envolvem todos os participantes; 2) facilitam a abordagem de assuntos complexos; 3) disponibilizam assuntos específicos que normalmente não estão acessíveis nos materiais pedagógicos convencionais; 4) entretêm de forma divertida; 5) transformam o assunto numa experiência cognitivo-emocional; 6) adéquam-se às diferentes faixas etárias e níveis educacionais; 7) têm-se mostrado úteis como ferramenta para o desenvolvimento de uma visão crítica da relação entre o ambiente e a sociedade

4. Estudo de caso do Projeto TrilhaSub da USP

Os ecossistemas marinhos muitas vezes são considerados distantes e pouco relacionados ao cotidiano da população (URSI & TOWATA, 2012).

O Projeto Trilha Subaquática enquadra-se nas atividades de extensão, graduação e pós-graduação do Instituto de Biociências da Universidade de São Paulo. Oferece, essencialmente, possibilidades de atividades centradas em trilhas marinhas, terrestres e virtuais, todas guiadas por monitores e com pontos de interpretação (BERCHEZ et al., 2007).

Utiliza como referencial teórico o conceito de Eass (BRASIL, 2005) citado anteriormente neste capítulo. Ele adota em seu cerne o Tratado Internacional para a Construção de Sociedades Sustentáveis e Responsabilidade Global e os pressupostos pedagógicos da Declaração Internacional de Educação Ambiental da Conferência Internacional de Tbilisi (PEDRINI & BRITO, 2006). Assim, os principais indicadores conceituais de EA almejados no projeto são: transformação, participação, abrangência, permanência, contextualização, ética, transdisciplinaridade, abordagem holística, multiplicação e emancipação (BERCHEZ et al., 2007).

O projeto foi implantado a partir de janeiro de 2002 no Parque Estadual de Ilha Anchieta, Ubatuba, SP, tendo como objetivos desenvolver, aplicar e testar, através de projetos de pesquisa, modelos de atividades de EA para os ecossistemas marinhos (BERCHEZ et al., 2005, 2007). Atualmente, as atividades também são realizadas em outras unidades de conservação. Tem como principal público-alvo alunos de nível universitário, professores de nível médio e técnicos de unidades de conservação da natureza, que são formados de modo a se tornarem agentes de multiplicação dos conceitos e conhecimentos e que promovam a mudança de valores e atitudes em relação ao meio ambiente e à sociedade. Tais monitores são cuidadosamente formados em cursos teóricos de curta duração, seguidos de estágios práticos nas Unidades de Conservação (PEDRINI, 2008; URSI et al., 2009).

É objetivo da monitoria os visitantes, constituídos em sua maioria por turistas e moradores do litoral norte de São Paulo, alunos e professores de escolas públicas da rede municipal e estadual do litoral norte de São Paulo e entidades assistenciais e de recuperação. Os principais modelos de EA realizados pelo projeto são: a) Trilha subaquática em mergulho livre (Figura 5); b) Trilha subaquática em mergulho autônomo; c) Aquário natural; d) Trilha dos ecossistemas; e) Mergulho fora d'água numa trilha artificial.

Figura 5 Imagem de participantes da atividade Trilha subaquática em mergulho livre

Fotografia de Flávio Berchez.

Diversos trabalhos científicos já foram e continuam sendo realizados visando tanto a divulgação quanto a avaliação e o aprimoramento do Projeto Trilha Subaquática (BERCHEZ et al., 2005, 2007; PEDRINI et al., 2007, 2008a, 2008b; 2010; URSI et al., 2009, 2010, 2013; KATON et al., 2013; TOWATA et al., 2013). Dessa forma, o projeto está em constante processo de transformação, porém sempre se mantendo fiel aos indicadores conceituais de EA nos quais foi baseado desde sua concepção (Figura 6).

Considerações finais

Como apresentado brevemente neste capítulo, a Educação Ambiental, tendo como modelo conceitual e operacional a segunda versão do Programa Nacional de Educação Ambiental, já vem apresentando resultados. A

Figura 6 Processo de desenvolvimento e avaliação Projeto Trilha Subaquática

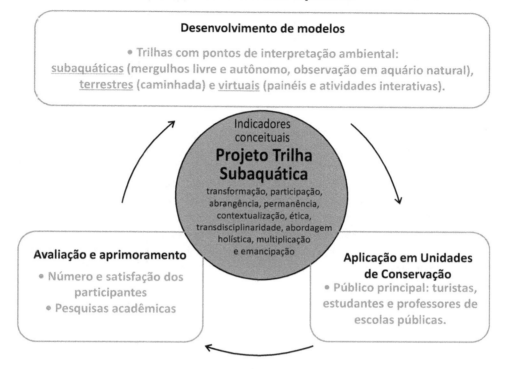

Eass, então modelo conceitual e operacional dos educadores ambientais do contexto marinho brasileiro, já está em pleno desenvolvimento no país. Os ecossistemas de enorme valor biológico como manguezais, recifes de coral e costões rochosos já possuem cientistas capacitados, atentos e produtivos em universidades públicas federais – Universidade Federal do Maranhão (UFMa) e Universidade Federal de Alagoas (Ufal) e estaduais (Universidade do Estado do Rio de Janeiro (Uerj) e Universidade de São Paulo (USP), estudando-os. Além de estudar com profundidade os ecossistemas, os cientistas universitários em parceria com Organizações Não Governamentais (ONGs) e os governos municipais, estaduais e federais já estão em contato com as demandas públicas das comunidades humanas costeiras que dependem dos ecossistemas litorâneos para sua sobrevivência. Obviamente têm recebido apoio financeiro de órgãos federais e estaduais de fomento à pesquisa e alguns poucos de empresas. Uma das demandas ainda não atendidas tanto dos cientistas como das ONGs tem sido a falta de envolvimento espontâneo de empresas no financiamento de atividades de EA pelo viés da responsabilidade socioambiental que iria incrementar ações de Eass no contexto da biodiversidade marinha brasileira.

METODOLOGIAS EM EDUCAÇÃO AMBIENTAL PARA A CONSERVAÇÃO SOCIOAMBIENTAL DOS ECOSSISTEMAS MARINHOS

Resumo

A biodiversidade dos ecossistemas costeiros brasileiros, em especial dos costões rochosos, recifes e manguezais, vem sendo estudada e divulgada mais intensamente a partir da década de 1980, com o desenvolvimento de inúmeros trabalhos científicos. Assim, muitas destas informações foram utilizadas com o objetivo de ampliar e apoiar a Educação Ambiental (EA) junto aos ecossistemas costeiros, voltada para a preservação da fauna e flora marinhas. Sabe-se que as atividades antrópicas, como a pesca, o turismo e a poluição em áreas costeiras, vêm causando inúmeros impactos ambientais devido ao uso desordenado, comprometendo assim a sustentabilidade da biodiversidade e a preservação destes ecossistemas, em muito decorrente do reduzido conhecimento da população brasileira sobre a importância dos ecossistemas costeiros. Tais fatos têm sido motivo de inúmeras discussões sobre EA na sociedade, os quais foram intensificados a partir deste século, inclusive no contexto escolar junto às aulas de Ciências e Biologia para o ensino básico e fundamental, entre alunos jovens e adultos. Dentro deste contexto, atividades de EA direcionadas à biodiversidade dos ecossistemas costeiros vêm sendo desenvolvidas com base em diversas metodologias envolvendo costões rochosos, recifes e manguezais. Estas propostas e resultados estão descritos em diversos trabalhos publicados e em estudos de caso aplicados que envolveram turistas e alunos. As atividades de EA junto aos ecossistemas costeiros evidenciaram e estimularam a capacidade de percepção dos participantes, os quais obtiveram uma visão ecológica detalhada da fauna e flora destes ambientes costeiros. Constatou-se a aquisição de novos conhecimentos através de uma interação positiva dos participantes com os ecossistemas visitados, promovendo assim, através da EA, o aprofundamento do conhecimento e a ampliação de interesse dos visitantes e do alunado pela preservação dos ecossistemas e da biodiversidade marinha ao longo do litoral brasileiro.

Palavras-chave: biodiversidade, mar, Educação Ambiental, manguezais, recifes de coral, costão rochoso.

AN ENVIRONMENTAL EDUCATION METHODOLOGY FOR SOCIO-ENVIRONMENTAL CONSERVATION OF MARINE ECOSYSTEMS

Abstract

The biodiversity of Brazilian coastal ecosystems, especially the rocky shores, reefs and mangroves, has been studied and published more intensely from the late 1980's, with the development of numerous scientific papers. Thus, much of this information was used in order to expand and support the environmental education (EE) with the coastal ecosystems, dedicated to preserving the marine fauna and flora. It is known that human activities such as fishing, tourism and pollution in coastal areas, has caused numerous environmental impacts due to the inordinate use, thus compromising the sustainability of biodiversity and the preservation of these ecosystems, resulting in very little knowledge of the Brazilian population about the importance of coastal ecosystems. These facts have been the subject of numerous discussions on EE in society, which were intensified from this century, including in relation to school with science and biology classes for teaching Basic and Fundamental among students and young adults. Within this context, activities directed to EE on biodiversity of coastal ecosystems have been developed based on various methodologies involving rocky shores, reefs and mangroves. These proposals and results are described in several papers published and applied in case studies involving tourists and students. EE activities along the coastal ecosystems stimulated and showed the ability of perception of participants who obtained a detailed ecological vision of the fauna and flora of these coastal environments. It found the acquisition of new knowledge through positive interaction with the participants who visited these ecosystems, promoting through the EE, the deepening of knowledge and broadening of interest to visitors and students on the preservation of the ecosystems and marine biodiversity along the Brazilian coast.

Keywords: biodiversity, sea, environmental education, mangroves, coral reefs, rocky shore.

2.3
Proposta metodológica para avaliações de larga escala na Educação Ambiental

Fernando J. Soares
Thomas J. Marcinkowski

Introdução

Este capítulo trata de uma metodologia baseada nos trabalhos realizados ao longo da última década no Brasil, Coreia do Sul, Israel, Estados Unidos, Turquia e Taiwan, bem como pelo Programa Internacional de Avaliação de Estudantes da Ocde (Organization for Economic Co-operation and Development) por aqueles que estiveram envolvidos em vários desses esforços. Desta forma, este capítulo incluirá muitas referências de publicações em inglês e terá uma forte conotação internacional. Foram citados alguns estudos preliminares realizados no Brasil. Porém, ainda é muito reduzido neste país o número de trabalhos de avaliação quantitativa em larga escala de Educação Ambiental (EA), os quais fizeram uso de uma ou outra estrutura conceitual e operacional de Alfabetização Ambiental (AA). Contrária à tradição norte-americana de avaliar e estandarizar, no Brasil a avaliação da e na EA é menos expressiva (PEDRINI & JUSTEN, 2006), mais dispersa ou pontual e tão diversificada quanto suas práticas (TOMMASIELLO & FERREIRA, 2001). Num primeiro momento isso pode parecer um agravante para a realização de avaliações de âmbito estadual ou nacional, mas, com a metodologia que discutiremos aqui, esperamos demonstrar não apenas que é possível, mas também necessário.

I Distinguindo avaliação de *assessment*

Visto estarmos discorrendo sobre uma metodologia de avaliação para a Educação Ambiental (EA), em primeiro lugar, é necessário esclarecer que o termo avaliação no Brasil é utilizado de maneira bem mais abrangente do que nos Estados Unidos da América, onde muitas vezes, num processo de avaliação não está subentendido um julgamento de valor, mas apenas um levantamento preliminar de dados. Nestes casos o norte-americano costuma se referir ao termo *assessment*, o qual ainda não encontramos equivalente específico na língua portuguesa que pudesse ser utilizado com uma única palavra. Não utilizaremos o termo *teste*, visto que em muitos casos este termo vem associado com uma conotação de aprovação ou reprovação, o que não é o caso para a Alfabetização Ambiental. Importante salientar ainda que em contextos educacionais, enquanto alguns podem igualar o termo avaliação com *assessment* (levantamento de dados), estes termos frequentemente se referem a coisas distintas (MARCINKOWSKI, 2006).

Neste texto, o propósito de *assessment* é o de reunir, quantificar e interpretar evidências do aprendizado de estudantes ou participantes de programas educacionais (e.g., OOSTERHOF, 2001; GRONLUND, 2006; AIRASIAN & RUSSELL, 2008), utilizando-se para isso instrumentos válidos sob o ponto de vista científico e relativamente independente da corrente política ou ideológica a que possam estar associados estes programas. *Assessment* refere-se aqui a *aprendizes* e *aprendizagem*, indiferente se são utilizadas ferramentas individualizadas (e.g., testes) ou ferramentas de *assessment* de grupos (e.g., avaliação por projetos). Além disso, este termo nos permite dar atenção aos *tipos* de aprendizagem (e.g., conhecimento, habilidades, disposições afetivas, comportamento), à *quantidade* e à *qualidade* do que é aprendido (e.g., a precisão, profundidade, utilidade). Testes e maneiras alternativas de *assessment* (e.g. portfolios) são formas diferentes de facilitar a avaliação educacional, que surgiram em períodos históricos e consequentemente circunstâncias diferentes (e.g., WORTHEN et al., 1999; OOSTERHOF, 2001; MERTLER, 2003). Cada forma distinta de *assessment* vem acompanhada de suas maneiras de obter evidências, de quantificar estas evidências e de interpretá-las. *Assessment* pode ser realizado antes (pré), como parte do ensino-aprendizagem, e neste caso chamaríamos no Brasil de avaliação formativa, ou depois (pós) do ensino-aprendizagem que chamaríamos então de avaliação somativa. O importante aqui é que o leitor obtenha uma noção de que *assessment* não é necessariamente avaliação, mas um levantamento de dados anterior a esta, semelhante às avaliações psicológicas que precedem os diagnósticos. Do ponto de vista de como estes termos foram empregados aqui, será importante ter em mente esta distinção para mais tarde entender o conceito de AA, sua aplicabilidade e como este se insere na avaliação da EA como um todo. Maiores detalhes sobre esta distinção e a descrição do termo *assessment* podem ser obtidos nas diretrizes da Joint Committee on Testing Practices (1998) e no National Council on Measurement in Education (1990).

Já o termo *evaluation*, cujo equivalente na língua portuguesa que utilizaremos será *avaliação*, refere-se aqui a *programas* educacionais. Uma avaliação pode abranger um programa inteiro, um projeto ou apenas aspectos específicos destes, como, por exemplo, seus objetivos e metas, o material didático, as estratégias de ensino-aprendizagem, e, inclusive, práticas de *assessment* (e.g., ROSSI; FREEMAN & LIPSEY, 1998; ROVIRA, 2000; FITZPATRICK; SANDERS & WORTHEN, 2011; PEDRINI et al., 2012).

Diante disto, as maneiras pelas quais *assessment* e avaliação se relacionam com aprendizagem são diferentes. Como visto acima, *assessment* refere-se diretamente ao aprendizado, enquanto que na avaliação esta relação é menos direta. Uma das principais finalidades da avaliação de programas educacionais é reunir, analisar e interpretar evidências acerca do grau ou extensão em que um programa e seus recursos contribuem – ou não – para a aprendizagem (e.g., HUBA & FREED, 2000). Programas que fazem isso são geralmente vistos como dignos de crédito e apoio contínuo, enquanto que os que não contribuem são vistos como programas que precisam melhorias ou substituição por completo. Tal como aconteceu com *assessment*, abordagens quantitativas e qualitativas de avaliação surgiram em períodos históricos distintos (e.g., PATTON, 1997; ALKIN, 2004). Além disso, a avaliação de programas educacionais pode ser realizada em diferentes estágios de desenvolvimento do programa (e.g., CHEN, 2004; MARCINKOWSKI, 2006), tais como pré-avaliação (e.g., programa de necessidades, revisões de pesquisa), avaliação formativa (e.g., testes-piloto, testes em campo, estudos da implantação inicial e disseminação do programa); e avaliação somativa (e.g., estudos sobre os resultados e o impacto do programa). Da mesma forma que em *assessment*, esta análise do conceito de avaliação pode ser encontrada nas diretrizes do Joint Committee on Standards for Educational Evaluation (1981 e 1994).

Ainda que *assessment* e avaliação refiram-se a atividades diferentes, cada uma com seu foco e finalidade distinta, não há dúvida de que podem e devem estar relacionados (e.g., MARCINKOWSKI, 2006). Por exemplo, avaliações de programas educacionais frequentemente incluem algum tipo de *assessment*, e os resultados dos *assessments* são frequentemente utilizados para a avaliação dos programas. A razão para isto é simples: quando a aprendizagem dos participantes é substancial e bem-documentada (*assessment*), *julga-se* o programa que contribuiu para esta aprendizagem como eficaz (avaliação). É importante ainda reconhecer que a avaliação de programas educacionais geralmente envolve mais do que *assessments*. Frequentemente avaliação envolve reunir, analisar e interpretar evidências sobre os mais diversos recursos e funcionalidades de um programa na tentativa de determinar sua qualidade (e.g., BUTZKE et al., 2001; MATTOS, 2009), como pode ser visto no modelo lógico de avaliação (Figura 1) adaptado de Marcinkowski (2004).

A partir desta ótica chegamos ao âmbito da EA com diversas indagações, como, por exemplo, que tipos de *assessments* têm sido desenvolvidos, qual a abrangência destes, sua utilidade, sua validade, e assim por diante. As respostas a estas perguntas podem ser bem variadas, visto que: *Primeiro*, o campo da EA tem agora cerca de 40 anos ou mais, e as ideias sobre o uso de *assessments* mudou significativamente ao longo destas décadas. *Segundo*, as ideias sobre a configuração e o uso de *assessments* tende a se diferenciar de país para país e de região para região, com base em influências históricas, governamentais, culturais, geográficas ou filosóficas distintas na evolução da educação em geral e especificamente na evolução da EA. *Terceiro*, por questões práticas, ideias sobre o uso de *assessments* dependem da finalidade e da abrangência dos mesmos (e.g., na sala de aula para uso entre os professores; no sistema educacional estadual para uso entre os administradores; em um país inteiro como forma de monitorar mudanças ao longo dos anos; ou internacionalmente para comparação entre nações, como é o caso do Programme for International Student Assessment (Pisa)).

Para o texto que nos propomos escrever, buscou-se limitar o foco no *assessment* da AA, incluindo trabalhos fora do Brasil e trabalhos preliminares de Soares (2002, 2005) e Schwambach (2006) no Rio Grande do Sul. No entanto, sabemos que inúmeros *assessments* e outros estudos de cunho avaliativo da EA no Brasil e em outros países focalizaram um ou mais componentes da Alfabetização Ambiental, sabemos que no Brasil este termo pode ainda ser confundido com a Alfabetização Ecológica (AE) introduzida por Capra (1996), e sabemos ainda que avaliação confunde-se com *assessment*, como visto mais acima. Desta forma, ao apresentarmos o modelo lógico de avaliação (Figura 1), de onde a AA se insere no bloco *G*, distingui-la da AE e apresentar um exemplo de como pode ser decomposta (Tabela 1), esperamos que aquelas pessoas interessadas em *assessment* e avaliação na EA possam encontrar neste texto uma abordagem para revisar, analisar, sintetizar e/ou integrar sua prática e seus estudos.

Além deste foco, os autores escolheram ainda focalizar este capítulo em *assessment* de larga escala da AA (e.g., *assessments* realizados em nível nacional e internacional). Com estas delimitações em mente pretendemos discorrer sobre os tópicos que se seguem.

2 Breve histórico da Alfabetização Ambiental (AA)

Em Harvey (1977a, 1977b) encontramos uma das primeiras tentativas de decompor e descrever o termo *Alfabetização Ambiental*, embora Roth (1992) já havia utilizado esta expressão em 1969 em um artigo da mídia popular no Estado de Massachussets, EUA. Harvey escreveu-a do ponto de vista científico e baseou-se numa revisão exaustiva da literatura em EA disponível na época. Várias formulações que aparecem no seu trabalho precisam ser reveladas: *Primeiro*, em consistência com a literatura revisada, Harvey observou que a finalidade da EA era "desenvolver cidadãos ambientalmente alfabetizados"; em outras palavras, o desenvolvimento da AA era visto como um (ou o principal) objetivo da EA. *Segundo*, a estrutura conceitual da AA de Harvey incluía a dimensão cognitiva (o pensar), afetiva (o sentir), e psicomotora (o agir), e ele definiu estas três dimensões utilizando a taxonomia de objetivos educacionais (e.g., KRATHWOHL et al., 1964; HARROW, 1972). *Terceiro*, ele descreveu um contínuo de evolução na AA identificando três níveis hierárquicos (e.g., letrado, competente, dedicado) onde a AA poderia ser desenvolvida ao longo dos anos através da EA. Estas três formulações têm sido usadas e adaptadas de uma forma ou de outra por aqueles que elaboraram outras estruturas conceituais e operacionais para a AA, incluindo Hungerford e Volk (1990), Roth (1992), Simmons (1995), Wilke (1995) e Hollweg et al. (2011).

Desde a época de Harvey, quatro segmentos da literatura em EA têm sido utilizados no desenvolvimento de estruturas conceituais e operacionais da AA. O *primeiro* consiste em definições históricas da EA. Este segmento inclui os objetivos, as metas e as diretrizes internacionais da EA acordadas na Conferência de Belgrado (UNESCO, 1977) e de Tbilisi (UNESCO, 1978). Os *assessments* de AA baseados nesta literatura visam averiguar até que ponto tais objetivos são alcançados, e a ciência na construção dos instrumentos utilizados para estes *assessments* continua evoluindo. Estes mesmos objetivos foram subsequentemente reforçados em outras conferências de âmbito internacional (e.g., UNITED NATIONS, 1992), e têm orientado inúmeros programas de EA, servindo como talvez o mais amplo e reconhecido norte da EA. Este segmento também inclui outros objetivos, metas e características-chave da EA presentes na literatura (e.g.; HUNGERFORD; PEYTON & WILKE, 1980; HART, 1981). Um segundo *segmento* da literatura utilizada para estruturar conceitual e operacionalmente a AA inclui programas e currículos de EA de âmbito nacional que refletem como que estas definições históricas de EA, seus objetivos e diretrizes têm sido utilizados na prática, como nos Estados Unidos o Project Learning Tree (http://www.plt.org), o Project Wild (http://www.projectwild.org), e o Project Wet (http://www.projectwet.org), assim como programas e diretrizes de âmbito estadual (SIMMONS, 1995; KOSTOVA et al. 2009). Um terceiro *segmento* da literatura utilizado na construção da AA compreende revisões nacionais e internacionais de literatura referente à pesquisa e avaliação da EA, e principalmente de seus resultados. Algumas destas revisões examinaram uma gama variada de resultados (e.g., IOZZI, 1984; RICKINSON, 2001; ERDOGAN et al., 2009), enquanto que outras focalizaram resultados específicos como sensibilidade ambiental (e.g., CHAWLA, 1998; SWARD & MARCINKOWSKI, 2001) ou participação efetiva do cidadão (e.g., ZELEZNY, 1999; BAMBERG & MOSER, 2007). Este terceiro segmento da literatura fornece evidências da natureza dos componentes da AA e de como estes podem ser influenciados pela EA. O *quarto* e último segmento da literatura utilizado na construção da AA inclui ainda outras estruturas conceituais e operacionais previamente publicadas semelhantes aquelas mencionadas anteriormente (e.g., COYLE, 2005; SCHOLZ, 2011).

Aqui cabe salientar que AA e a Alfabetização Ecológica (AE), embora relacionadas, não são necessariamente iguais. As origens da AE são evidentemente diversas das origens da AA (SOARES, 2005), e, embora não tão evidentes, são também distintas em profundidade, abrangência e abordagem quanto aos seus componentes. A AA originou-se no contexto de evolução da pesquisa em Educação Ambiental, comportamental e psicológica. Suas raízes são a pesquisa nas ciências humanas. A AE originou-se no contexto da interpretação de Capra (1996, 1997, 1999, 2002) e Capra et al., (2005) quanto à crise de percepção do ser humano sobre o que vem a ser a vida, os princípios que a governam, e como estes estão intrinsecamente relacionados a nós mesmos. Suas raízes são a pesquisa nas ciências naturais, e sua essência está no pensamento sistêmico. Capra (1996) põe ênfase no conhecimento, na mudança de percepção, na compreensão das características intrínsecas à vida orgânica e sistêmica, na dimensão cognitiva, muito mais do que nas outras dimensões reconhecidas na AA (SOARES, 2005). Acreditamos que a avaliação crescente e contínua da EA será fundamental para a resolução dos mais diversos problemas de cunho socioambiental assolando a sociedade neste século.

O material até agora citado demonstra que ideias sobre AA continuam mudando ao longo das décadas. Estas mudanças emergem das próprias condições do campo da EA, tais como a diversificação dentro do mesmo tanto em pesquisa, teoria e prática, como fora deste, onde novos desafios ambientais emergem (e.g., mudança climática). Por estas e outras razões, se quisermos desenvolver uma estrutura conceitual e operacional de AA que possibilite seu *assessment* e, por conseguinte, nos possibilite melhor avaliar a EA, precisamos ter em mente que esta estrutura será produto de seu tempo e de seu espaço, e deverá evoluir à medida que o contexto ambiental, social, cultural e educacional evoluem. Soares (2005) apresenta alguns destes modelos e Hollweg et al. (2011) apresentam outro (Tabela 1).

Para concluir esta parte enfatizamos que a metodologia de avaliação da EA que está sendo sugerida aqui precisa necessariamente passar pela estruturação conceitual e operacional de AA, e que esta estruturação, embora em constante evolução no que diz respeito aos detalhes de sua aferição, há mais de três décadas continua fortemente enraizada em quatro dimensões: o conhecimento propriamente dito, as habilidades cognitivas, a afetividade em relação ao meio ambiente e o comportamento ou participação ativa em prol deste.

3 Estudos de Alfabetização Ambiental realizados no Brasil

Visando identificar os resultados da EA de forma abrangente, científica e quantitativa, e a partir de um entendimento de que a EA seria na verdade uma dimensão da educação, inicialmente dois estudos foram realizados no Rio Grande do Sul (SOARES, 2002, 2005). Na época, Soares pretendia examinar os resultados da dimensão ambiental da educação, isto é, avaliar diferenças na AA como consequência de diferenças na educação como um todo, e por isso se ateve a examinar primeiramente professores do Ensino Fundamental (SOARES, 2002), e depois alunos da 5ª a 8ª séries (SOARES, 2005). Se fosse possível detectar na população mudanças significativas quanto àquelas dimensões presentes nas estruturas conceituais e operacionais da AA, deveria ser possível traçar políticas de educação que favorecessem o desenvolvimento da dimensão ambiental da educação, isto é, da EA. Estava implícito que fazer um levantamento da AA (*assessment*) serviria para avaliar a EA (dimensão ambiental da educação), e que esta mesma perspectiva poderia no futuro ser utilizada para avaliações ao nível regional, estadual e nacional, como ocorre hoje nos Estados Unidos, entre outros países. Em 2006 Schwambach examinou o nível de AA de alunos do Ensino Médio, comparando resultados entre escolas da iniciativa privada e estadual. Logicamente a validade destes trabalhos, especialmente em se tratando de comparações e avaliações, depende da natureza de seus instrumentos e do contexto em que são colocados, e por isso a construção de "testes" de AA deve seguir os mesmos critérios científicos adotados na construção dos testes psicológicos.

À parte estes três trabalhos, até o momento não foram identificadas outras publicações específicas sobre AA no Brasil, embora existam trabalhos desenvolvidos sob a ótica da AE (e.g., LAYRARGUES, 2003; MIRANDA et al., 2010) e inúmeros trabalhos relacionados a práticas avaliativas em programas ou projetos de EA (e.g., TOMMASIELLO & FERREIRA, 2007; BINATTO & MAGALHÃES, 2009; MATTOS, 2009; ALENCAR & SANCHEZ, 2013).

Cabe ainda ressaltar que existe um universo de possibilidades de *assessments* e avaliação na educação em si, e não seria diferente para a EA. Os *assessments* de AA restringem-se a examinar variáveis internas ao aprendiz, e, portanto, no modelo lógico apresentado, situam-se no bloco *G* (Figura 1), sendo assim considerados efeitos da EA. Especificamente no Brasil ainda não foram realizados *assessments* de AA em larga escala, mas apenas como participação no Pisa de 2006.

4 *Assessments* nacionais e internacionais de Alfabetização Ambiental

Durante os anos de 1970 vários pesquisadores ao redor do mundo conduziram *assessments* de grande porte, nacionais ou multiestados, de alguns dos efeitos da Educação Ambiental que incluíam conhecimentos sobre o meio ambiente e atitudes pró-ambiente na educação básica (e.g., PERKES, 1974; BOHL, 1977; RICHMOND, 1977). Estes *assessments* formaram a **primeira onda** de *assessments* de larga escala da EA. Mais tarde, alguns *assessments* focaram um ou outro efeito da EA e outros, outros efeitos (e.g., NDAYITWAYEKO, 1995; MAKKI; ABD-EL-KHALICK & BOUJAOUDE, 2003). Outros ainda começaram a expandir a abrangência de seus *assessments*, incluindo diversos efeitos no mesmo levantamento (e.g., CORTES, 1987; NELSON, 1997; KUHLMEIER; VAN DEN BERGH & LAGERWEIJ, 2005). Estes estudos representam a **segunda onda** de *assessments* nacionais na EA. Desde 2000 houve ao menos quatro *assessments* nacionais de AA envolvendo estudantes da educação básica: Coreia do Sul (2002-2003), Israel (2004-2006), Estados Unidos (2006-2008) e Turquia (2007-2009) (MARCINKOWSKI et al., 2013, p. 310). A Tabela 2 apresenta estes quatro *assessments*. Sabemos que não foram os únicos a serem realizados até agora, visto que em 2011-2012 um *assessment* semelhante foi realizado em Taiwan. Os relatórios de cada um destes *assessments* apresentam os métodos e os resultados. Uma síntese geral destes quatro estudos foi publicada no capítulo 31 do *International Handbook of Research in Environmental Education* (MARCINKOWSKI et al., 2013).

O que talvez seja o mais relevante notar nestes estudos são os componentes da AA (Tabela 3). *Primeiro*, estes *assessments* nacionais demonstram a AA muito mais do que em seus nomes; os quatro utilizaram múltiplos componentes da AA advindos dos domínios cognitivo (conhecimentos), afetivo e comportamental, e três deles utilizaram também o domínio das habilidades cognitivas. Em comparação com a primeira onda de *assessments* de larga escala, estes quatro incluíram mais componentes em seus instrumentos. *Segundo*, nenhum destes *assessments* incluiu todos os componentes apresentados na Tabela 1. As razões para isto são simples: (a) o tempo necessário para conduzir um *assessment* justo e válido com todos os componentes é muitas vezes maior do que o tempo disponível para tal; (b) o tempo necessário para desenvolver instrumentos válidos e fidedignos para cada um dos componentes é bem maior do que o tempo disponível para tal. Desta forma, os pesquisadores que os desenvolveram precisaram ser seletivos.

Além destes *assessments* nacionais, apenas um *assessment* internacional de AA foi realizado até agora, e incluiu estudantes de 15 anos de idade. Como parte do seu ciclo trienal, o Pisa realizou um *assessment* internacional centralizado em ciências em 2006 (OECD, 2006). Naquele ano o Pisa incluiu itens de ciências ambientais e ciências da Terra, visando conhecer o que os estudantes sabem sobre o meio ambiente e questões socioambientais. Comparado aos componentes apresentados na Tabela 1, este *assessment* do Pisa examinou vários componentes da AA advindos das dimensões do conhecimento, das habilidades cognitivas e das disposições afetivas, mas não incluiu a dimensão comportamental. É interessante ressaltar que o Brasil também participou deste *assessment* e os resultados estão disponíveis no relatório publicado em 2009. Em 2011-2012 o Pisa recebeu uma proposta para expandir os componentes da AA do *assessment* de 2006 e aplicar um novo *assessment* exclusivo de AA em 2015. Embora esta proposta ainda não tenha sido aprovada, esforços têm se dirigido para este caminho (HOLLWEG et al., 2011).

5 Aspectos metodológicos dos *assessments* de larga escala da AA

Para os propósitos deste capítulo a lista abaixo identifica vários dos aspectos metodológicos mais importantes que qualquer pesquisador precisará considerar ao planejar e preparar um projeto de *assessment* de larga escala em AA, os quais consistem dos mesmos aspectos presentes na metodologia científica envolvida na construção de testes:

a) **Finalidade**: Qual é a finalidade do *assessment*? (e.g., o que se deseja obter com o mesmo? Por quem e como os resultados deverão ser usados?)

b) **Participantes**: Qual ou quais as idades, ou o nível escolar dos participantes? Como serão selecionados e convidados a participar? (e.g., amostragem.) Que tamanho de amostra é necessária e esperada?

c) **Conteúdo**: Para os participantes em questão, quais componentes serão os mais apropriados do ponto de vista de seu desenvolvimento intelectual? Que tópicos ou temas socioambientais deverão estar incluídos? (e.g., biodiversidade, recursos naturais, qualidade ambiental, uso do solo, economia.) Que abrangência geográfica deveria estar incluída nestes conteúdos? (e.g., local, regional, estadual, nacional.) Qual a ênfase ou o peso que será dado a quaisquer destes conteúdos? Este é sem dúvida o aspecto mais complexo e demorado destas avaliações, que precisa necessariamente ser construído de maneira coletiva, participativa e fundamentada em pesquisa.

d) **Formato**: Como será efetivamente o registro das respostas dos participantes? (e.g., caneta e papel; digital; baseado em desempenho de atividade.) Quanto tempo deverá durar o *assessment*, quantos itens deverá ter cada componente ou seção? Qual a sequência que estes componentes e os itens dentro dos mesmos deverá ter?

e) **Aplicação**: Quem aplicará o *assessment* e como deverá ser esta aplicação? Como serão registradas as respostas e que recursos serão necessários?

f) **Preparação dos dados e análise**: Quem fará as análises dos resultados do *assessment*? Como será esta análise? Qual será o procedimento para lidar com dados faltando, dados faltosos e *outliers*?

g) **Publicação**: A quem se destinará o relatório final? Quem irá escrevê--lo? O que deverá estar incluso no mesmo?

O relatório produzido por Hollweg et al. (2011) inclui diversas ferramentas que podem ser utilizadas para facilitar estas decisões. Entre elas citamos aqui duas: (a) tabelas para determinar o grau de ênfase e o peso dos itens de cada componente; (b) uma lista de instrumentos que já passaram pelo processo de validação científica para determinadas idades e níveis escolares. Uma terceira ferramenta ainda não publicada diz respeito a uma maneira de distribuir os itens do *assessment* por participantes de diferentes níveis escolares de acordo com o grau de apropriação dos conhecimentos. Esta tabela pode ser obtida mediante contato com os autores.

6 Benefícios e limitações dos *assessments* de larga escala da AA

Ao contrário dos *assessments* realizados em sala de aula, na escola os *assessments* em larga escala raramente, ou nunca, têm um impacto imediato ou mesmo a curto prazo sobre práticas de ensino. Ao mesmo tempo, ao contrário desses outros tipos de *assessments*, os *assessments* em larga escala são mais propensos a ter um impacto sobre as decisões políticas mais amplas, e sobre estudos posteriores, semelhante àquelas que visam avaliar ações governamentais (GARCIA, 2001). Salientamos aqui um breve resumo de alguns dos impactos positivos associados com dois destes *assessments* nacionais identificados no tópico n. 3 deste texto.

Uma das políticas mais expressivas advindas do *assessment* da AA surgiu na Coreia do Sul. Neste país, embora a disciplina de Meio Ambiente tenha sido implementada no currículo do ensino médio desde 1992, poucas escolas realmente a incluíram. Em função disto foi proposto que Ciências, além de Educação Ambiental, tinha um papel importante na formação de disposições atitudinais pró-ambientais e no comportamento pró-ambiente. Por este motivo o conceito de Sistema Terra foi adicionado ao currículo nacional de Ciências. Em 2007 o país passou por uma reforma no currículo e

AA foi incluída como uma das principais metas da EA (MARCINKOWSKI et al., 2013).

Uma gama ainda maior de recomendações emergiu do *assessment* nacional de AA em Israel: (1) implementar uma política de sustentabilidade em todo o sistema educacional; (2) implementar as recomendações já existentes com relação à EA; (3) preparar uma infraestrutura pedagógica para a Educação Ambiental; (4) aumentar a exposição dos estudantes à EA; (5) incluir pesquisas qualitativas, estudos de caso, e o aprender a partir de situações bem-sucedidas (MARCINKOWSKI et at., 2011).

Considerações finais

Na análise deste texto e suas referências esperamos que o leitor possa também perceber que: (a) *assessment* não é avaliação e também não é necessariamente um teste, mas simplesmente uma forma de levantar dados úteis e válidos; (b) a avaliação de uma faceta importante da EA, seus resultados no educando, pode ser facilitada com a realização de *assessments* de AA; (c) AA se evidencia através do estudo de um conjunto de dimensões do domínio da psicologia, passando pela dimensão cognitiva, afetiva e comportamental, e cada uma destas dimensões pode ser decomposta em diversos componentes, os quais necessitam ser aferidos de maneira científica; (d) A identificação destes componentes não é apenas passível de discussão, mas essencial para a construção da estrutura conceitual e operacional da AA; (e) *assessments* de AA podem ser conduzidos em diferentes escalas; (f) o *assessment* de AA facilita a definição de políticas educacionais de maneira informada, em especial aquelas dirigidas à EA.

Figura 1 Modelo lógico para análise, revisão, e avaliação de programas e projetos em Educação Ambiental

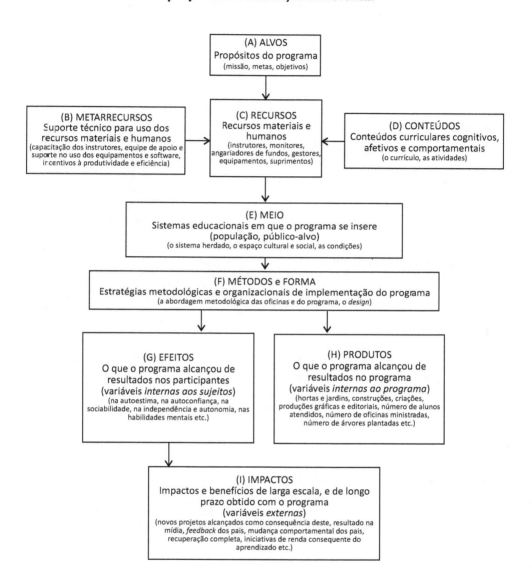

Fonte: Adaptado de Marcinkowski, 2004.

Tabela 1 Exemplo de componentes da Alfabetização Ambiental

Dimensões da AA	Áreas temáticas presentes na EA		
	Sistemas vivos (O mundo natural)	Problemas ambientais e questões socioambientais	Soluções e sustentabilidade
Conhecimento	Conhecimento de história natural, ecologia, geologia...	Conhecimento de problemas ambientais e questões ou conflitos socioambientais...	Conhecimento de estratégias sociais para proteção e restauração ambiental; conhecimento de estratégias de ação e de cidadania ambiental...
Habilidades cognitivas e motoras	Habilidades em campo, uso de instrumentos, destreza...	Habilidades em campo, pensamento crítico, analítico, sistêmico...	Habilidades de análise e síntese de problemas passados e presentes; habilidades de planejar, implementar, avaliar projetos complexos...
Disposições afetivas	Apreciação, empatia, sensibilidade, sentido de lugar...	Predisposições atitudinais pró--ambiente, visão geral de mundo...	Responsabilidade pessoal, normas sociais, autoeficácia, loco de controle interno, disposição para agir...
Participação	Participação em atividades recreativas ao ar livre...	Participação ativa em busca de soluções ambientais e resoluções de conflitos socioambientais...	Participação individual ou coletiva em uma gama distinta de alternativas pró--ambiente...

Fonte: adaptado de Hollweg et al., 2011.

Tabela 2 Exemplos de *assessments* de AA nacionais

	Assessments nacionais de Alfabetização Ambiental			
	Coreia do Sul	Israel	Estados Unidos	Turquia
Período	2002-2003	2004-2006	2006-2008	2007-2009
Nível escolar e amostra (n)	3ª (969) 7ª (987) 11° (1,037)	6ª (1,591) 12° (1,530)	6ª (1,042) 8ª (962)	5ª (2,412)
Relatórios	Shin et al., 2005; Chu et al., 2005	Tal et al., 2007; Negev et al., 2008	McBeth et al., 2008, 2010	Erdogan, 2009; Erdogan e Ok, 2011

Fonte: adaptado de Marcinkowski et al., 2011.

Tabela 3 Componentes da AA em Quatro *Assessments* Nacionais

Dimensões e componentes	Coreia do Sul	Israel	Estados Unidos	Turquia
I. Conhecimentos				
a) Conhecimentos de Ecologia	X	X	X	X
b) Conhecimentos de ciências ambientais	X	X		X
II. Habilidade cognitivas	X		X	X
II. Disposições afetivas				
a) Sensibilidade ambiental/Empatia	X	X	X	X
b) Sentimentos			X	
c) Pré-disposição atitudinal pró-ambiental	X	X		X
c) Responsabilidade pessoal	X	X		
e) Loco de controle / Eficácia	X	X		
f) Compromisso verbal/Disposição para agir	X	X	X	X
IV. Participação Ativa/Comportamento pró--ambiente	X	X	X	X

Fonte: Adaptado de Marcinkowski et al., 2013.

PROPOSTA METODOLÓGICA PARA AVALIAÇÕES DE LARGA ESCALA NA EDUCAÇÃO AMBIENTAL

Resumo

Nos últimos 45 anos o campo da Educação Ambiental (EA) tem evoluído nacional e internacionalmente. Embora a avaliação tenha sido um tópico de discussão e prática nos anos de 1970, uma atenção maior tem sido dada desde então. Consequentemente, emergiram e evoluíram metodologias diversas para a avaliação da EA. Este capítulo focaliza somente uma metodologia: *assessment* de larga escala da Alfabetização Ambiental (AA). A primeira parte discorre sobre os conceitos de avaliação e *assessment*: como se diferenciam, como estão relacionados na prática, e seus propósitos comuns (i.e., para o avanço do aprendizado). A segunda parte discorre sobre como as ideias sobre AA evoluíram desde os anos de 1970, assim como o pensamento atual sobre a mesma. Quatro aspectos são examinados: (a) a relação entre EA e AA; (b) os diferentes componentes e os resultados que aparecem em diferentes estruturas conceituais e operacionais de AA; (c) o tempo que toma o desenvolvimento da AA; (d) o arcabouço literário que sustenta o pensamento atual sobre a AA e suas estruturas conceituais. A terceira parte sintetiza os trabalhos preliminares de AA realizados no Brasil. A quarta parte descreve vários aspectos de quatro *assessments* nacionais de AA (Coreia: 2002-2003; Israel: 2004-2006; Estados Unidos: 2006-2008; Turquia: 2007-2009) e um trabalho inicial internacional de *assessment* da AA (OECD/PISA, 2006, 2009). A quinta parte apresenta sete aspectos metodológicos a serem levados em consideração em *assessments* de larga escala da AA advindos do trabalho recente de Hollweg et al. (2011) sobre as estruturas conceituais e operacionais destes *assessments*. A sexta parte discute os benefícios advindos dos *assessments* de larga escala da AA e algumas limitações dos mesmos. A sétima e última parte conclui com recomendações para alguns dos desafios a serem enfrentados com esta metodologia.

Palavras-chave: *assessment*; avaliação; Alfabetização Ambiental; Alfabetização Ecológica.

METHODOLOGICAL PROPOSAL FOR LARGE-SCALE ASSESSMENTS IN ENVIRONMENTAL EDUCATION

Abstract

The field of environmental education (EE) has grown over the past 45 years, both internationally and nationally. While evaluation has been a topic of discussion and area of practice in the 1970s, substantial attention has been given to it since then. Consequently, diverse methodologies for the evaluation of EE have emerged and evolved. This chapter focuses on only one methodology: large-scale assessments of environmental literacy (EL). The first part describes the concepts of assessment and evaluation: how these differ, how they can be related in practice, and their common purpose (i.e., to advance learning). The second part describes how ideas about EL have evolved since the 1970s, as well as current thinking about it. Four ideas about EL are explored: (a) the relationship between EE and

EL; (b) the kinds of learning outcomes and components included in EL frameworks; (c) the amount of time it take for EL to develop; (d) the literature that have supported the current thinking about EL and EL frameworks. The third part summarizes preliminary work on the assessment of EL in Brazil. The fourth part describes several main features of four national assessments of EL (Korea: 2002-2003; Israel: 2004-2006; U.S.: 2006-2008; Turkey: 2007-2009), as well as an initial international assessment of EL (OECD/PISA, 2006, 2009). The fifth part presents seven major methodological considerations associated with large-scale assessments of EL, drawing on Hollweg et al.'s (2011) recent work on a framework for these large-scale assessments. The sixth part describes some of the benefits that have followed from large-scale assessments of EL such as these, as well as some of their limitations. The seventh and last part closes with some recommendations and challenges posed by this type of assessment.

Keywords: assessment; evaluation; environmental literacy; ecological literacy.

2.4
Metodologias da Educação Ambiental em espaços formais nas Instituições de Ensino Superior no Brasil

Alexandre de Gusmão Pedrini
Osmar Cavassan
Vilson Sérgio de Carvalho

Introdução

A Educação Ambiental (EA) pode ser considerada uma instância da Educação, incorporando, assim, suas abordagens metodológicas. Porém, a EA, por ser estruturalmente multidisciplinar com linguagem pressupostamente inter ou transdisciplinar, demanda por variados saberes para sua ação como os capítulos do presente livro (COSTA E COSTA; LIMA E GIESTA; LOUREIRO E ANELLO; SILVA E SAITO; TOMMASIELLO; CARNEIRO E TRISTÃO).

Sua emergência como campo de pesquisa ou ação não possui um marco histórico unânime. Porém, pode-se indicar como tendo sido na Conferência de Educação da Universidade de Keele na Inglaterra, em 1965, segundo Czapski (1998), a primeira vez em que a palavra Educação Ambiental foi impressa. Em seguida ela é destacada nas conclusões da Conferência Mundial para o Meio Ambiente de Estocolmo (Suécia) em 1972. Na conferência denominada Rio 92 no contexto da "I Jornada Internacional de Educação Ambiental" foi aprovado o Tratado para Educação Ambiental para Sociedades Sustentáveis e Responsabilidade Global (Teass). Mas, no Brasil, a Política Nacional de Educação Ambiental (Pnea) só foi aprovada em 1999 e regulamentada em 2002.

Sua operacionalização ampla ocorreu pela segunda versão do Programa Nacional de Educação Ambiental (ProNEA) que incorporou o Teass e já apontava para o oferecimento de uma disciplina em EA no nível superior, na formação de professores (BRASIL, 1999, 2005). Porém, ela teria obrigatoriamente que ser metodológica. Daí veio se multiplicando a oferta de inúmeras disciplinas presenciais de EA nas Instituições de Ensino Superior (SANTOS, 2002; ADÃO & PEDRINI, 2003; MORALES, 2009; PEDRINI, 2013). Apenas por volta do século XX a oferta de disciplina em EA em cursos de ensino a distância de Ciências Biológicas, por exemplo, foi implementada. Em ambas, os autores identificaram as dificuldades de se articular saberes e oferecer aulas práticas de campo, sob a exclusiva perspectiva metodológica.

Com o passar do tempo percebeu-se que para se planejar, realizar e avaliar atividades transversais ou disciplinares no Ensino Fundamental ou Médio era necessário capacitar os licenciandos ou professores que atuariam nesses dois níveis. Assim, foram criadas as Diretrizes Curriculares Nacionais de EA para orientar a capacitação desses docentes, tanto nos espaços formais como não formais das escolas. Desse modo, são necessários que sejam apresentados para avaliação pública os relatos, pesquisas e estudos dessas experiências pedagógicas desde o fundamental até o nível superior. Para uma avaliação em larga escala da implementação dessas diretrizes, igualmente necessária e oportuna, uma proposta metodológica é apresentada no capítulo de Marcinkowski e Soares (nesta coletânea).

Alguns educadores ambientais universitários publicaram suas pesquisas em livros sobre seus resultados e metodologias mais importantes na formação de educadores ambientais. A maior parte centra-se no contexto universitário (GUIMARÃES, 1995; COSTA, 2002; TRISTÃO, 2004; FERRARO JR., 2005; MORALES, 2009). No presente capítulo serão abordados resumidamente relatos pedagógicos de EA como disciplina no ensino a distância de especialização realizada numa universidade privada e relatos de experiências presenciais em universidades públicas. Será tentada uma abordagem metodológica original no estudo de caso de uma experiência interdisciplinar bem-sucedida no nível de especialização numa universidade pública estadual de excelência.

1 Metodologias da Educação Ambiental no ensino a distância

Se a educação contemporânea se modificou graças a um novo contexto tecnológico, parece não haver dúvidas que a Educação Ambiental (EA) como uma dimensão própria da Educação também tenha sentido tais transformações. Uma das provas de tais mudanças foi o surgimento de uma nova interface distinta de tudo o que já se tinha ouvido falar em EA, baseada não apenas nas linguagens oral e escrita, mas também em linguagens midiáticas e hipermidiáticas. Essa seria capaz de promover uma EA otimizada, dinâmica e com um potencial de conscientização em massa jamais visto em sua história: a interface Educação Ambiental/Educação a Distância (EA/EaD).

Mesmo sendo frequentemente experimentada através de diferentes experiências em cursos diversos de graduação e pós-graduação, a valorização da interface EA/Educação a Distância (EaD) ainda é bastante recente, encontrando-se em fase de aperfeiçoamento (SATO, 2000; ZANINI, 2008; PEDRINI et al., 2009). No primeiro semestre de 2000, Moran (2001) fez um levantamento da presença da EA na internet e em alguns CD-ROMs relatando que o número de sites e CDs sobre o tema, alguns mais informativos e de divulgação e outros de caráter mais didático-pedagógico, estava aumentando visivelmente delineando um caminho bastante promissor e fascinante.

Graças a esta nova interface alicerçada no emprego das novas Tecnologias de Informação e Comunicação (TICs) e seus suportes, a EA pode ser desenvolvida através de novas experiências viabilizadas nos chamados Ambientes Virtuais de Aprendizagem (AVA). Exemplos dela é o Moodle e o *webensino* que possibilitam a utilização de recursos como a utilização de mídias (vídeos, músicas) e de ferramentas assíncronas (fórum) e síncronas (chat). Através da internet e da web 2.0 tornou-se possível visitar determinado lugar e conhecer suas características e desafios de forma virtual, ouvir depoimentos, conversar com moradores, dar aulas, mobilizar ações através de campanhas nas redes sociais, cobrar das instituições públicas oficiais a implementação de mudanças, dar aulas, cursos, seminários, promover encontros, dinâmicas, jogos, elaborar mapas interativos, criar ambientes virtuais, construir bases de dados acessíveis, promover a democratização de informações ambientais e outras atividades pedagógicas que não deixam dúvidas do potencial de formação e conscientização ecológicas da EA a distância (Figura 1).

O fato é que o enfrentamento da crise ambiental vigente em suas proporções planetárias se faz necessário na busca de respostas rápidas de âmbito global. Nesse sentido, parece inegável que a EA a distância através do compartilhamento de ideias, ferramentas, métodos, projetos e soluções viabilizadas por diferentes ecossistemas de aprendizagem (cf. Figura 1 abaixo) podem, indubitavelmente, favorecer a construção de uma nova mentalidade ecológica mais rápida, dinâmica e democrática do que vários métodos convencionais observados na EA presencial. Negar essa realidade não significa apenas fechar os olhos de forma preconceituosa para uma realidade viável e eficiente, mas uma irresponsabilidade de consequências temerárias, tendo em vista a gravidade dos problemas ambientais que a humanidade tem se defrontado nesse início de século XXI, boa parte destes gerados por ela mesma.

Figura 1 Esquema didático das abordagens metodológicas do ensino a distância em EA numa universidade privada do Rio de Janeiro

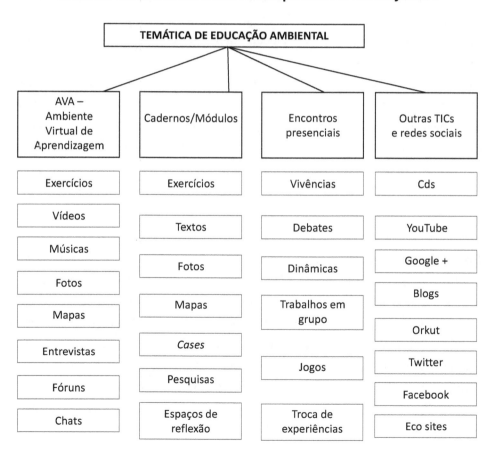

As estratégias metodológicas adotadas no ensino de EA a distância mostram uma riqueza incontestável de possibilidades pedagógicas, possibilitando um espaço instrucional adequado.

2 A Educação Ambiental presencial no ensino de graduação

No ensino de graduação, recentemente, Pedrini (2013) estudou a inserção da EA como disciplina de graduação nos estados do Rio de Janeiro e Espírito Santo, buscando conhecer suas características metodológicas. Concluiu (tendo por bases respondentes, na maioria, biólogos do sexo masculino, do Estado do Rio de Janeiro, de 39 a 60 anos, com cerca de 30 anos de experiência e cientificamente maduros) que: a) seus mestrados e doutorados foram nas Ciências Sociais ou Educação; b) os respondentes publicaram trabalhos em 23 temas, a maioria absoluta em EA; c) selecionaram 34 periódicos para publicar seus escritos; d) participaram em 16 eventos acadêmicos (a maioria nas reuniões da Associação Nacional de Pós-Graduação e Pesquisa em Educação-ANPEd); e) o guru e os marcos teóricos da maioria foram Karl Marx e Paulo Freire e a EA Crítica e EA Popular, respectivamente; f) os conteúdos abordados em EA foram em 10 espaços curriculares, abordando 25 temas; g) a carga horária dos espaços formais em EA variou de 30-210h; h) a estratégia pedagógica mais adotada nas aulas teóricas foi apresentação, por *slides*, em salas com turmas de 25 alunos. O autor apontou algumas inconsistências e contradições que foram discutidas, sob a ótica metodológica.

Porém, os resultados encontrados, apesar de limitados à Região Sudeste, apresentaram avanços sobre o desempenho da EA e de seus docentes nas Instituições de Ensino Superior (IES), dentre as quais: a) a capacitação multidisciplinar de docentes biólogos que no nível de pós-graduação passam a ser nas Ciências Sociais e Humanas, munindo-os de variado arsenal metodológico e ferramental para a difícil missão de ministrar conteúdos multidisciplinares; b) estão aderidos a uma entidade respeitada e de grande visibilidade científica de acadêmicos (ANPEd) que congrega dezenas de docentes e pesquisadores em Educação por todo o país, pois possui um grupo de trabalho de EA; c) publicam seus trabalhos em variados periódicos disciplinares em mais de 20 subáreas abrangidas pela EA.

A EA, porém, pode ser realizada por inúmeros métodos no nível universitário, dependendo do público a ser atingido, de suas demandas e dos objetivos do pesquisador. Os métodos são, de fato, selecionados em função dos objetivos a serem alcançados e não ao contrário. Quando são oficinas elas precisam estar articuladas entre si, em que cada uma se transforma numa estratégia parcial para o alcance do objetivo final (CUNHA, 2007). A EA nas IES pode ser também objeto de pesquisa no ensino de graduação, especialização, mestrado ou doutorado, por variadas abordagens metodológicas. As principais são apresentadas com suas respectivas obras emblemáticas: a) com envolvimento profundo dos sujeitos pesquisados, a abordagem mais adequada é a metodologia da pesquisa-ação ou pesquisa-participante e suas variações nos seus diversos contextos de aplicação (TOZONI-REIS, 2007); b) sem envolvimento profundo com os sujeitos pesquisados, mas pesquisando-os com o consentimento deles através da observação-participante (MORALES, 2009); c) sem envolvimento, sendo os sujeitos da pesquisa apenas visitados com horário previamente marcado, ou ao acaso, para entrevistas pessoais (ADÃO & PEDRINI, 2003); d) por questionários que podem ser enviados por correio postal ou e-mails, pois nesse caso não há interação pessoal nem diálogos diretos (PEDRINI & JUSTEN, 2005). Sugere-se a consulta ao livro de Pedrini (2007), que permite que os passos iniciais possam ser dados e possui orientações de como formular o relato da ação ou da pesquisa.

3 A Educação Ambiental presencial no ensino de pós-graduação (especialização)

A EA no ensino presencial de pós-graduação no nível de especialização foi estudada por Santos e Pedrini (2003) no contexto do ensino de Ciências de uma universidade pública. A pesquisa foi realizada através de uma entrevista com um professor que ministrava uma disciplina de EA, visando verificar se ela era metodológica como recomendava a Pnea. A disciplina era desenvolvida com o objetivo de proporcionar uma reflexão crítica sobre que fatores ocasionam e/ou interferem nos problemas ambientais da época. Isso feito, apresentava-se a necessidade da implantação da EA como uma possibilidade de entendimento, controle e resolução dessas questões ambientais. Para atingir esse objetivo eram adotadas: a) aulas teóricas expositivas;

b) apresentações de seminários; c) realização de dinâmicas; d) leituras de textos selecionados; e) pesquisas bibliográficas; f) exibições de vídeos; g) entrevistas; h) atividades de observação; i) experimentação; j) trabalhos de campo. De fato, a riqueza de estratégias metodológicas adotadas haveria de estimular aos alunos a confrontação de teoria x prática com enormes chances de sucesso.

A opinião do professor sobre a EA na universidade foi a de que: na graduação acha necessário a ministração da disciplina porque estaria discutindo os pressupostos teóricos, mas na educação básica isso já foi muito discutido e seria um retrocesso ter a EA como disciplina. A geografia, biologia na disciplina de Ciências sempre trabalhou com o meio ambiente, mas isso não é EA. Aqui na universidade existe a dificuldade de montar uma grade para os cursos de pós-graduação, principalmente com EA. Nem sempre a EA pode ser incluída nos cursos, depende da disponibilidade da carga horária dos professores, pois os cursos de pós não contam como carga horária trabalhada, então vai muito da possibilidade do professor.

Você considera importante a teoria da EA? "Dentro de um projeto a EA é necessária. A aula teórica é importante, mas quando a gente vai para campo, você começa a encontrar várias conexões e percebe que a coisa é mais complexa. Surge a necessidade do auxílio de outras ciências. Já houve caso de necessitarmos até da ajuda de um 'pai de santo', pois o projeto seria realizado em uma área em que a comunidade fazia seus rituais religiosos. Não poderíamos desrespeitar a crença da comunidade."

Na conversa com o professor foi mencionado que a instituição possui um projeto com uma comunidade no estado, mas às vezes encontra dificuldade de levar os alunos, por ser uma comunidade distante da instituição. Quando questionado sobre a opinião de alguns autores sobre a falta de diálogo na EA e de que há uma confusão com o nome, EA, ele respondeu: "Não concordo com a falta de diálogo. Acontece o seguinte: No Brasil a EA começou na era da ditadura militar, onde não era permitida nenhuma manifestação social, não era permitido falar em EA, no sentido mais amplo. Por isso o conceito ficou muito voltado para a ecologia, na qual se levantava a problemática da natureza. Esta ideia ficou muito forte, daí que até hoje pensam que EA e ecologia são a mesma coisa.

Sobre a nossa legislação, ele acha que o novo precisa ser mais elaborado com o tempo, e também que a legislação é importante, mas sozinha não conta. Quanto à bibliografia utilizada e adotada, comentou que havia várias bibliografias clássicas, como o caso do livro de Genebaldo F. Dias, mas não dava para trabalhar somente com os livros de EA. Era necessário muitas vezes buscar o auxílio nas outras ciências.

Como pudemos constatar nesta entrevista, a EA na universidade – noção esta implantada definitivamente na instituição – ainda não existe dentro da grade curricular obrigatória em nenhum curso de graduação; depende do interesse dos alunos pelo tema para a existência da disciplina que é eletiva. Na pós-graduação existe a disciplina quando há disponibilidade de professor com formação para lecionar. Quando a disciplina é incluída no curso, possui conteúdo metodológico dentro dos pressupostos teóricos estabelecidos nos referenciais teórico-metodológicos selecionados. São ainda recomendados vários livros clássicos.

4 A Educação Ambiental no ensino presencial no mestrado e doutorado

A Política Nacional de Educação Ambiental, instituída em 1999 pela Lei 9.795 (BRASIL, 1999), estabelece que a Educação Ambiental deva ser desenvolvida como uma prática educativa integrada, contínua e permanente e de forma transversal e interdisciplinar. Tal recomendação aplica-se aos três níveis de escolaridade no ensino formal, mas em seu capítulo 10, parágrafo 2, em que nos cursos de pós-graduação, extensão e nas áreas voltadas ao aspecto metodológico da Educação Ambiental, quando se fizer necessário, é facultada a criação de disciplina específica.

Na Educação Ambiental como disciplina, a interdisciplinaridade é de difícil aplicação, não havendo disponíveis paradigmas seguros que a embasem. Diversos autores já se dispuseram a discutir este assunto (GONZÁLEZ-GAUDIANO, 2005), e o que se pode concluir é que o tema servirá de muita discussão ainda nos próximos anos. Para Sorrentino et al. (2005), uma única disciplina ou saber não dará conta de toda a complexidade da questão ambiental. Questiona como promover a cooperação e o diálogo entre disciplinas e saberes em sociedades marcadas pela especialização, competição, individualismo e exclusão. No entanto, o que parece consenso entre eles é "de que a realidade é divisível desde o nível teórico para fins de estudo, mas os diferentes componentes cognitivos que dão origem às diversas disciplinas estão de fato relacionados inexoravelmente" (GONZÁLEZ-GAUDIANO, 2005).

O estudo de caso relatado é uma tentativa de desenvolver uma atividade didática em uma disciplina de Educação Ambiental em um curso de pós-graduação sentido restrito, de forma interdisciplinar.

5 Estudo de caso – Educação Ambiental e literatura: uma proposta de atividade interdisciplinar

O Curso de Pós-Graduação em Educação para a Ciência, área de concentração em ensino de Ciências, oferecido pela Faculdade de Ciências de Bauru, Universidade Estadual Paulista (Unesp), destina-se a professores de Ciências, Física, Química, Biologia e Matemática, mas eventualmente dele participam geógrafos, arquitetos, pedagogos e profissionais de direito. Uma das disciplinas oferecidas desde o ano 2000 é "Educação Ambiental e Ecossistemas Terrestres". A princípio sugere ser uma disciplina de tendência naturista. No entanto, o propósito da disciplina é que ecossistemas naturais sirvam de cenário e representem os componentes do ambiente em que todos os seres vivos, inclusive o homem que lá habita, relacionam-se. Foi desenvolvida como uma alternativa para abordar temáticas envolvendo os ecossistemas terrestres e a EA com atividades de campo, sem prejuízo dos objetivos propostos para a disciplina. Não se trata de projeto interdisciplinar em Educação Ambiental em nível universitário, mas a discussão de uma proposta, construída juntamente com alunos de pós-graduação visando enquanto professores, a sua aplicação nas instituições e cursos em que atuam.

Foi proposto inicialmente ao aluno que escolhesse um livro de autor naturista. Foram sugeridos livros brasileiros, embora em uma das edições da disciplina o livro escolhido foi *As cidades e as serras* de Eça de Queiroz, por uma aluna arquiteta. O trabalho realizado foi publicado em Santos, Cavassan e Battistelle (2010), na revista *Arquitexto*.

O naturismo ou nativismo compreende obras que elogiam a natureza do país, tal como o início do primeiro capítulo de *Iracema*, de José de Alencar:

"Verdes mares bravios de minha terra natal onde canta a jandaia nas frondes da carnaúba". É diferente do naturalismo, que corresponde a um aspecto do Realismo do século XIX, onde os seres humanos são comparados a animais irracionais (ANDRADE & CAVASSAN, 2003), tal como o romance *O cortiço*, de Aluísio de Azevedo.

Considerando-se o enfoque naturista nas primeiras edições da disciplina, os livros utilizados inicialmente foram de autores do Romantismo, tais como *Iracema* e *O guarani*, de José de Alencar, que descreviam os ecossistemas florestais ombrófilos, o ambiente litorâneo, além de incorporar elementos históricos da conquista do Brasil selvagem pelo europeu. Nesses livros, toda a relação de colonização, domínio e interferência de nações estrangeiras pode ser discutida, identificando-se, inclusive, situações hodiernas. O romance nacionalista *Inocência*, de Visconde de Taunay, descreve os ecossistemas do cerrado do Mato Grosso do Sul, os valores culturais dos moradores em contraste com os dos europeus ou visitantes do Leste brasileiro. No romance também regionalista *Grande Sertão: Veredas*, onde o autor João Guimarães Rosa exercitou o experimentalismo linguístico da primeira fase do Modernismo, é descrito o ambiente de domínio do cerrado e a sociedade dos vaqueiros.

Posteriormente outros livros serviram de tema para excelentes trabalhos. *Macunaíma*, obra do modernista Mário de Andrade, mostra um personagem índio que representa o povo brasileiro, que tinha atração pela cidade grande, representada por São Paulo, e queria ser branco. A caatinga, seu clima, inequabilidade na distribuição dos recursos, é representada pelo poema *Morte e vida Severina*, de João Cabral de Melo Neto. A obra permite uma discussão profunda das questões ambientais da Região Nordeste brasileira, constatando-se que apenas o tempo passou, mas os problemas são os mesmos. Nele o personagem Severino migra através do sertão pernambucano no sentido do litoral, buscando vida melhor. Segue o leito do Rio Capibaribe, que, quando seca durante o verão, desorienta o viajante.

Como os alunos escolhiam as obras que serviriam de referência para seus trabalhos, muitos outros livros foram utilizados. Verificou-se que muitos procuraram obras que descreviam ambientes onde moravam ou moraram em parte de sua vida. Assim, alunos de Barra Bonita escolheram

Figura 2 Fluxograma da proposta de atividade didática interdisciplinar envolvendo Educação Ambiental e literatura

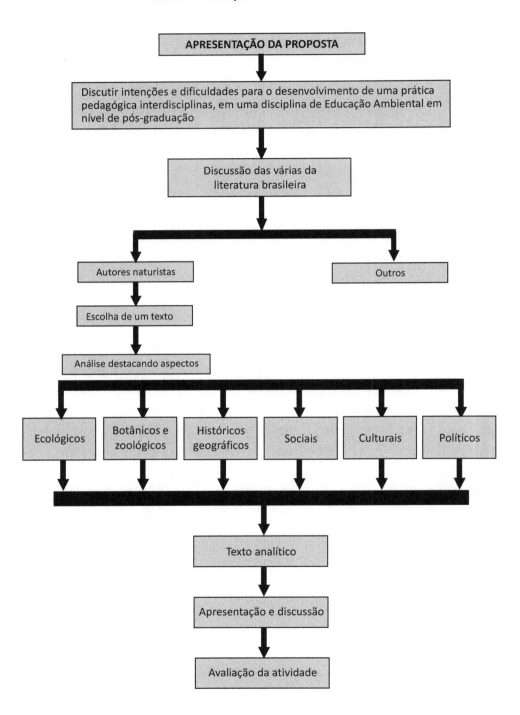

obras sobre o Rio Tietê. Os de Aparecida do Taboado, o romance *Inocência*, de Taunay, e os nordestinos, *Vidas secas* e *Morte e vida Severina*. Foram frequentes declarações dos alunos autores de que perceberam questões ambientais de onde moravam/moraram somente após a realização do trabalho. A definição do título da obra a ser escolhida muitas vezes só acontecia a partir de exaustiva discussão sobre a sua adequabilidade para aquele tipo de trabalho.

A proposta do trabalho era apresentada como um desafio: "Façam um trabalho de natureza interdisciplinar em EA, a partir da análise de um livro". Sempre que o trabalho era anunciado havia uma sensação da impossibilidade de ser realizado. Procurou-se sempre respeitar o plano executado pelo aluno, visando aproveitar o máximo de sua formação, experiência e interesse. É inegável que proporcionar tal liberdade de escolha aos alunos aumenta o risco dos trabalhos, quando concluídos, não serem reconhecidos como relacionados à EA. Contudo, pode configurar a superação das expectativas do próprio aluno diante da insegurança e da resistência iniciais. Da mesma maneira, cabe ressaltar que tais resultados não foram analisados para fins de avaliação, mas tão somente as etapas realizadas na tentativa de realização do trabalho. A apresentação foi feita na forma de seminário, permitindo a discussão com toda a turma e, posteriormente, os alunos entregaram textos escritos.

Considerações finais

Este capítulo apresenta um breve esboço de como a EA vem sendo incluída no ensino formal universitário no Brasil, especialmente na Região Sudeste. Essa área tem sido muito pouco estudada contemporaneamente, carecendo assim de uma síntese de relatos exitosos e dos percalços enfrentados pelos docentes universitários. A Educação Ambiental a Distância vem sendo implementada no país, porém o conhecimento acumulado de sua metodologia é muito restrito. O estudo de caso apresenta transversalidade, articulando o saber biológico com o de língua portuguesa, sendo um relato exitoso que pode ser ressignificado e recontextualizado para outras regiões brasileiras.

METODOLOGIAS DA EDUCAÇÃO AMBIENTAL EM ESPAÇOS FORMAIS NAS INSTITUIÇÕES DE ENSINO SUPERIOR NO BRASIL

Resumo

O texto apresenta uma breve avaliação da inserção da Educação Ambiental (EA) no Ensino Superior, analisando, separadamente, o ensino presencial na graduação, na pós--graduação *lato sensu* (especialização) e na pós-graduação *stricto sensu* (mestrado e doutorado) pelo país. Também é avaliada a inserção da Educação Ambiental no ensino a distância. Neste último aspecto, um esquema didático das abordagens metodológicas do ensino a distância em EA numa universidade privada do Rio de Janeiro é compilado, constituindo-se numa visão panorâmica sobre o tema. Além disso, o capítulo aborda de forma resumida relatos pedagógicos de Educação Ambiental como disciplina no ensino a distância de especialização realizada numa universidade privada e relatos de experiências presenciais em universidades públicas, com uma discussão mais concentrada num estudo de caso de uma experiência interdisciplinar bem-sucedida no nível de especialização, em seus aspectos de ordem metodológica. Um fluxograma da proposta de atividade didática interdisciplinar envolvendo Educação Ambiental e literatura baseado neste estudo de caso é apresentado, de forma a orientar possibilidades tanto de replicação como de adaptação, além de aprofundamento da articulação dos aspectos teórico-metodológicos da inserção da Educação Ambiental nas Instituições de Ensino Superior.

Palavras-chave: Educação Ambiental na graduação; Educação Ambiental na pós--graduação; ensino a distância; interdisciplinaridade.

METHODS OF ENVIRONMENTAL EDUCATION IN FORMAL SPACES OF THE THIRD LEVEL EDUCATION IN BRAZIL

Abstract

The text provides a brief assessment of the insertion of environmental education (EE) in the third level education institutions, analyzing separately the classroom attendance teaching courses in the undergraduate level, postgraduate certificates (specialization) courses and postgraduate degrees (master and doctorates) courses all over the country. It is also evaluated the inclusion of environmental education in distance learning courses. In this latter respect, a didactic scheme of methodological approaches in distance education of EA in a private university in Rio de Janeiro is compiled, constituting an overview on the topic. In addition, this chapter discusses briefly teaching reports of environmental education as a discipline in distance learning specialization held at a private university and well as some experience reports at public universities, with a more focused discussion in a case study of a successful interdisciplinary experience in a course of postgraduate certificates in its methodological aspects. A flowchart of the proposed didactic activity with an interdisciplinary approach linking environmental education and literature based on this case study is presented. It is expected that this flowchart could guide possibilities for both replication and adaptation, as well as to promote stronger articulation of the theoretical and the methodological aspects of environmental education practices in the undergraduate level, postgraduate certificates (specialization) courses and postgraduate degrees (master and doctorates) courses.

Keywords: environmental education at undergraduate, environmental education in graduate school, distance learning, interdisciplinary.

2.5
A Educação Ambiental em comunidades fora de áreas urbanas: aspectos metodológicos

Marilena Loureiro da Silva
Carlos Hiroo Saito

Introdução

Pensar a Educação Ambiental junto a comunidades fora dos centros urbanos em geral ocorre a partir da perspectiva, do olhar, desses centros. Ou seja, de uma lógica externa àquelas comunidades. Se por um lado os centros urbanos podem trazer um aporte com base na ciência, por outro lado, sob o jugo do cientificismo (VARSAVSKI, 1977), pode constituir-se numa invasão cultural que despreza a visão local. Assim, a questão que se coloca é de como romper com as distâncias instituídas entre a floresta e a cidade, sendo aqui o termo floresta um representante de um conjunto de ambientes e comunidades imersos na vegetação nativa, florestal ou não, incluindo-se aí desde a Floresta Amazônica até os manguezais. Qual prática educativa seria capaz de diminuir esse distanciamento e simultaneamente fortalecer as possibilidades de construção de outra lógica para o desenvolvimento dessas comunidades locais? Este capítulo pretende responder a essas questões, oferecendo uma diretriz metodológica para trabalhos de Educação Ambiental e analisar um estudo de caso à luz dessa diretriz. Apesar desse recorte nas comunidades fora de áreas urbanas, neste livro encontramos também uma rica discussão sobre comunidades dentro de espaços urbanos, no capítulo "Educação Ambiental e alguns aportes metodológicos da ecopedagogia para inovação de políticas públicas urbanas (Ruscheinsky e Bortolozzi, nesta coletânea).

1 Referencial teórico-metodológico

O primeiro aspecto a se considerar é poder dizer em que medida diferem em termos de percepção do ambiente e compreensão dos conceitos a ele afetos, os professores — especialmente quando sua origem social e geográfica difere do ambiente onde pretendem atuar — e os membros da comunidade que os recebem. Reconhecer a diferença seria então o primeiro passo para promover a integração entre esses atores na busca da comunhão de objetivos e o estabelecimento de uma comunicação verdadeiramente intercultural (REIGOTA, 1986; PERROT, 1994).

Uma das formas de investigar se existe ou não e qual a magnitude dessa diferença de percepções é por meio de pesquisa sobre as representações sociais, neste caso, de cada um dos atores envolvidos, que correspondem a um repertório compartilhado coletivamente de percepções, interpretações, explicações e regras e procedimentos de conduta frente à realidade cotidiana (MOSCOVICI, 2003). Segundo Barcellos et at. (2005), a representação ganha outro significado na atualidade, enquanto "conjunto de ideias ou concepções que os sujeitos podem ter em torno de certas realidades, constantes dos respectivos universos culturais, ou seja, o que pensam as pessoas sobre determinadas realidades" (p. 215).

Para se inferir as representações sociais, normalmente se recorrem a questionários e entrevistas, a partir dos quais se podem aplicar técnicas de análise de conteúdo das falas para se estabelecerem categorias de análise do pensamento. Nesta técnica, por exemplo, pode-se provocar os entrevistados e respondentes de questionários para a evocação de palavras ou expressões que lembrem o tema ambiental em torno do qual gira a investigação, de forma a se poder agrupar palavras semelhantes em categorias conforme Bardin (1979), para quantificação posterior da frequência das categorias, identificando padrões (SAITO et al., 2002).

Seguindo assim, pode-se por vezes concluir que os professores portam uma visão naturalista da realidade, ao passo que as comunidades locais veem o ambiente a partir da ótica dos conflitos, como no exemplo de Barcellos et al. (2008). Ou ainda, que os alunos veem o rio apenas do ponto de vista antropocêntrico, como provedor de água para abastecimento e uso humano, sem enxergar a importância da água para a manutenção da diversidade biológica (CARVALHO et al., 2009), sendo necessário desenvolver um trabalho que integre o olhar sobre o rio para um olhar mais amplo que inclua o rio e suas margens. Num outro trabalho desenvolvido com alunos de 5ª série, de Manaus, os pesquisadores perceberam que os alunos, apesar da proximidade da Floresta Amazônica, além de incluírem no seu imaginário a presença nas florestas circundantes de animais exóticos como tigre e leão, desprezavam as áreas de vegetação nativa em meio à área urbana como desprovidos de valor quando comparados com as áreas de vegetação nativa fora dos limites urbanos (FREITAS & FERRAZ, 1999).

A partir da identificação das representações, é preciso buscar vincular a representação do ambiente com os desdobramentos possíveis em termos de Educação Ambiental. Ou seja, buscar prever que objetivos de Educação Ambiental seriam definidos e quais estratégias seriam possivelmente adotadas em decorrência das representações que portam, conforme proposto por Sato (2003) e seguido por Barcellos et al. (2005). Sem esse esforço de antever as ações e poder corrigir ou redirecionar o foco, a abordagem e os objetivos de Educação Ambiental, o estudo da percepção e representação se torna vazio de sentido prático, tornando-se mero instrumento de descrição para fins de admiração. Se analisarmos, por exemplo, a questão da floresta, a própria ideia de recurso florestal que pode em um primeiro momento apresentar adesão a ações de manutenção da vegetação nativa, continua aparentemente a negar-lhes outra origem ou imagem que não aquela baseada no utilitarismo pragmático. Imaginário fundado no temor ou num misticismo absoluto, geralmente carregam adjetivações que consideram a floresta exótica e com tons de sobrenatural quanto a tudo o que se refere a ela, inclusive suas populações tradicionais. E esse próprio misticismo, porque desprovido de sincera disposição de conhecer e compreender, termina por promover o afastamento e o distanciamento. De acordo com Acher (1995), em artigo sobre comunidades e sustentabilidade florestal, a visão da floresta e de suas populações pode tornar-se um impedimento à melhoria da gestão sustentável dos recursos florestais. Portanto, as representações podem portar, em si, divergências não apenas de percepções do mundo, mas um potencial de ação em rumos diferentes. Explicitar essas divergências, e debater sobre elas, ou seja, dialogar em torno delas, problematizando-as, é o primeiro passo para uma comunicação intercultural.

O ato de dialogar em torno das representações, numa Educação Ambiental com as comunidades e para as comunidades, deve se dar por meio de instâncias de efetiva participação social. Neste caso, oficinas participativas devem ser realizadas para problematizar essas representações e definir diretrizes de ações consensuadas no âmbito das comunidades.

As oficinas e reuniões participativas têm a vantagem de poder lançar mão de outros recursos didáticos como mapas (mentais) construídos pelos próprios participantes locais sobre as formas de uso e ocupação da terra (BRANDÃO, 2013), sistemas de informação geográfica para delimitação de área de atuação de uma Comissão Pró-Comitê de Bacia Hidrográfica (BERLINCK et al., 2003), ou fotos e moldes de rastros de animais para reconhecimento da diversidade biológica existente na região (BENITES & MAMEDE, 2008).

É nestes espaços coletivos que o aprendizado é potencializado e os atores locais são empoderados. Mesmo quando o trabalho de Educação Ambiental é direcionado para dentro das escolas, o espaço de educação formal pode ser trabalhado na perspectiva de ligação da escola com a comunidade, apontando para o fortalecimento das instâncias organizativas da comunidade, e a escola atuando como espaço para imersão no universo da ciência para instrumentalização das comunidades (SAITO, 2013). Quando se reconhece os alunos como fazendo parte da comunidade que percebe, sonha, reivindica e luta, a escola pode atuar em sintonia com esses fóruns participativos locais como se vê em Saito (1999 e 2012).

Essa visão teórico-metodológica de articulação escola-comunidade orientadora de práticas de Educação Ambiental na perspectiva do estabelecimento de uma comunicação intercultural entre cidade e comunidades fora de áreas urbanas como floresta, campo, manguezais e outros, pode ser sintetizada na Figura 1. Para se aprofundar no conceito de problematização, veja o capítulo "Educação Ambiental numa abordagem freireana: fundamentos e aplicação (Saito, Figueiredo e Vargas) neste mesmo livro. Quando se tratar de comunidades no entorno de Unidades de Conservação da Natureza, é importante ler o capítulo "Educação Ambiental em unidades de conservação da natureza" (Costa e Costa, nesta coletânea) e para ver um pouco mais sobre os manguezais, recomendamos a leitura do capítulo "Metodologias em

Educação Ambiental para a conservação socioambiental dos ecossistemas marinhos" (Pedrini et al., nesta coletânea). Sugerimos também a leitura do capítulo intitulado "A percepção através de desenhos infantis como método diagnóstico para Educação Ambiental" (Pedrini et al., nesta coletânea), que traz conceitos fundamentais sobre percepção ambiental.

Figura 1 Fluxograma com as interconexões entre conceitos e processos numa Educação Ambiental voltada para a comunicação intercultural cidade-floresta/campo

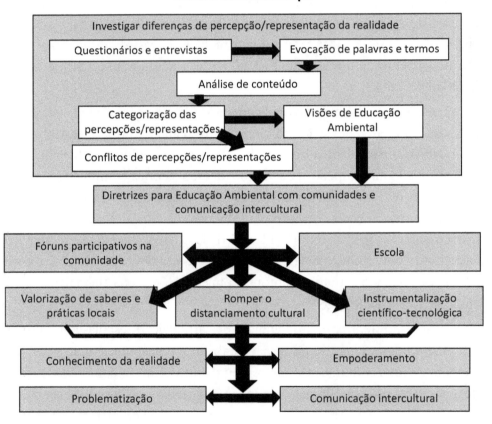

2 Estudo de caso: a Educação Ambiental do Programa Floresta--modelo de Caxiuanã

A Floresta Nacional de Caxiuanã é uma Unidade de Conservação da Natureza federal, criada em 1961. É considerada a Floresta Nacional (Flona) mais antiga da Amazônia e a segunda mais antiga do Brasil. Localiza-se no município de Melgaço, Pará, distante cerca de 300km da capital. De acordo com Ramos (2001), os moradores remanescentes dos conflitos que envolveram a criação da Flona (com a expulsão da maior parte dos moradores pelo governo) terminaram por se adaptar às novas condições impostas pelo órgão ambiental federal. A partir da situação de abandono, iniciativas como a do Museu Paraense Emílio Goeldi, que instalou no local uma base de pesquisas – a Estação Científica Ferreira Penna (ECFPn), evidenciam o preenchimento de espaços que o Estado deveria estar cumprindo, entre elas a educação e a assistência em saúde das comunidades.

O Programa de Educação Ambiental ali desenvolvido procurou, num primeiro momento, reconhecer as diferentes percepções existentes sobre o ambiente local, sobretudo dos professores.

A análise das entrevistas revelou que, entre os professores, alguns demonstraram portar uma concepção de dicotomização entre qualidade de vida e desenvolvimento, sendo que qualidade de vida aparece como sinônimo de progresso material, de utilização dos recursos naturais para o provimento das necessidades materiais, e ainda uma potencial causadora de efeitos destrutivos. Esse tipo de visão integra o quadro de um célebre equívoco, e ainda quase naturalizado, que contrapõe meio ambiente e qualidade de vida, apontado por Ferreira (1997), como uma construção histórica do pensamento brasileiro. A Educação Ambiental serviria, segundo esses professores que portam esse tipo de representação, para tentar solucionar os problemas ocasionados pela melhoria da qualidade de vida. A Educação Ambiental aparece assim como provedora de orientações para as ações da comunidade, e pode ser percebida como instrumento de conscientização dos povos para um tratamento sustentável dos recursos naturais e dos problemas sociais, descartando a possibilidade de existir, junto a essas comunidades locais, práticas e saberes que apontem para uma maior sustentabilidade que as próprias áreas urbanas, de onde provêm esses professores.

Nesse sentido, a pesquisa feita por Ramos (2001) termina por comprovar o que imaginava no início de seu trabalho: que "as populações agro-extrativistas do interior da Amazônia são sustentáveis, pois consomem menos matéria que as populações urbanas e manejam seu estoque de recursos naturais de acordo com normas fundadas na convivência com a floresta" (p. 14): para essa autora, "um morador de dentro ou do entorno da Flona pesa, para o ambiente, menos da metade do que pesa, em média, um brasileiro" (p. 101).

Para outros, quando falaram sobre como é ser professor em Caxiuanã, os depoimentos demonstram uma vinculação com a vida em comunidade, num sentido de perceber-se como sujeito capaz de gerar mudanças na forma como essa comunidade relaciona-se com os recursos naturais que estão à sua volta na floresta. Ainda que se veja a Educação Ambiental como pró-ativa e mobilizadora de novas práticas, ainda subsiste a noção de intervenção externa para auxiliar ou socorrer práticas locais inadequadas. Esse sentido de responsabilidade, no entanto, é dotado de amorosidade e dedicação, ou como um deles expressou, professor "é uma palavra que realmente envolve uma sinceridade". Pode-se apreender dessa afirmação que ser professor implica, para este, necessariamente um deslocamento da condição de superioridade tradicionalmente atribuída pela pseudoposse de conhecimentos específicos, para uma posição de igualdade como sujeito humano, naquele momento específico responsável pelo processo de formação educativa de outros sujeitos igualmente humanos, que assim são tratados. O professor é aquele que precisa estar sinceramente preocupado "em assumir essa responsabilidade muito grande de explicar as coisas que o aluno precisa saber". A noção de ser professor aparece nos depoimentos como vinculada à necessidade de motivar mudanças e agir como um exemplo, não somente para os alunos, mas para toda a comunidade. Apresenta-se uma preocupação muito visível com as próprias ações e com o fato de essas ações não gerarem controvérsias quanto àquilo que eles (os professores) ensinam aos alunos e à comunidade.

Portanto, apesar da desvalorização da cultura local, estabelece-se a possibilidade de uma relação mais horizontal que pode resultar num efetivo aprendizado do universo local também pelo próprio professor. Considerando o contexto em que se dá o Programa de Educação Ambiental do ECFPn, com diversos cursos, oficinas e palestras, há um cenário favorável de estabelecimento de relação entre o que eles observam através de sua participação nas atividades do programa, e as suas práticas de trabalho vinculadas às suas experiências com a comunidade onde vivem.

Quando um dos professores refere-se à possibilidade de que as gerações futuras possam talvez não encontrar o açaí ou a madeira, em função dos impactos ambientais causados pelos grandes empreendimentos, e que isso pode ser objeto de problematização em sala de aula, ele demonstra a possibilidade de estabelecimento dessa conexão. Essa conexão entre Educação Ambiental e licenciamento de grandes empreendimentos pode ser aprofundada com a leitura do capítulo "Educação Ambiental no licenciamento: aspectos teórico-metodológicos para uma prática crítica" (Loureiro e Anello, nesta coletânea).

Conforme essa linha de depoimentos dos professores, pode-se perceber neles uma tentativa de utilização de métodos que aproximem o saber formal, os conhecimentos contidos nos livros didáticos à cultura da comunidade e suas formas de organização para lidar com seus problemas e necessidades.

Assim, abre-se a possibilidade de que o processo educativo passe a fundamentar-se na utilização dos recursos naturais presentes na floresta, que passam a assumir para os professores um papel de recursos didáticos: é a floresta que ensina, e ensina de modo interdisciplinar. Existe também nos depoimentos dos professores um forte componente de articulação entre as várias áreas do saber para a explicação dos conteúdos formais, o que pode denotar uma concepção interdisciplinar de trabalho pedagógico, base para a prática da Educação Ambiental.

Estas diferentes visões, porque podem ser contraditórias e coexistirem no tempo e no espaço territorial das comunidades na Flona, requerem a contínua dinamização das ações práticas na região, por meio de projetos e programas, principalmente coordenadas pelo Museu Emílio Goeldi.

As possibilidades de diálogo em torno destas visões em instâncias coletivas como o núcleo do Programa de Desenvolvimento Sustentável que reúne todas as lideranças comunitárias e aproxima as demandas da comunidade das ações da escola, tratando-as como elementos geradores do trabalho curricular, permitem redimensionar a relação comunidade-escola-floresta, e dos próprios atores urbanos em relação às comunidades tradicionais locais.

Um dos resultados desse processo é a realização da 1ª Feira de Ciências da Floresta Nacional de Caxiuanã, em 2012, quando os participantes mostraram o que fazem para entender a ciência a partir do seu cotidiano e de suas necessidades. A realização da 2ª Feira em junho de 2013 indica a consolidação de um trabalho, que significa o empoderamento dos professores e da comunidade escolar, e a valorização do conhecimento e práticas locais, tanto pela cidade como principalmente por eles mesmos, que sentem-se capazes de expor o que pensam e fazem em termos de sustentabilidade. A articulação entre ciência, tecnologia, sociedade e ambiente pode ser também vista neste livro no capítulo "Educação Ambiental em uma perspectiva CTSA: orientações teórico-metodológicas para práticas investigativas" (Grynszpan, nesta coletânea).

Ressalta-se, assim, que não existe para essas comunidades uma rígida separação entre as questões sociais, políticas e culturais e as questões e problemas ambientais. A natureza aparece como elemento vital e integrante de todas as dimensões da vida comunitária. Isso significa que, apesar das poucas possibilidades de elaboração teórica por parte dos moradores das comunidades acerca dos diversos enfoques de análise teórica de temas como Educação Ambiental e desenvolvimento sustentável, como por exemplo no Programa de Desenvolvimento Sustentável da Floresta-modelo de Caxiuanã, esses temas encontram-se imbricados nas ações cotidianas da comunidade na busca por melhorias de suas condições de vida na floresta.

Considerações finais

Considerando a análise empreendida acerca dos resultados da pesquisa realizada na Floresta de Caxiuanã e em associação com as análises em outros contextos amazônicos envolvendo as práticas de Educação Ambiental e sua associação aos processos constitutivos de novas lógicas para o desenvolvimento a partir dos pressupostos da sustentabilidade (SILVA, 2008; FIGUEIREDO, 2010; VELLOSO, 2011), pode-se reconhecer uma tendência em curso que aponta em termos teóricos para a consolidação da dimensão política da Educação Ambiental. Nessa abordagem, a Educação Ambiental passa a ser vista como instrumento de redesenho das relações estabelecidas entre sociedade e natureza nos marcos do aprofundamento das assimetrias globais, e, em termos práticos e metodológicos, a afirmação do sentido de educação como aproximação intercultural, como superadora da rigidez e da hierarquização de saberes, uma educação que se nutre do diálogo profundo e problematizador da realidade.

A tarefa de compor as condições para essa aproximação intercultural traz novas exigências para a formação do educador realizada nas cidades, de modo a inserir nessa formação as preocupações relativas à diversidade cultural das populações amazônicas, bem como de outras populações tradicionais, e sua ecologia e sociodiversidade. Isso demanda a revisão da educação e sua estrutura para adequar-se aos interesses e necessidades das populações marginais latino-americanas, sem descuidar das análises relativas à dinâmica global (PERROT, 1994; SILVA, 2000).

A EDUCAÇÃO AMBIENTAL EM COMUNIDADES FORA DE ÁREAS URBANAS: ASPECTOS METODOLÓGICOS

Resumo

O presente texto procura analisar a problemática de desenvolver Educação Ambiental junto a comunidades fora dos centros urbanos, ainda imersas em regiões de vegetação nativa (florestas, campos nativos, manguezais), com professores que apresentam certo distanciamento cultural em relação aos locais em virtude de sua origem majoritariamente urbana. Se, por um lado, os centros urbanos podem trazer um aporte com base na ciência, por outro lado podem constituir-se numa invasão cultural que despreza a visão local e podem, por isso, produzir resultados contrários aos interesses da comunidade. Procura-se assim responder à pergunta sobre qual prática educativa seria capaz de diminuir esse distanciamento e simultaneamente fortalecer as possibilidades de construção de outra lógica para o desenvolvimento dessas comunidades locais. Defende-se a importância de conhecer a percepção e representações sociais locais sobre o ambiente por meio de categorizações, identificar conflitos de visões entre os locais e os externos, e as visões de Educação Ambiental associadas às representações, e, a partir da constatação da diferença, definir diretrizes para uma Educação Ambiental que valorize saberes e práticas locais, rompa o distanciamento cultural e instrumentalize as comunidades do ponto de vista científico-tecnológico, promovendo de forma integrada o conhecimento e a problematização da realidade, a comunicação intercultural e o empoderamento das comunidades. Um fluxograma dos passos e interdependências é apresentado com o intuito de facilitar a visualização dessa integração conceitual. Comenta-se ao fim um estudo de caso referente ao Programa de Educação Ambiental desenvolvido na Floresta Nacional de Caxiuanã (PA) pela Estação Científica Ferreira Pena/Museu Emílio Goeldi.

Palavras-chave: empoderamento; saber local; sustentabilidade; comunicação intercultural; Amazônia; Caxiuanã.

ENVIRONMENTAL EDUCATION IN COMMUNITIES OUT OF URBAN AREAS: METHODOLOGICAL ASPECTS

Abstract

The text of this chapter analyzes the problem of developing environmental education within communities outside of urban centers that are still immersed in areas of native vegetation (forests, fields, mangroves) and have teachers culturally distant in relation to these sites. On one hand, urban centers can bring a contribution based on science, on the other hand can constitute a cultural invasion that undervalues local vision and can therefore produce results contrary to the interests of the community. The text aims to answer the question about which educational practice would be able to reduce this gap and simultaneously strengthen the possibilities for building a different rationale for the development of these communities. We advocate the importance of knowing the perception and social representation about environment by means of categorizations, and then, to identify conflict of visions among the local people and external ones and visions of environmental education associated with representations. Based on these differences, we will be capable to set guidelines for environmental education that valorize local knowledge and practices, break the cultural distance and instrumentalize communities from the scientific and technological knowledge point of view. Thus, it is supposed to promote, in an integrated manner, the questioning and knowledge of reality, intercultural communication and community empowerment. A flowchart of the steps and interdependencies is presented in order to facilitate the view of this conceptual integration. Comments are done about a case study regarding an Environmental Education Program developed at Caxiuanã National Forest (PA) by Ferreira Penna Scientific Station/ Emilio Goeldi Museum.

Keywords: empowerment; local knowledge; sustainability; intercultural communication; Amazon; Caxiuanã.

2.6
Educação Ambiental nos instrumentos de gestão ambiental privada (empresarial)

José Lindomar Alves Lima
Lílian Caporlíngua Giesta

Introdução

Refletir sobre temáticas abordadas nesta coletânea, como Educação Ambiental (EA) e o licenciamento ambiental, por Loureiro e Anello; EA e o Ensino Superior, por Pedrini, Cavassan e Carvalho; EA nos espaços urbanos, por Ruscheinsky e Bortolozzi; e para a comunidade, por Silva e Saito; entre outros elementos trabalhados neste livro, implica diretamente a reflexão sobre a EA e a gestão ambiental (GA) privada, uma vez que afeta e é afetada por esses contextos, na perspectiva da complexidade que a temática ambiental requer. Cuidar das questões ambientais, internas e externas ao empreendimento, passou a fazer parte da visão estratégica organizacional a partir da década de 1990, com a implantação de Sistemas de Gestão Ambiental (SGA) baseados na NBR ABNT ISO 14001. Geralmente, esta concepção de gestão não se limita apenas ao cumprimento de leis e normas, mas as considera para traçar objetivos e metas de desempenho ambiental que correspondam aos compromissos assumidos em suas políticas e diretrizes socioambientais.

Inerente ao processo de GA e ações estratégicas voltadas para a sustentabilidade no contexto organizacional, comumente são trabalhados processos de sensibilização e conscientização ambiental para que a força de trabalho atue de forma consciente e qualifique a sua ação de controle ambiental a partir da construção de conhecimentos mínimos sobre a temática ambiental. Nesta perspectiva, as organizações costumam desenvolver ações de EA por meio de cursos, *workshop* e palestras para atingir esses objetivos (LIMA et al., 2006; ABREU, 2008; GIESTA, 2009, 2012; KITZMANN & ASMUS, 2012). Esses eventos buscam estimular a tomada de consciência e de atitude da força de trabalho em ações que repercutam na melhoria da qualidade do ambiente de trabalho interno e externo à organização. Para uma reflexão maior, é pertinente uma análise do que é GA e como a EA se caracteriza no contexto organizacional. Assim, este capítulo tem como objetivo estabelecer um espaço para o diálogo sobre a Educação Ambiental como instrumento da gestão ambiental privada, compreendendo a gestão ambiental privada, corporativa ou empresarial, como parte integrante do sistema de gestão global de uma organização.

1 O contexto organizacional e a Educação Ambiental

Até pouco tempo, a gestão ambiental não era percebida pelas organizações como uma das suas atribuições e responsabilidades, e somente a partir da década de 1990 os cuidados com as questões ambientais passaram a fazer parte da visão estratégica das organizações com a implantação de SGA baseados nas normas da ABNT ISO 14001. O SGA auxilia a organização na abordagem de questões ambientais de forma sistêmica, inserindo o componente ambiental no seu planejamento estratégico e os cuidados ambientais em suas atividades de rotina. A implantação de um SGA basicamente tem como premissa a definição de uma estrutura organizacional com responsabilidades específicas, deveres e recursos definidos voltados para a identificação dos potenciais impactos ambientais e ações preventivas de controle ambiental. Assim, a gestão integra os processos, identificando e eliminando as fontes geradoras de impactos ambientais (LIMA et al., 2006).

Portanto, a finalidade da gestão é equilibrar a proteção ambiental com as necessidades socioeconômicas por meio de formulação de políticas ambientais que considerem ações pró-ativas e o cumprimento de requisitos legais no controle e eliminação de impactos ambientais adversos. Posto isto, a gestão ambiental está relacionada à forma como uma organização cuida das suas relações com o meio ambiente, interagindo e integrando suas ações por meio da sistematização desta gestão, buscando, assim, inserir a componente ambiental como parte integrante do planejamento estratégico da organização, com a definição de estrutura e responsabilidades específicas para suas atividades operacionais de rotina. O foco na gestão ambiental sistematizada permite que as organizações percebam que poluição nada mais é do que desperdício de matéria e energia e que é possível fazer mais (produtos, bens e serviços) com menos (matéria-prima, poluição, desperdícios e geração de resíduos), transformando em oportunidades de melhoria o que antes era percebido como transtornos operacionais.

A gestão ambiental se orienta pelo princípio da melhoria contínua do desempenho ambiental baseada no *Ciclo do PDCA* (ABNT ISO 14001), iniciais para o inglês de *Plan* (Planejar), *Do* (Fazer), *Check* (Corrigir) e *Act* (Atuar), conforme demonstrado na Figura 1.

Figura I   Ciclo do PDCA – ISO 14001

Act (A)

Análise pela administração
- Avaliação da política ambiental
- Avaliação de objetivos, metas e programas

Plan (P)

Planejamento
- Aspectos ambientais
- Requisitos legais e outros
- Objetivos/Metas/Programas

Verificação
- Monitoramento e medição
- Avaliação do atendimento a requisitos legais
- Não conformidade, ação corretiva e ação preventiva
- Controle e registros
- Auditoria interna

Implementação e operação
- Recursos/Responsabilidades
- Competência e Treinamento
- Comunicação
- Documentação
- Controle de documentos
- Controle operacional
- Preparação e resposta a emergências

Check (C)

Do (D)

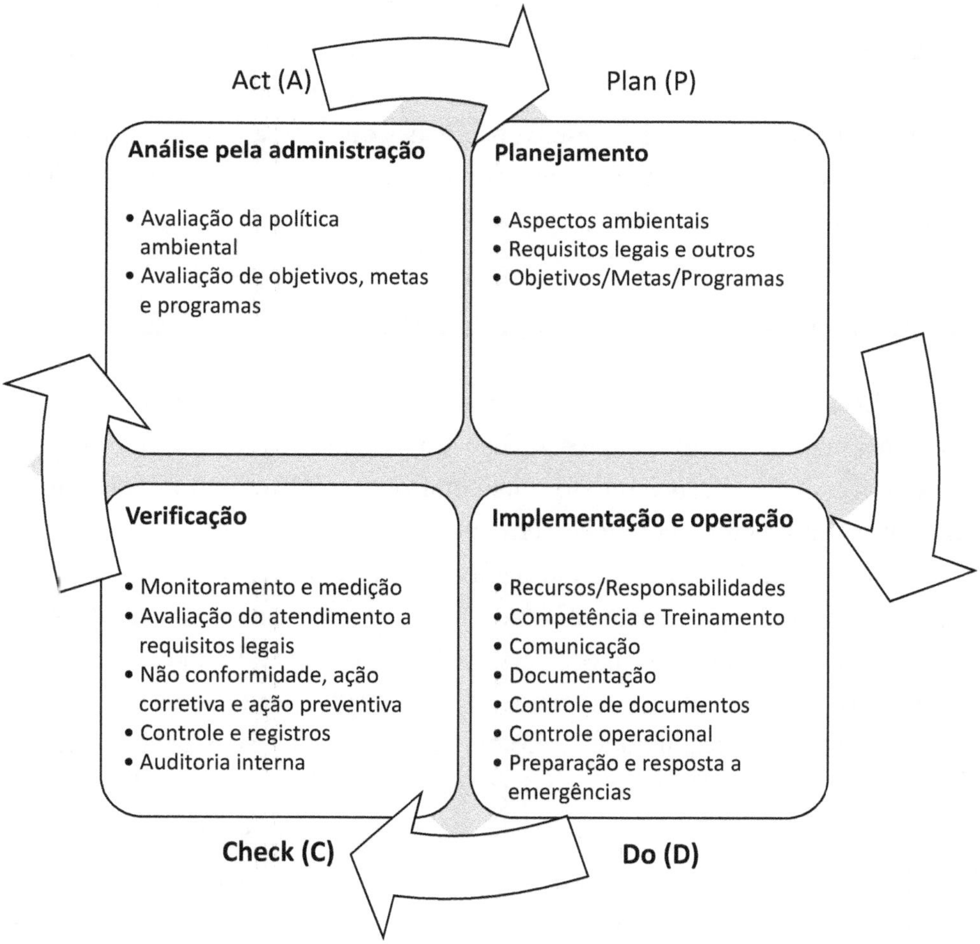

Fonte: Elaboração dos autores.

A melhoria contínua do desempenho ambiental de uma organização requer investimentos permanentes em tecnologias, equipamentos de controle ambiental e, também, na educação daqueles que irão dinamizar e operacionalizar o SGA, uma vez que a efetividade de um SGA passa pela qualificação daqueles que irão fazer com que o sistema coloque em prática os compromissos assumidos pela organização em sua política ambiental.

No entanto, o ambiente empresarial e sua dinâmica organizacional representam desafios para a Educação Ambiental Corporativa (EAC), devendo a mesma ser percebida como o espaço da construção de conhecimentos e não de convencimentos. O estabelecimento de vínculos e afinidades com todos os segmentos funcionais da organização, bem como a construção de objetivos comuns, são elementos fundamentais para o desenvolvimento da EAC. Assim, para fazer com que os princípios de uma gestão ambiental sejam percebidos como um valor estratégico para a sustentabilidade da organização, a EAC deve buscar desenvolver ações que possam ir além da transmissão de conceitos e informações técnicas, com intervenções pedagógicas voltadas para a realidade da organização.

2 Metodologia de Educação Ambiental Corporativa (EAC)

A EAC vem ampliando os seus espaços de atuação nos ambientes organizacionais nos últimos anos, e isso é resultado, dentre outros fatores, dos processos de licenciamento ambiental que condicionam a sua prática aos empreendimentos potencialmente poluidores. No entanto, relatos como os de Pedrini (2008), Pelliccione, Pedrini e Kelecom (2008), entre outros, apontam as limitações das práticas de EAC devido à complexidade do ambiente organizacional, composta por pessoas dos mais variados níveis de formação. Outros fatores também devem ser levados em consideração nesta análise, como a aplicabilidade da EA em ações pontuais e desfocadas da realidade da organização, caindo no descrédito dos públicos envolvidos.

Essas questões inspiram a refletir sobre alguns procedimentos básicos da EA em ambientes corporativos como o estabelecimento de vínculos, compromissos e afinidades entre os diversos públicos a serem beneficiados pelas suas ações. Estabelecer afinidades de maneira que os objetivos e as responsabilidades sejam comuns e os benefícios gerados pela gestão ambiental possam ser compartilhados por todos colaboram para a sustentabilidade da EAC. Para que a EA seja um instrumento efetivo da gestão ambiental, a EAC deve estabelecer um processo formativo que possibilite a construção de conhecimentos que façam parte da cultura e dos valores da organização, de maneira que os resultados tangíveis e intagíveis contribuam para a sustentabilidade das ações junto aos públicos beneficiados pelas suas ações. As abordagens educativas voltadas para a melhoria da qualidade ambiental, com ações de sensibilizações são importantes e essenciais, porém, nem sempre produzem resultados possíveis de serem medidos, pois estão no campo da qualidade e colaboram na fundamentação das ações por afetar os valores das pessoas. A EAC deve abordar, também, questões que estimulem a aplicabilidade dos conteúdos abordados nas atividades de rotina, com ações voltadas para a racionalização de recursos naturais, identificação de focos geradores de impactos e a eliminação de desperdícios, por exemplo. Para tornar-se sustentável dentro das organizações, a EAC deve produzir também resultados mensuráveis que contribuam efetivamente para a melhoria do desempenho da organização. Para tanto, a EAC deve estabelecer afinidades com a cultura da organização, conhecendo as diretrizes da sua política ambiental e as principais atividades desenvolvidas pelo SGA, estimulando a tomada de consciência e de atitude da força de trabalho para os procedimentos de rotina, contribuindo para a construção de novos conhecimentos e a assunção de responsabilidade de todos pela gestão ambiental.

Por fim, é sempre bom lembrar que empresas, instituições e grupos são organismos vivos e articulados em redes de relacionamentos. Uma organização não é uma máquina e nem pode ser percebida e administrada como tal. Empresas, organizações e instituições são entidades, seres coletivos que possuem identidades e vida própria. Quando esta qualidade "vivente" da organização é ignorada, torna-se difícil entendê-la e mais difícil ainda apoiá-la no seu processo de mudança e de desenvolvimento. Para compreender melhor esse conceito é necessário observar para além das palavras, dos gestos e formas pelas quais as pessoas e as organizações se expressam. É preciso perceber outras dimensões que também compõem a sua essência, como a sua individualidade e as forças interiores ligadas ao **pensar, sentir e querer**. Se, de fato, se objetivar um processo educativo dialógico, participativo, cooperativo e criativo e que incentive o protagonismo, tem-se que considerar o outro na sua dimensão trimembrada (o seu pensar, sentir e querer), conforme a Figura 2 a seguir:

Figura 2 Trimembração humana

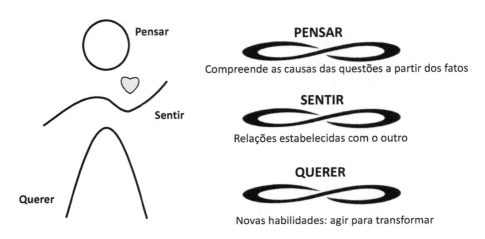

Fonte: Elaboração dos autores.

Conhecer e compreender a visão de mundo do outro é um passo estratégico no processo de estímulo à mudança de comportamento, de educadores e educandos, pois que, às vezes, quem muda de comportamento é o educador, que também aprende com o educando e percebe oportunidades de mudar a sua forma de ver e atuar, ampliando os seus conhecimentos e diversificando a sua aplicabilidade. Portanto, a EAC deve estabelecer um processo educativo voltado para a sensibilização e a tomada de consciência dos públicos beneficiados, trabalhando aspectos afetivos e cognitivos no estabelecimento das afinidades, conhecimento popular e científico no compartilhamento de conhecimentos e estímulo a atitudes individuais e coletivas, conforme ilustra a Figura 3 a seguir:

Essa metodologia possibilita conhecer a percepção dos sujeitos que serão envolvidos nas atividades educativas, bem como avaliar sistematicamente as ações desenvolvidas, colaborando com a efetivação da EA como instrumento da gestão ambiental.

Figura 3 Metodologia de Educação Ambiental Corporativa (EAC)

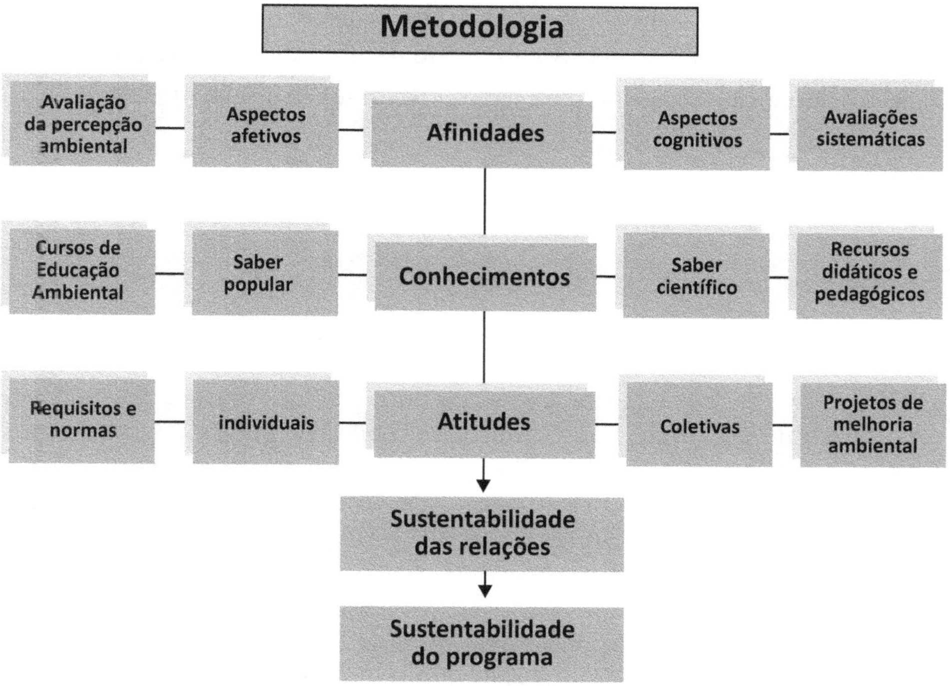

```
                          ┌─────────────────┐
                          │   Metodologia   │
                          └─────────────────┘

 Avaliação      Aspectos                      Aspectos      Avaliações
 da percepção — afetivos  — Afinidades    —   cognitivos  — sistemáticas
 ambiental

 Cursos de      Saber                         Saber         Recursos
 Educação    —  popular  — Conhecimentos  —   científico  — didáticos e
 Ambiental                                                  pedagógicos

 Requisitos e                                               Projetos de
 normas      —  individuais — Atitudes   —    Coletivas  —  melhoria
                                                            ambiental

                          ┌─────────────────┐
                          │ Sustentabilidade│
                          │   das relações  │
                          └─────────────────┘
                                   ↓
                          ┌─────────────────┐
                          │ Sustentabilidade│
                          │   do programa   │
                          └─────────────────┘
```

Fonte: Elaboração dos autores.

Considerações finais

Se a gestão ambiental na empresa busca mudar sua forma de agir sobre a realidade, essa gestão terá que contar com a participação dos que dão concretude a suas ações – empregados, contratados e fornecedores de bens e serviços, enfim, da sua força de trabalho. Uma vez que a gestão ambiental é resultado da construção de uma cultura baseada na sustentabilidade, fica evidenciado que o processo educativo no ambiente corporativo não se restringe apenas aos assuntos internos da organização, devendo ser enfocados aspectos relacionados também à realidade das pessoas no seu dia a dia. Cabe então à EAC contribuir com o processo de formação e qualificação ambiental, promovendo atividades que estimulem a tomada de consciência e de atitudes aplicáveis dentro e fora da organização, de maneira que o processo educativo faça sentido não somente ao trabalhador, mas fundamentalmente ao cidadão.

Por fim, a EAC deve estimular o diálogo da organização com suas partes interessadas e desenvolver ações voltadas para a sustentabilidade, não limitando essas ações apenas ao ambiente da organização, mas, sobretudo, estimulando a sua expansão para além dos limites dos seus muros.

EDUCAÇÃO AMBIENTAL NOS INSTRUMENTOS DE GESTÃO AMBIENTAL PRIVADA (EMPRESARIAL)

Resumo

Este capítulo tem como objetivo estabelecer um espaço para o diálogo sobre a Educação Ambiental como instrumento da gestão ambiental privada, compreendendo a gestão ambiental privada, corporativa ou empresarial, como parte integrante do sistema de gestão global de uma organização. O Sistema de Gestão Ambiental (SGA) é o conjunto de ferramentas que grande parte das empresas se utiliza para implementar ações de gerenciamento ambiental. A Educação Ambiental Corporativa (EAC) é um instrumento essencial no processo de implantação de SGA, pois permite o estabelecimento de vínculos e afinidades com todos os segmentos funcionais da organização, bem como a construção de objetivos comuns. Para que a Educação Ambiental seja um instrumento efetivo da gestão ambiental, a EAC deve estabelecer um processo formativo que possibilite a construção de conhecimentos que façam parte da cultura e dos valores da organização, de maneira que os resultados tangíveis e intagíveis contribuam para a sustentabilidade das ações junto aos públicos beneficiados pelas suas ações. Como as organizações são organismos vivos e articulados em redes de relacionamentos, na busca de um processo educativo dialógico, participativo, cooperativo e criativo e que incentive o protagonismo, tem-se que considerar o outro na sua dimensão trimembrada (o seu pensar, sentir e querer). Dessa forma, sugere-se uma metodologia de EAC como instrumento de SGA que considera essas dimensões ao vislumbrar as afinidades, atitudes e conhecimentos que devem ser contemplados para se obter a sustentabilidade das relações e sustentabilidade do programa.

Palavras-chave: Sistema de Gestão Ambiental; Educação Ambiental Corporativa; trimembração humana.

ENVIRONMENTAL EDUCATION IN THE INSTRUMENTS OF PRIVATE ENVIRONMENTAL MANAGEMENT (COMPANIES)

Abstract

This chapter aims to establish a space for dialogue on environmental education as an instrument of Private Environmental Management, understanding private environmental management as part of the overall organizational management system. The Environmental Management System (EMS) is a set of tools that most companies use to implement actions of environmental management. The Corporate Environmental Education (CEE) is an essential instrument on EMS implementation process, that allows the establishment of links and affinities with all functional segments of the organization, as well as building common goals. To environmental education be an effective tool of environmental management, the EAC must establish a training process that enables the knowledge construction that are part of the culture and values of the organization, so that the tangible and intangible results contribute to the sustainability of actions with public benefited by this actions. As organizations are living organisms and articulated in networks of relationships, in the pursuit of a dialogical, participatory, cooperative and creative educational process that encourages leadership, it has to consider the other in its "trimembrada" dimension (Thinking, Feeling and want to). Thus, it is suggested a CEE methodology as a tool for EMS that considers these dimensions to discern the affinities, attitudes and knowledge that must be addressed to achieve the relationships and program sustainability.

Keywords: Environmental Management System; Corporate Environmental Education; Human Tri-membered dimensions.

2.7
Educação Ambiental em Unidades de Conservação da Natureza

Nadja Maria Castilho da Costa
Vivian Castilho da Costa

Introdução

As áreas protegidas brasileiras (Unidades de Conservação da Natureza) são espaços institucionalizados pelo poder público, destinados à conservação/preservação de ecossistemas ameaçados, mas sua existência não é a garantia de que tais processos sejam efetivamente implementados. Costa (2012, p. 59) destaca que *"a criação formal de unidades de conservação não é suficiente para assegurar a sua conservação, considerando que as relações humanas com o meio natural não podem ser rompidas abruptamente"*. As relações socioambientais preexistentes ao novo território criado muitas vezes se mantêm (e/ou novas formas de interação homem-natureza surgem) e com elas as transformações decorrentes. Isso requer ações que mantenham o equilíbrio que garantiu a constituição do ambiente objeto da conservação, paralelamente à inserção social das comunidades do entorno (e até do interior) daquelas áreas. Neste sentido, a introdução de processos educativos direcionados aos vários atores sociais envolvidos no processo de manejo e gestão torna-se fundamental à legitimidade de um território que, dentre vários objetivos, destina-se à manutenção da biodiversidade local.

A ideia aqui apresentada e discutida transcende a proposta de ações formais e informais de transmissão de conhecimento historicamente acumulado por pesquisadores e ambientalistas e visa apresentar experiências e metodologias de aplicação de um conjunto de ações que envolvam mudanças de valores e uma releitura qualificada (e realista) do mundo atual em que vivemos e das dificuldades efetivas em implementar práticas educativas continuadas e eficazes em espaços destinados à conservação/preservação de ecossistemas ameaçados.

Cabe assinalar que o recorte deste capítulo é feito em torno de práticas de Educação Ambiental nas Unidades de Conservação da Natureza (UC) como parte integrante de seu plano de manejo, não se remetendo a ações de Educação Ambiental derivadas de processos de licenciamento de empreendimentos que geram impacto nas UC. Para este último, sugere-se a leitura do capítulo deste livro "Educação Ambiental no licenciamento: aspectos teórico-metodológicos para uma prática crítica" (Loureiro e Anello).

I O desenvolvimento da Educação Ambiental em (e para) Unidades de Conservação da Natureza

Segundo a Lei do Sistema Nacional de Unidades de Conservação da Natureza – Snuc (MMA/SBF, 2004), a educação para a conservação da natureza faz parte dos objetivos de praticamente todas as categorias de manejo, devendo envolver todos os atores sociais a elas relacionados, conforme destacam os Arts. 4º, 5º e 11º. No primeiro (art. 4º, item XII), reforçado pelos demais, as UC devem *"Favorecer condições e promover a educação e interpretação ambiental, a recreação em contato com a natureza e o turismo ecológico"*. O Plano Estratégico Nacional de Áreas Protegidas (Pnap) (MMA, 2007) apontou como estratégia para a manutenção da biodiversidade o fortalecimento da comunicação, da educação e da sensibilização social, propondo a formulação de uma Estratégia Nacional de Comunicação e Educação Ambiental (Encea) no âmbito do Snuc (MMA/SBF, 2004). Por sua vez, o Roteiro Metodológico de Planejamento de UC (IBAMA, 2002), com o objetivo de ordenar a realização de planos de manejo, coloca a necessidade de se definir um programa de interpretação e Educação Ambiental que vislumbre, dentre algumas ações, o voluntariado, bem como a formação de monitores ambientais envolvendo as comunidades do entorno das áreas protegidas.

Isso significa dizer que, tanto aqueles que fazem parte da administração da área protegida – planejadores, gestores, guarda-parques, educadores e pesquisadores – quanto a população que direta e/ou indiretamente se relaciona com as áreas protegidas, devem participar ativamente do processo para atuarem efetivamente (como capacitadores e/ou capacitados) na proteção e manejo dos recursos nelas contidos.

Na prática, a EA deve ser na (e para) a Unidade de Conservação da Natureza e seu entorno próximo (zona de amortecimento) devendo ser trabalhada de acordo com as especificidades de cada área protegida. Entretanto, alguns impasses tornam difícil a interação (e integração) de ações entre todos os interessados. Um deles é a falta de motivação para conduzir o processo de capacitação e promoção de práticas educativas, proporcionada, muitas vezes, pela falta de vivência e sensibilização sobre os problemas ambientais que os cercam. Não adianta nada querer induzir e propor práticas conservacionistas se, muitas vezes, o segmento social está desmotivado e/ou despreparado para tal. É frequente encontrarmos nos parques onde a visitação é permitida – tanto visitantes/turistas quanto os que promovem ou autorizam a visitação – pouco ou nenhum conhecimento e sensibilização sobre o que será explorado sobre a ótica do turismo na natureza. Outro problema diz respeito aos conflitos de interesses entre os vários segmentos sociais, principalmente entre aqueles que vivem próximo ou no interior da UC. Como tê-los como agentes multiplicadores da conservação dos recursos naturais se seus interesses diretos são desconsiderados no processo de gestão da UC? A tão propagada gestão participativa se vê ameaçada pela falta de ações integradas e de efetiva inserção social.

É frequente encontrar nos planos de manejo, no capítulo referente aos programas e subprogramas de Educação Ambiental, propostas muito gerais, sem direcionar as práticas e as capacitações aos diversos atores sociais, deixando a cargo dos responsáveis administrativos a função de detalhar as práticas educativas e capacitações.

O Instituto Brasileiro de Análises Sociais e Econômicas (Ibase) propõe, em documento direcionado à EA em Unidades de Conservação da Natureza (IBASE, 2006), que a Educação Ambiental seja utilizada como um instrumento que possa contribuir no fornecimento de informações qualificadas e atualizadas, compartilhando percepções e compreensões e ampliando a capacidade de diálogo e de atuação integrada, comprometida com o objetivo de uma Unidade de Conservação da Natureza. Para que isso seja factível de acontecer torna-se necessário defender e colocar em prática uma Educação Ambiental crítica e transformadora, num contexto de uma mudança de atitudes e tomadas de decisão coletivas, conforme destaca Guimarães (2006). Antes de pensar numa educação para a conservação do meio ambiente, há que se pensar num processo de educação para o efetivo exercício da cidadania, em todos os sentidos – político, social e ambiental – tendo em mente que a população só será capaz de atuar em favor do meio ambiente, no momento em que se sentir efetivamente parte dele e ter seus anseios imediatos atendidos. Caminhando nesta direção, Seabra (2011, p. 26) destaca que a Educação Ambiental *"somente será exequível a partir da conscientização da sociedade sobre o consumo excessivo, perdulário e ecologicamente incorreto. Implica o combate aos sistemas econômicos corporativos concentradores e a corrupção generalizada [...]"*. Enquanto pouco se evolui nesta direção (de uma proposta de EA emancipatória), não se pode cruzar os braços e ignorar que formas intermediárias de inserção de práticas educativas voltadas para (e nas) áreas protegidas brasileiras podem e devem ser aplicadas, sem que métodos sejam importados, mas buscando experiências positivas que podem servir e serem desenvolvidas em várias unidades.

2 A Educação Ambiental em Unidade de Conservação da Natureza: as falhas e os aspectos positivos do atual processo

O fato de haver diferentes visões sobre o conceito de Educação Ambiental nos leva a ter certeza que existem várias práticas educativas, realizadas em diversos ambientes, dentre eles as Unidades de Conservação da Natureza. A preocupação em implementar programas e ações de Educação Ambiental em (e para) UC não é recente e varia de unidade para unidade, envolvendo métodos que, apesar de atenderem a um padrão mais ou menos comum, norteado pelas diretrizes estabelecidas nos planos de manejo, têm procurado avançar em formas mais eficazes na condução das práticas educativas que levem efetivamente à proteção dos recursos naturais.

Na realidade, não existe um modelo ideal a ser seguido que garanta plenamente a Educação Ambiental para a conservação, conforme ressaltam Lerda e Earle (2007), pois cada área protegida tem suas especificidades físico-bióticas e socioeconômicas que devem ser bem conhecidas e respeitadas, mas existem procedimentos que não devem ser negligenciados, sendo a condição primordial o envolvimento de todos os atores interessados no processo de proteção da natureza no interior e periferia da Unidade de Conservação da Natureza. Importar ações e tentar aplicá-las à realidade das nossas áreas protegidas é um risco grande que os gestores educadores correm em gerar seu fracasso.

Nehme e Bernardes (2011) destacam que um projeto de EA nada mais é do que o planejamento de todas as atividades que serão promovidas envolvendo várias etapas, sendo elas conduzidas, basicamente, pela busca de solução de um (ou mais) problema(s). No caso das UC, este(s) problema(s), em geral, é ou são (ou deveriam ser) de conhecimento do gestor e de sua equipe, devendo ser contemplados no plano de manejo, assim como as principais diretrizes de como mitigá-lo(s), tendo como um dos caminhos a Educação Ambiental. Entretanto, na prática, não é isso que acontece. Muitos parques sequer possuem plano de manejo, e os que possuem ou estão desatualizados ou em vias de atualização. Isso faz com que as ações educativas a serem promovidas fiquem à mercê das diretrizes definidas pelo gestor e seu grupo de trabalho (setor ou núcleo), o que pode tornar todo o processo desarticulado e sem continuidade. Aliás, esse é um dos entraves da Educação Ambiental nas UC: a cada gestão mudam-se as ações educativas, muitas vezes sem levar em conta (ou eliminando por completo) as atividades da gestão anterior.

Para UC marinhas há poucos trabalhos envolvendo Educação Ambiental. No entanto, sobre esses aspectos, recomenda-se a leitura neste livro do capítulo "Metodologias em Educação Ambiental para a conservação socioambiental dos ecossistemas marinhos" (Pedrini et al.).

A seguir é apresentada uma sequência metodológica de como proceder na promoção de ações educativas em prol da conservação dos recursos naturais das áreas protegidas, partindo do exemplo de uma Unidade de Conservação da Natureza na cidade do Rio de Janeiro, onde já vem sendo realizados, há mais de dez anos, projetos de Educação Ambiental pelo Grupo de Estudos Ambientais da Uerj (GEA/Uerj).

3 Educação Ambiental no Parque Estadual da Pedra Branca: uma proposta metodológica de ações educativas integradas

A cidade do Rio de Janeiro apresenta as mais importantes Unidades de Conservação da Natureza urbanas do Brasil, sendo a maior delas o Parque Estadual da Pedra Branca (Pepb), localizado no coração da cidade. Nos seus quase 12.400ha visa proteger os últimos remanescentes de Mata Atlântica de todo o município, ameaçada por inúmeras ações predatórias advindas, principalmente, da ocupação humana de sua zona de amortecimento. Mesmo tendo sido criado há mais de trinta anos, ainda não apresenta plano de manejo que norteie os projetos conservacionistas dos recursos naturais em seu interior, ficando aos gestores a responsabilidade da tomada de decisões balizadas pelas proposições apresentadas pelos diversos segmentos sociais e/ou institucionais. Independentemente das especificidades dessa UC, o que está sendo apresentado aqui como proposta metodológica (Figura 1) é passível de ser aplicada a qualquer área protegida brasileira.

A primeira etapa (Figura 1), que deve anteceder o planejamento e a implementação das ações educativas voltadas à conservação dos recursos naturais, traduz-se num diagnóstico detalhado voltado à: (a) identificação dos principais problemas socioambientais existentes no interior e periferia próxima à UC; (b) identificação dos atores sociais e institucionais interessados pela conservação da UC; e (c) a identificação das potencialidades e limitações que a UC apresenta ao desenvolvimento das práticas educativas. Sem este conhecimento prévio é praticamente impossível traçar as diretrizes básicas de implantação da Educação Ambiental.

No caso do Parque Estadual da Pedra Branca, este diagnóstico já existe, mesmo sem a efetiva conclusão do plano de manejo, o que vem facilitando o estabelecimento de programas educativos voltados à sensibilização dos públicos-alvo. Dentre os problemas socioambientais identificados, tem-se: o crescente avanço da ocupação humana para o interior da área protegida, problemas erosivos de diferentes magnitudes e os constantes desmatamen-

Figura 1 Sequência metodológica proposta para o desenvolvimento da Educação Ambiental em (e para) Unidades de Conservação da Natureza.

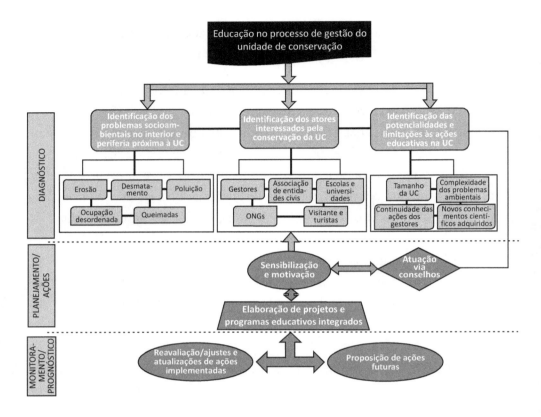

tos e queimadas. Os atores são vários, representados não somente por instituições públicas e privadas, como também por representantes de segmentos sociais, com destaque para as associações de moradores (do interior e da zona de amortecimento) e de instituições educacionais (escolas e universidades). As potencialidades e limitações às ações educativas também fazem parte desse diagnóstico na medida em que o conhecimento das facilidades e dos entraves a um bom programa educativo é fundamental ao êxito de qualquer programa e/ou projeto (COSTA & COSTA, 2012).

Levar em consideração as diversidades interculturais que orientam as diferenças de percepção entre os atores sociais envolvidos é valoroso neste momento. Neste aspecto, a leitura do capítulo sobre "A Educação Ambiental em comunidades fora de áreas urbanas: aspectos metodológicos" (Silva e Saito) deste livro pode ser enriquecedor, assim como o capítulo sobre "A percepção através de desenhos infantis como método diagnóstico conceitual para Educação Ambiental" (Pedrini et al.), que traz conceitos fundamentais sobre percepção ambiental.

Não se pode deixar de ter em mente que a educação (como um todo e) para o meio ambiente é um processo contínuo, a ser realizado a curto, médio e longo prazos, e a permanência/intervenção de tais fatores deve ser sempre reavaliada e revisada no transcurso dos trabalhos em andamento. O Pepb tem como um dos principais entraves a magnitude e a complexidade dos problemas ambientais, proporcionais ao tamanho da UC, exigindo a concomitância de ações e/ou projetos educacionais através de várias frentes simultâneas de trabalho.

Segundo Costa e Costa (2012), os problemas são de múltiplas naturezas e, alguns, de difícil resolução, com destaque para a questão fundiária e populacional. A estimativa é de cerca de 1.500 famílias vivendo no interior da área protegida, algumas em áreas de risco a ocorrência de deslizamentos/desmoronamentos.

A segunda etapa é o planejamento de ações/projetos educacionais em consonância com as especificidades da UC e a sua colocação, em prática, por parte dos diversos agentes/atores interessados (Figura 1). Nesta etapa é crucial que haja todo um trabalho de sensibilização e motivação de todos os envolvidos no processo. O principal agente promotor dessa motivação deve ser o gestor da UC, que deve fazê-lo durante as reuniões dos conselhos (gestor e consultivo) e da câmara técnica (caso haja), onde todos os interessados pelo manejo da área estarão presentes. O papel dos conselhos é decisivo, no sentido de efetuar a articulação entre todos os participantes, promovendo um fluxo contínuo de diálogo e de efetivas proposições de trabalho. Ressalta-se que todos devem procurar desenvolver uma Educação Ambiental crítica – emancipatória e transformadora – que atenda não somente os interesses conservacionistas/preservacionistas da área protegida, mas permita o exercício da cidadania de todos os envolvidos na busca do atendimento aos principais anseios da sociedade local. Silva e Junqueira (2007, p. 29) comungam com essa ideia ao dizer que o meio ambiente é o lugar de relações sociais e culturais *"onde a biodiversidade é a modeladora dessas relações a Educação Ambiental pode se configurar como uma prática educativa de construção da cidadania, com a problematização da degradação das condições ambientais e das condições de vida como processos intrinsecamente articulados"*. Neste contexto, as propostas deverão ser objetivas e duradouras, norteadas pelo diagnóstico realizado na etapa anterior. Um exemplo que vem tendo êxito no Pepb é o Programa de EA em desenvolvimento pelo GEA/Uerj, nas escolas do entorno da área protegida (COSTA & COSTA, 2012). Em pouco mais de dez anos de atividades, foram capacitados 125 professores e mais de 3.000 alunos, sobre a realidade ambiental do parque, ganhando a adesão da iniciativa privada que, recentemente, financiou a confecção do manual do professor (Figura 2). Essas e outras iniciativas se agregam às ações que a administração do parque vem promovendo junto aos visitantes/turistas, por exemplo, que vêm crescendo ano a ano, colocando o uso público como um dos mais importantes programas de manejo.

Figura 2 Capa do manual do professor integrante do Programa de Educação Ambiental desenvolvido nas escolas do entorno do Parque Estadual da Pedra Branca, no Rio de Janeiro (GEA-Uerj)

A terceira e última etapa corresponde: (a) ao monitoramento das ações definidas e colocadas em prática com a finalidade de fazer os ajustes e as inovações necessários; e (b) ao prognóstico, que visa propor ações futuras, em diferentes escalas temporais e espaciais de análise (Figura 1). O retorno às etapas anteriores, de planejamento e diagnóstico, deve ocorrer sempre que necessário, procurando atuar sempre de forma integrada e contemplando todos os atores interessados. Novamente os conselhos e câmaras técnicas dos parques desempenham importante papel, num processo de gestão participativa tão necessário em todas as fases de manejo da UC (AZIEL & FRANCA, 2009). No caso do trabalho que o GEA/Uerj vem realizando junto às escolas municipais, a cada término do projeto são aplicados aos professores e alunos técnicas de avaliação dos conhecimentos e posturas frente aos problemas do parque e de possíveis contribuições à sua solução/mitigação. O prognóstico caminha na direção da formação de uma rede digital de conhecimento e atuação, por parte das escolas da rede pública e privada de ensino, na conservação da maior área protegida da cidade do Rio de Janeiro.

Considerações finais

O desenvolvimento da Educação Ambiental em (e para) as Unidades de Conservação da Natureza transcende os limites da área protegida e deve estar focado não somente na conservação/preservação dos remanescentes de ecossistemas (muitos ainda ameaçados por diversas atividades impactantes), mas no indivíduo promotor e/ou receptor das ações educativas, no estímulo à consciência de ser este um sujeito social atuante e crítico, devendo estar plenamente inserido no contexto ambiental.

Por ser um território plural, as áreas protegidas brasileiras devem ser contempladas com uma multiplicidade de métodos educativos e cognitivos, estimulando as atividades práticas e lúdicas que respondam por transformações no pensar e no agir, individual e coletivo, que culminarão na melhoria da qualidade de vida das comunidades a elas relacionadas. Por sua vez, seus gestores devem estar preparados e imbuídos da vontade de efetivamente estimular ações integradas e variadas, direcionadas aos vários atores sociais que querem, de fato, equacionar e/ou mitigar os problemas socioambientais.

Por fim, os problemas ambientais em seu interior e periferia próxima (zona de amortecimento) devem ser trabalhados pela Educação Ambiental, em diferentes escalas espaçotemporais, acompanhando a dinâmica evolutiva da paisagem que reúne não somente aspectos físico-ambientais, mas, também, sociais, culturais e políticos.

EDUCAÇÃO AMBIENTAL EM UNIDADES DE CONSERVAÇÃO DA NATUREZA

Resumo

As áreas protegidas brasileiras são territórios criados pelo poder público que devem ser alvo de práticas pedagógicas direcionadas à conservação/preservação de ecossistemas ameaçados. Neste sentido, torna-se fundamental que sejam desenvolvidos alguns procedimentos básicos que norteiem gestores, educadores e público-alvo na condução integrada de projetos e ações educativas. Tais procedimentos metodológicos se traduzem em três etapas inter-relacionadas. A primeira consiste num diagnóstico detalhado voltado à: (a) identificação dos principais problemas socioambientais existentes no interior e periferia próxima à Unidade de Conservação da Natureza; (b) identificação dos atores sociais e institucionais interessados pela conservação da UC; e (c) identificação das potencialidades e limitações que a unidade de conservação da natureza apresenta ao desenvolvimento das práticas educativas. A segunda etapa é o planejamento de ações/projetos educacionais em consonância com as especificidades da Unidade de Conservação da Natureza e a sua colocação, em prática, por parte dos diversos agentes/atores interessados. A terceira e última etapa corresponde ao monitoramento das ações definidas e colocadas em prática com a finalidade de fazer os ajustes e as inovações necessários e ao prognóstico, que visa propor ações futuras em diferentes escalas temporais e espaciais de análise. Nas três etapas o papel do conselho gestor da área protegida é decisivo para o êxito dos trabalhos.

Palavras-chave: áreas protegidas; conservação de ecossistemas; gestão ambiental.

ENVIRONMENTAL EDUCATION IN PROTECTED AREAS

Abstract

Protected areas are created by the Brazilian government that that should be subject to pedagogical practices involving the conservation/preservation of endangered ecosystems. In this sense, it is essential that some basic procedures are developed to guide managers, educators and target audience in conducting integrated projects and educational activities. Such methodological procedures are translated into three interrelated steps. The first consists of a detailed diagnosis aimed at: (a) identification of the main social problems that exist within and near the periphery of the protected area, (b) identification of social and institutional actors interested in the conservation of protected areas, and (c) identification of potential and limitations that the protected area presents the development of educational practices. The second step is planning actions/educational projects in line with the specifics of the preserved area and placing in practice by the various actors/stakeholders. The third and last step corresponds to the monitoring of the actions defined and put into practice in order to make the necessary adjustments, innovations and prognosis, which aims to propose future actions at different temporal and spatial scales of analysis. In those three stages, the role of the management council of the protected area is crucial to the success of the work.

Keywords: protected areas; ecosystem conservation; environmental management.

2.8
A percepção através de desenhos infantis como método diagnóstico conceitual para Educação Ambiental

Alexandre de Gusmão Pedrini
Michele Borges Rua
Luana Marcelle da Conceição Bernardes
Dênis Fernandes Corrêa Mariano
Layra Brandariz da Fonseca
Berenice Adams

Introdução

A qualidade do meio socioambiental marinho, a exemplo do meio terrestre, piora de modo insustentável atualmente. No Brasil e em outros países com enorme patrimônio em biodiversidade a influência antrópica tem causado efeitos lastimáveis. Vários são os impactos ambientais negativos identificados ao longo do litoral brasileiro. Como exemplos, são listados aqueles que existem na Baía da Ilha Grande (CREED & OLIVEIRA, 2007): a) desenvolvimento urbano; b) construções; c) uso inadequado do solo; d) lançamento de esgotos; e) lixões; f) marinas, cais e ancoradouros; g) lixo marinho; h) bioinvasão; i) pesca predatória; j) caça submarina; k) mergulho recreativo insustentável; l) instalações nucleares, portuárias, estaleiros e terminais petrolíferos; m) turismo predatório.

Essa ostensiva e contínua destruição de áreas marinhas e costeiras e, consequentemente, de comunidades, espécies e habitats da biodiversidade marinha brasileira não têm sido aplacadas. Há trabalhos, por exemplo, que evidenciam os efeitos nefastos do turismo na costa brasileira inclusive em áreas protegidas em que se observa uma desEducação Ambiental em grande escala (BERCHEZ et al., 2005, 2007; PEDRINI et al., 2007, 2010; SILVA & GHILARDI-LOPES, 2012). Aumento na fiscalização governamental, aplicação de multas pesadas e prisão de pessoas não têm demonstrado diminuição importante nesse impacto negativo. Como um elemento decisivo a somar ao conjunto de providências acima citado, a Educação Ambiental (EA) vem oferecendo uma contribuição relevante (MMA, 2010).

A Educação Ambiental como área interdisciplinar agrega variados saberes. Em cada uma das formas de ver o mundo há inúmeras metodologias que cercam a EA, como apresentado neste livro (Grynszpan; Costa e Costa; Lima e Giesta; Loureiro e Anello; Pedrini et al.; Ruscheinsky e Bortolozzi; Silva e Saito; Saito et al.; Tommasiello et al.). A Percepção e especialmente a Percepção Ambiental (PA) são temas importantes em todas as áreas do conhecimento (ALVES & PERALVA, 2010). Porém, há confusão conceitual entre uma pesquisa de percepção ambiental, que envolve emoções e sensações, com a de uma pesquisa de opinião, na qual se busca identificar problemáticas generalizadas (cf. OLIVEIRA, 2010). Com o desenvolvimento tecnológico da mídia, das ações socioambientais e as confusões conceituais, a temática vem sendo proficuamente investigada pelos acadêmicos (MARIN et al., 2003; GUIMARÃES, 2009; OLIVEIRA, 2010). Essa postura crítica estimula um amplo debate em que várias correntes, muitas vezes, negam-se entre si e apontam aos outros erros de fato inexistentes. Este capítulo apresenta um ponto de vista dentre os vários existentes sobre a questão das percepções, representações, traduções e conceituações de temas socioambientais. Salvo melhor juízo, entendemos como sendo crível o que ora apresentamos neste relato.

A Educação Ambiental Marinha (EAM) vem apresentando soluções para alguns desses problemas costeiros e marinhos (BERCHEZ et. al., 2007; PRATES et al., 2007; VASCONCELOS et al., 2008; PEDRINI et al., 2011; GHILARDI et al., 2012). Pedrini (2010a) compilou mais de 30 trabalhos sobre relatos sobre EAM, mostrando que os educadores brasileiros têm formulado propostas sustentáveis para conservar os bens naturais que ocorrem nesses ecossistemas.

Reigota (2002, 2007) e outros autores defendem a necessidade de se realizar pesquisas prévias sobre percepção ambiental para identificar conceitos básicos que nortearão a ação posterior em EA. Os conceitos-chave e suas definições a serem discutidos minimamente, num projeto de EAM podem ser, por exemplo, o ambiente como um todo e o ambiente marinho. Através da caracterização de conceitos-chave no ecossistema marinho (ORAMS, 1997) pode-se ter uma ideia das ausências e presenças percebidas pelos sujeitos a serem estudados. Esses conceitos-chave poderão ser fundamentais para a apropriação pela criança de informações que permitirão seu aprendizado pessoal pela educação não formal.

O presente capítulo tenciona apresentar, por meio da análise de desenhos infantis, representações socioambientais do ambiente marinho no contexto de uma praça pública urbana na cidade do Rio de Janeiro. Também pretende verificar se as representações variam segundo o gênero, idade, tipo de escola e época do ano em que os desenhos foram formulados. Essa etapa precede ao desenvolvimento de um Projeto de Educação Ambiental Marinha (Peam) e buscou identificar ausências, omissões ou equívocos com as crianças que receberam essa ação na Praça Edmundo Rêgo, Bairro do Grajaú, na cidade do Rio de Janeiro.

I Breve revisão teórica

Uma das autoras emblemáticas no campo da percepção ambiental, Whyte (2004), formulou uma importante síntese dos métodos adotados nas pesquisas desse tema. Descreveu os benefícios dessa estratégia metodológica, arrolando os principais modelos e técnicas para se desenvolver pesquisas ou intervenções em PA. A autora evidenciou a PA como modo de identificar dificuldades, deficiências e problemas em sujeitos/coletivos. A partir do diagnóstico proporcionado pela PA através de conceitos-chave ou não, podem-se planejar possibilidades de soluções para assuntos práticos socioambientais, partindo das concepções de cada sujeito e sua coletividade.

A PA deve preceder obrigatoriamente a qualquer atividade ou intervenção em Educação Ambiental (REIGOTA, 2007). No contexto ambiental, o conceito de topofilia apresentado por Tuan (1980) é um marco incontestável. Esse termo compreenderia a atração do ser humano aos aspectos físicos, essencialmente paisagísticos de um ambiente. Mas ao se aperceber do mundo circundante ao sujeito há a superação sensorial pela fantasia, imaginação e temporalidade. Reigota (2007) tem sido o autor brasileiro mais citado em estudos com conceitos-chave, apesar de suas limitações quando aplicado indistintamente a qualquer contexto.

O desenho como tradução da PA infantil

Vários são os documentos de referência que estimulam a promoção de uma compreensão integrada do meio ambiente, que inclui suas complexas relações. Eles reforçam a necessidade do desenvolvimento de atividades educativas que envolvam a PA (ADAMS & ADAMS, 2008). São eles: a) a Carta da Terra (2000); b) o Tratado de Educação Ambiental para Sociedades Sustentáveis e Responsabilidade Global (1992); c) a Lei 9.795/99 (2009) – documentos estes que têm implícitos em seus princípios e objetivos. O desenho infantil vem sendo adotado por variadas concepções científicas de diferentes campos do saber como tradução de significados das crianças (VALENTE, 2001; SILVA, 2004; SCHWARZ et al., 2007; MARTINHO & TALAMONI, 2007; COSTA & MAROTI, 2008; CAMPOS, 2013). Desse modo, sugere-se que o leitor leia as referências citadas pelos educadores acima veiculados.

Recebem denominações variadas como mapa mental e há muito debate acadêmico de como construir critérios de análise para realizar a tradução do público infantil. O presente texto apresenta uma dentre as várias possibilidades de se realizar essa difícil e complexa tradução. Este capítulo apresenta uma contribuição sob a perspectiva de biólogos.

Outra visão nesse campo tem sido os trabalhos de Adams (2004), que é pedagoga. Para que seja possível promover a compreensão integrada de meio ambiente, Adams (2004) sugere que a PA seja tratada com a criança pequena, o que é ambiente, de forma aprofundada, dinâmica e diversificada. Deve promover a percepção de que ambiente é o todo, incluindo tudo que a cerca, a terra em que pisa, a água que bebe, o ar que respira, os seres com os quais convive ou se relaciona (ADAMS, 2004). Somente desenvolvendo esta percepção é que a criança poderá compreender que ela está diretamente envolvida neste ambiente e que faz parte dele.

O desenho, como metodologia de EA, é uma ferramenta imprescindível para as práticas educativas em geral, principalmente no início da vida escolar. Por esta razão, dentre aproximadamente cinquenta sugestões de práticas de EA publicadas por Adams (2011), o desenho está presente em dezessete delas, dentre as quais se destaca a atividade "Pegada ilustrada", que sugere trabalhar a ideia de *Pegada ecológica* a partir da exploração de diferentes pegadas de animais com os quais as crianças tenham familiaridade.

Após o assunto ser bem explorado de forma interdisciplinar e associá-lo ao enfoque ecológico, a autora sugere uma atividade utilizando o desenho, transcrita a seguir: a) Distribuir a turma em quatro ou cinco grupos; b) Solicitar que cada componente do grupo desenhe o contorno de seus pés, em folhas brancas; c) Pedir que ilustrem dentro dos contornos de cada pé. No pé direito, desenhos sobre como fica o ambiente se nossa pegada ecológica refletir atitudes saudáveis, de cuidado com o meio ambiente; e, no pé esquerdo, desenhos alusivos a como fica o ambiente se nossa pegada ecológica exigir muitos recursos naturais do planeta e se não cuidarmos bem dele; d) Após os desenhos prontos, solicitar que cada aluno recorte o contorno dos seus pés e, em grupo, monte um painel colando suas pegadas ilustradas; e) Fazer um fechamento com cada grupo apresentando seu painel com rápidas considerações (ADAMS, 2011, p. 41-42).

Esta atividade pode gerar muitas outras atividades a partir do que será percebido nos painéis apresentados, cabendo ao professor ter um olhar sensível ao que será revelado através dos desenhos e da montagem.

Para Adams (2008, 2010), há distintas formas de percepções das crianças em relação ao meio ambiente, conforme sua faixa etária e sua bagagem cultural. Porém, normalmente as crianças pequenas evidenciam uma percepção de que ambiente é apenas um espaço natural, e isto pode ser mais uma justificativa para proporcionar atividades que agucem a percepção de que ambiente não é somente a natureza, mas que é o lugar onde a vida acontece, desafiando-as a conhecer este ambiente, como ele é, o que ele tem, e sentirem-se incluídos na vida deste ambiente que está organizada naturalmente e pela interferência humana.

Entre as mais variadas atividades pedagógicas para promover nas crianças a compreensão de meio ambiente em sua totalidade, Adams (2004) sugere a utilização de diferentes técnicas de desenho: a) desenho soprado (pinga a tinta aguada sobre uma superfície e sopra com um canudinho na direção desejada); b) desenho com carvão; c) desenho com giz molhado; d) desenho com graveto e tinta; e) desenho cego (desenhar sem levantar o lápis do papel por um tempo determinado, sem olhar e pintar os espaços que foram formados por este desenho).

Adams (2010) destaca que é fundamental desenvolver o conceito de *ecologia*, proporcionando a percepção e a reflexão sobre a complexidade da vida que permeia o ambiente. Assim, trabalhando a compreensão da inter--relação que ocorre entre todas as formas de vida e como a vida funciona, através de atividades de sensibilização e percepção da forma como vivemos, o desenho poderá ser aplicado durante as atividades como instrumento diagnóstico para acompanhar o desenvolvimento da PA das crianças, porque:

> [...] os desenhos infantis são excelentes ferramentas que sinalizam aspectos importantes sobre a compreensão de mundo, bem como sobre a aprendizagem, uma vez que o desenho evidencia não só a percepção que a criança está tendo em relação ao assunto que se está trabalhando, mas também torna evidente o que lhe é mais importante ou mais interessante e significativo (ADAMS & ADAMS, 2008, p. 8).

Geralmente as escolas são divididas por classes. Estas classes (ou turmas) estão estruturadas para receberem alunos e alunas que tenham uma mesma faixa etária com experiências educacionais e culturais homogêneas, o que pode prejudicar algumas crianças que tenham vivências e convívios culturais e ambientais diferenciados dos da maioria. Também estas diferenças se fazem presentes nas representações gráficas, sendo estas portadoras de dados reveladores. Eles, se percebidos pelos professores, servem de importante referencial para o desenvolvimento de atividades diferenciadas que incluem estas vivências e experiências. Contempla, assim, a bagagem que todos os educandos carregam para a escola e que, muitas vezes, é posta de lado em nome da uniformidade que predomina nas escolas (ADAMS & ADAMS, 2008).

Através do desenho infantil é possível identificar o nível de compreensão das crianças em relação ao que elas sentem e pensam sobre o meio ambiente (ADAMS & ADAMS, 2008). Portanto, como ferramenta pedagógica, o desenho é essencial para o acompanhamento do desenvolvimento da PA das crianças nos ambientes educacionais.

Desse modo, o desenho tem sido adotado como estratégia metodológica de tradução de representações sociais relacionadas ao meio ambiente de crianças (ALMEIDA, 2004; ANTONIO & GUIMARÃES, 2005; ELISEI, 2008; PEDRINI et al., 2010a; REINHART et al., 2010). Foram selecionados para apresentação quatro trabalhos.

O primeiro, de Almeida (2004), introduziu o tema de modo prático, mas sustentado pela teoria consistente de C. Freinet e de G. Luquet, explicando os fenômenos perceptuais relacionados com o ambiente. Sua preocupação é com a representação do espaço pelo ponto de vista de uma criança que centrou seu trabalho, tendo como pontos fixos seu referencial espacial. Essa representação pode ser nomeada como mapa. Esse mapa faz emergir elementos do pensamento infantil que representa seu *modus vivendi*, traduzindo seu modo de pensar no espaço que se insere. Conclui então que o mapa no sentido cartográfico a partir do desenho infantil pode ser uma representação social que inicie a criança a perceber seu ambiente. Porém, a interpretação dos desenhos infantis como tradução do seu ambiente quando a ela solicitada exige conhecimento de várias áreas, como de rudimentos sobre semiótica, geografia e biologia.

O segundo trabalho, de Antonio e Guimarães (2005), apresentou interessante e importante reflexão sobre o uso de desenhos infantis como representação do ambiente. Essas conjecturas derivaram de uma pesquisa com crianças caiçaras do Parque Estadual da Ilha do Cardoso, SP. Os autores consideram o desenho infantil como tradução da materialização do inconsciente na forma de imagens. Essas obras de arte inocentemente registram em uma folha de papel elementos do cotidiano de suas vidas, dando a elas protagonismo próprio. Afirmam que o desenho é uma expressão do mundo vivido e não uma expressão tola que imita esse meio. O desenho traduz o seu imaginário e as representações captadas pela percepção do que o envolve. Então, o desenho infantil é uma representação simbólica, pois possui uma relação de identidade com o que o simboliza. Porém, a interpretação de um desenho infantil é contexto-dependente de onde a criança produz sua história e varia conforme o referencial teórico adotado pelo pesquisador. Essas duas últimas são as reflexões mais importantes dos autores. E assim o cotidiano da criança deve ser previamente conhecido, dificultando interpretações quando as crianças possuem larga variabilidade de vivências existenciais.

O terceiro, de Reinhart et al. (2010), analisou desenhos de cerca de 570 crianças e pré-adolescentes de cinco escolas do Ensino Fundamental na cidade praiana de Tamandaré, PE. Os desenhos apresentaram riqueza de formas, cores e representações sociais. Foi identificado um número reduzido de estereótipos. Como o projeto centrava-se em peixes ornamentais marinhos, eles sempre estiveram presentes nos desenhos, e os dez melhores ficaram em exposição que foi visitada por quase mil caiçaras locais.

O quarto, de Pedrini et al. (2010), desenvolveu uma metodologia de compreensão e classificação socioambiental de desenhos infantis. Atribuiu-se o nome de **macrocompartimento** ao termo mais geral e **macroelemento** ao mais específico, o que se relaciona com uma abordagem que considera o aspecto sistêmico ou organizacional. A análise dos dados foi feita de modo qualitativo/quantitativo. Qualitativamente, cada símbolo desenhado pela criança que representasse um item socioambiental foi identificado como parte de um macrocompartimento que foi listado e analisado em termos de variabilidade (variação qualitativa entre os símbolos). Quantitativamente foi analisada a riqueza (número de símbolos) e variabilidade (variação quantitativa entre os macrocompartimentos e dentro de alguns macrocompartimentos, considerando-se gênero, faixa de idade e período estudado).

2 Estudo de caso: o Projeto EA em praça pública

O espaço urbano como espaço privilegiado pedagógico vem sendo utilizado para atividade extraclasse (PEDRINI et al., 2012a, 2012b) como para a prática de educação não formal. Porém, resultados de atividades pedagógicas em EA no espaço geográfico de uma praça pública são raros (ALMEIDA et al., 2004; MOREIRA-CONEGLIAN, 2004; SAITO et al., 2012). Eles planejaram as atividades na escola previamente com os docentes e adotaram a praça pública só para as atividades práticas. Porém, realizaram oficinas para capacitação teórica nas escolas de Ensino Fundamental. Segundo os autores das duas equipes (ALMEIDA et al., 2004; MOREIRA-CONEGLIAN et al., 2004), a praça pública é local adequado para abordar temas naturais, culturais, históricos e políticos. Porém, ações para o público que espontaneamente aflui a uma praça pública ainda são praticamente desconhecidas na literatura publicada brasileira (PEDRINI et al., 2012a, 2012b).

Assim, como resumidamente apresentado, o entendimento de conceitos-chave pela percepção ambiental a partir de desenhos infantis pode traduzir as representações sociais de crianças. Serão apresentados a seguir os principais passos metodológicos para se realizar essa atividade (Figura 1).

A Figura 1 é um esforço de síntese sob a forma de fluxograma da metodologia adotada no presente capítulo de modo linear, embora muitas vezes as etapas possam se misturar. A linearidade apresentada não se traduz sempre no processo de pesquisa empírico, mas pode ajudar a um iniciante a compreender o mínimo que precisa para começar.

Figura 1 Fluxograma apresentando um esforço de síntese da metodologia adotada

- Necessidade de diagnosticar ausências ou presenças indesejadas no público infantil
- Selecionar público/sujeitos a serem pesquisados (crianças de 4-10 anos e seus responsáveis)
- Escolher teorias que podem explicar os fenômenos estudados (Moscovici, Luquet, Piaget e Vygotsky)
- Arrolar estratégias de obtenção dos dados e informações dos sujeitos
  - Desenho a mão livre em papel e lápis coloridos por até 15 min.
  - Entrevista estruturada à criança e ao seu responsável
- Identificação das representações expressadas nos desenhos (tipologia de Pedrini et. al., 2010)
- Análise de conteúdo das respostas dos entrevistados (Elaboração de tabelas e gráficos e análise estatística)
- Discutir os resultados com o referencial teórico arrolado
- Formulação do relatório de pesquisa
- Comunicação das conclusões aos pares e aos sujeitos estudados

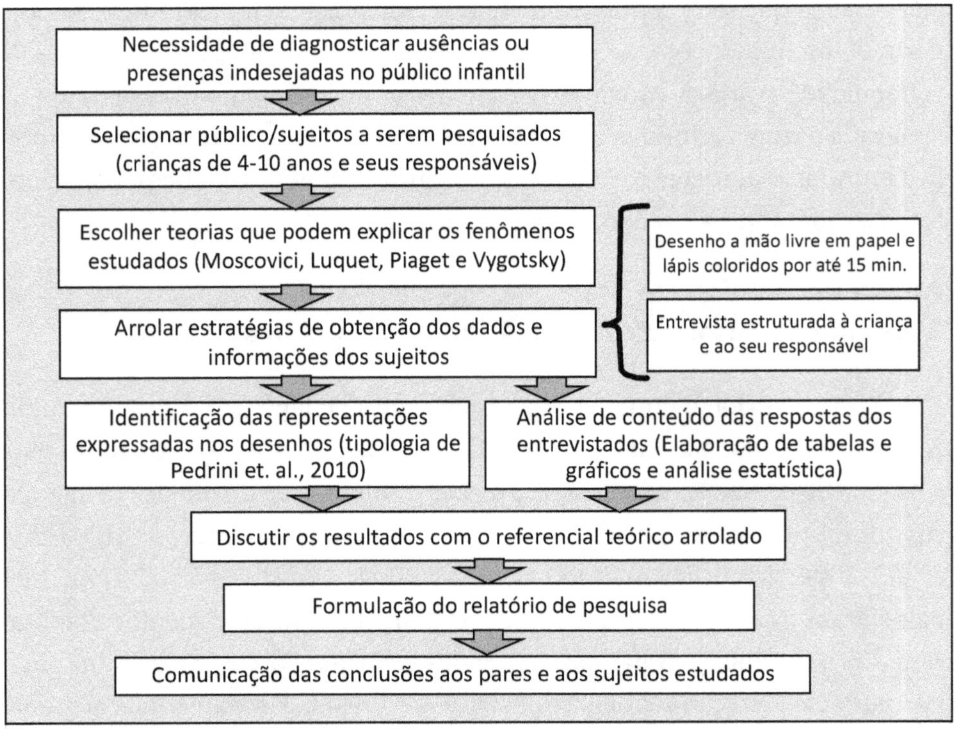

Na Figura 1 caberá ao interessado escolher uma das teorias nela apresentadas. Para sua aplicação caberá ao educador ler as bases de cada uma teoria, preferencialmente nas publicações originais de seus autores e não nos seus intérpretes. Nesse caso, poderá haver interpretações pessoais derivadas da livre leitura de cada autor, que eventualmente poderão até confundir o leitor.

2 Orientações metodológicas para PA através de desenhos

Mensalmente, uma oficina de percepção ambiental foi realizada num evento de trocas numa praça pública na cidade do Rio de Janeiro, denominado Desapegue-se. Esse evento foi sempre organizado por um conjunto de entidades não governamentais e governamentais lideradas pela Anitcha. As oficinas eram oferecidas às crianças que visitaram o evento. Uma esteira de palha coberta por cangas era disponibilizada próxima a uma tenda alugada pela equipe onde o material ficava acondicionado. Era concedido às crianças papel branco de desenho numa prancheta e oferecidos lápis coloridos (Figura 2). Alguns dados foram obtidos (através de entrevista) com as

Figura 2 Imagem de crianças fazendo seus desenhos espontaneamente e acompanhadas por uma facilitadora da equipe da Uerj em 2013

Fotografia de Alexandre de Gusmão Pedrini.

crianças para identificar alguns itens de seu desenho de difícil compreensão. Seus responsáveis foram entrevistados para obtenção de dados e informações complementares que pudessem ser úteis na análise dos resultados. Eles também autorizavam a utilização dos resultados obtidos pelas crianças sob sua responsabilidade para uso em textos científicos ou pedagógicos.

Para a análise dos desenhos, os sujeitos foram divididos em faixas etárias, tendo como referência as fases de desenvolvimento propostas por Luquet (1984). Mas a fase do realismo intelectual foi dividida em duas faixas (4-6 anos) e outra (7-10 anos), como as fases de desenvolvimento de Piaget (PIAGET, 1976). Foi adaptada da metodologia de Pedrini et al. (2010a) a classificação da tradução dos desenhos para a perspectiva socioambiental. A Figura 3 apresenta dois exemplos dessa classificação.

Figura 3 Dois exemplos da classificação das representações sociais das crianças traduzidas dos desenhos

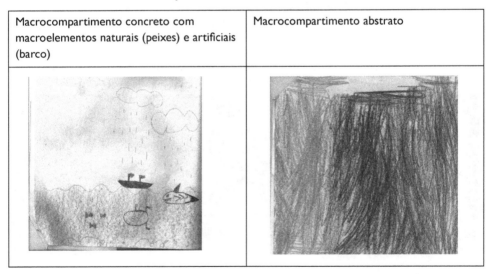

O conceito de ambiente marinho se baseou no trabalho de Tommasi (2008). Consiste em um espaço territorial contendo basicamente como indicadores a presença de: a) água salgada; b) vegetais (algas e gramas marinhas); c) animais; d) areia/rocha. Esse conceito foi adotado com sucesso no trabalho de Pedrini et al. (2013). A avaliação dos conceitos expressos pelos respondentes foi feita segundo uma escala com as seguintes classificações:

a) Adequado (presença de 3 a 4 indicadores); b) Parcialmente adequado (com a identificação de 2 indicadores); c) Inadequado com uma ou nenhuma presença dos indicadores. A teoria selecionada na presente pesquisa para explicação do objeto estudado através de desenhos infantis se baseou essencialmente em Luquet (1984).

Inicialmente os desenhos e símbolos presentes foram classificados e organizados em dois macrocompartimentos: concreto (formas definidas e identificáveis) e abstrato (formas não identificável ou legível). Em seguida, cada compartimento foi subdividido em macroelementos, onde se buscou identificar e agrupar em dois grupos: elementos naturais e artificiais e respectivas subcategorias de elementos (marinhos, terrestres etc.) O meio natural seria aquele que possui: homem, fauna, flora, atmosfera, solo e água na sua composição. O meio artificial seria aquele construído pelo homem (objeto). A análise dos dados/informações foi qualitativa/quantitativa. Qualitativamente, cada símbolo desenhado que pudesse representar um item socioambiental foi identificado como parte de um macrocompartimento, listado e analisado em termos de variabilidade (variação qualitativa entre os símbolos) no período estudado. Quantitativamente, analisou-se a riqueza (número de símbolos) e variabilidade (variação quantitativa entre os macrocompartimentos e dentro de alguns macrocompartimentos, considerando-se o gênero, idade e período estudado). A análise partiu do princípio de que o desenho pode ser concreto ou abstrato, sendo caracterizado como concreto o desenho com elementos claramente identificados, e abstratos aqueles que não puderam ser identificados, seja pelos aplicadores ou pela própria criança, sendo um exemplo os rabiscos. Feito isso, a análise se fez com a contagem e organização de cada elemento em tabelas, onde estes foram divididos em grandes compartimentos, como macroelementos naturais: sol, nuvem e arco-íris. Após a coleta do desenho foi feita uma breve entrevista com a criança, de modo a conferir com ela elementos que podiam ter identificação confusa. Os macroelementos, como os marinhos, têm como exemplos: peixes, tubarão, algas, entre outros. Outros compartimentos são os dos macroelementos terrestres naturais, como: árvore e ser humano mergulhando e os macroelementos terrestres artificiais são: lixo, castelo, submarino e outros. Estes elementos foram contabilizados em quantidade de aparição no mesmo desenho, colocados no número pertencente a este. Os dados foram tratados pela estatística não paramétrica.

Os resultados empíricos de 45 crianças de 4-10 anos destacaram que cerca de 70% eram de meninas matriculadas em escolas privadas da própria zona norte da cidade do Rio de Janeiro. Esse perfil de crianças urbanas evidencia um predomínio de concretude e de elementos naturais nos elementos identificados nas suas representações. Essa percepção não se coaduna com o fato de viverem essencialmente numa cidade com limitados espaços públicos naturais acessíveis a todos. Porém, esse resultado corrobora outros estudos para ambientes terrestres. De fato, elas vivem imersas num ambiente interminável de prédios e casas, tendo, porém, acesso a imagens naturais pela mídia tanto impressa (revistas em quadrinhos) como visual, por filmes (desenho animado). Além de, possivelmente, irem às praias da cidade ou em suas férias.

Considerações finais

A adoção de desenhos infantis como estratégia para identificar representações sobre o ambiente vem apresentando resultados interessantes e eficientes. Essa tradução das representações das percepções infantis por desenhos para a identificação de conceitos-chave como meio ambiente vem se mostrando muito útil em variados contextos infantis, como praças públicas. Há várias estratégias de escuta e leitura dessa tradução, segundo as variadas visões de mundo. Neste capítulo apresentamos uma delas como tradução e interpretação da escuta por biólogos, e estamos abertos a críticas construtivas e assumidas.

A PERCEPÇÃO ATRAVÉS DE DESENHOS INFANTIS COMO MÉTODO DIAGNÓSTICO
CONCEITUAL PARA EDUCAÇÃO AMBIENTAL

Resumo
Este trabalho apresenta o tema da Percepção Ambiental (PA) que se espalha por novas mídias, e pelas ações socioambientais. Sumariza uma de suas aplicações nos coletivos sociais ao traduzir as representações sociais relativas ao meio ambiente infantil. Visita a abordagem espacial quando a criança revela seus mapas a partir de seus desenhos. Analisa brevemente a produção infantil a partir das relações com o seu meio e do

referencial do pesquisador. Em outro momento aborda a presença de estereótipos no registro imagético infantil de comunidades caiçaras. Num quarto instante, examina a variabilidade simbólica e os aspectos qualitativos dos desenhos dos infantes. Foi adaptada da metodologia de Pedrini a classificação da tradução dos desenhos para a perspectiva socioambiental. Para se entender os conceitos-chave extraídos dos desenhos através da PA foi criado um fluxograma da metodologia para conferir uma visão linear ao processo. Foram realizadas oficinas para capacitação teórica nas escolas de Ensino Fundamental. E por fim duas estratégias de leitura dessa tradução são apresentadas.

Palavras-chave: percepção ambiental, metodologia, Educação Ambiental, análise de desenho, pensamento abstrato.

PERCEPTION BASED ON CHILDREN'S DRAWINGS AS A METHOD OF CONCEPTUAL DIAGNOSIS FOR ENVIRONMENTAL EDUCATION

Abstract

This paper presents the theme of Environmental Perception (EP) which spreads by new media, and the environmental actions. It summarizes one of its applications in the social groups when it shows the social representations concerning the environment for children and also it deals with the spatial approach when the child reveals their maps from their drawings. At sum, the text briefly examines the production of children based on the relationships with their environment and the reference of the researcher. At another point, it addresses the presence of stereotypes in children's record imagery among the caiçara. The symbolic variability and qualitative aspects of the drawings of infants are also analyzed. To do so, the classification methodology by Pedrini was adapted to promote the translation of drawings to an environmental perspective. It was created a flowchart of the methodology to understand the key concepts extracted from drawings by EP and to give a linear view of the process. Workshops for a theoretical training in elementary schools were done. Finally, two reading strategies of the drawings interpretation are presented.

Keywords: environmental perception, methodology, environmental education, analysis, design, abstract thought.

PARTE 3

Síntese final

3.1
O desafio dos paradigmas metodológicos em Educação Ambiental: como foi cumprido

Carlos Hiroo Saito
Alexandre de Gusmão Pedrini

Abrimos o livro indicando como um caminho frutífero que já vem sendo percorrido e que requer maior avanço, a reflexão de caráter epistemológico em torno da própria relação homem-natureza e o papel da ciência e da educação nesse contexto, concatenados em vista da sistematização de paradigmas metodológicos em Educação Ambiental.

A escolha dos temas para cada um dos capítulos e a reunião dos autores nos mesmos objetivou cumprir o propósito de buscar aglutinar numa mesma obra reflexões de caráter metodológico nas diversas frentes e abordagens da Educação Ambiental (EA).

Chamamos a atenção para o fato de que, na reunião dos autores para a produção desta obra, pela primeira vez foi possível arrolar nos textos líderes de grupos de pesquisa de diferentes entidades, pondo-os a dialogarem, e desse contato se produzir os textos. Tal iniciativa representou um esforço de diálogo e cooperação entre os próprios autores, de diferentes regiões do país. É preciso aqui lembrar que a ideia de diálogo e cooperação já vem sendo defendida como prática de Educação Ambiental por esses mesmos autores, quando atuantes nas situações concretas e envolvendo os diferentes atores sociais. O mais interessante dessa iniciativa é o fato de que alguns deles jamais tiveram oportunidade de trabalharem juntos no passado, mas que, feito o chamamento, responderam pronta e positivamente, revelando uma grande sinergia de ideias, experiências e proposições.

Além disso, buscou-se simultaneamente que cada capítulo fosse capaz de comunicar ao leitor, de forma didática, os pressupostos orientadores da metodologia, e a própria metodologia, de forma sistemática e organizada, tal que pudesse ser sintetizado graficamente num fluxograma, e que o mesmo estivesse aferido à análise e comentário de um estudo de caso que refletisse essa mesma escolha metodológica e referencial paradigmático.

Adicionalmente, ao término da feitura de cada capítulo isoladamente, buscamos compartilhar o conjunto dos textos com todos os autores, de modo a incentivar possíveis vislumbres de interconexão entre os textos. Esta iniciativa estava baseada inicialmente na crença de que a percepção de eventuais interconexões poderia não apenas fortalecer os textos isoladamente, mas dar um sentido mais orgânico e articulado ao livro em si.

Para tanto, uma matriz de intercruzamentos foi organizada, de tal forma que nas linhas e nas colunas aparecessem cada um dos capítulos, e a cada referência cruzada entre os capítulos, a intersecção de linha e coluna dos mesmos era assinalada. A diagonal, por motivos óbvios, sempre era nula, pois representava a impossibilidade de intercruzamento de um capítulo consigo mesmo.

No entanto, gostaríamos de chamar a atenção do leitor que, ao término desse processo, observou-se novas facetas relacionadas ao objetivo inicial do livro.

Primeiramente, uma análise anterior à própria matriz de intercruzamentos revelou que todos os capítulos compartilhavam das referências epistemológicas, princípios e objetivos dos documentos-chave produzidos das conferências internacionais em Educação Ambiental, em especial a Declaração da Conferência Intergovernamental sobre Educação Ambiental (TBILISI, 1977) e o Tratado de Educação Ambiental para Sociedades Sustentáveis e Responsabilidade Global (Rio de Janeiro, 1992). O conjunto dos capítulos, em sua essência, defende uma Educação Ambiental: a) interdisciplinar; b) promotora de uma visão integrada e não fragmentada; c) ética; d) voltada para a transformação tanto individual como coletiva; e) contextualizada; f) interescalar, ou seja, que ligue a percepção do local ao global; g) cidadã, compromissada com a conservação do ambiente e com a promoção do bem-estar da coletividade; h) emancipatória e crítica. Neste sentido, deve-se destacar a atualidade e pertinência destes documentos internacionais, que por sinal serviram de base tanto para a elaboração da nossa Política Nacional de Educação Ambiental como para o Programa Nacional de Educação Ambiental (ProNEA, segunda versão).

Em segundo lugar, a matriz de intercruzamentos revelou uma boa dose de interconectividade entre os capítulos, sobretudo dos capítulos da Parte 2 – *Metodologias de intervenção em contextos variados da Educação Ambiental* em relação aos capítulos da Parte 1 – *Referenciais metodológicos em Educação Ambiental*. Este resultado era previamente esperado e do ponto de vista o resultado desejado, pois vem a confirmar a centralidade e solidez dos capítulos e referenciais trabalhados nos mesmos. Observou-se também, mas em menor número, intercruzamentos entre os próprios capítulos da Parte 1 – *Referenciais metodológicos em Educação Ambiental*, demonstrando ora uma efetiva complementaridade entre as perspectivas teóricas, com compartilhamento do campo da teoria crítica, ora uma sincera preocupação em esclarecer o leitor sobre diferenças sutis de emprego de uma mesma expressão terminológica em contextos diversos. Também pode-se apontar para o fato de que alguns capítulos da Parte 2 – *Metodologias de intervenção em contextos variados da Educação Ambiental* apresentaram intercruzamentos com capítulos da mesma Parte 2, como consequência das interfaces entre os temas ou contextos: por exemplo, as referências cruzadas entre os capítulos "Metodologia em Educação Ambiental para a conservação socioambiental dos ecossistemas marinhos", "Educação Ambiental em Unidades de Conservação da Natureza", e "A Educação Ambiental em comunidades fora de áreas urbanas: aspectos metodológicos" demonstram uma convergência de situações em que as ações de Educação Ambiental voltadas para a conservação de ecossistemas costeiros e marinhos muitas vezes são focados na consecução da efetividade das Unidades de Conservação da Natureza nestes ambientes, buscando ampliar a participação das comunidades no entorno dessas mesmas áreas protegidas, que se configuram em geral como comunidades de baixa densidade demográfica e fora de centros urbanos. Outro exemplo de intercruzamentos entre capítulos todos pertencentes à mesma Parte 2 – *Metodologias de intervenção em contextos variados da Educação Ambiental* pode ser visto na convergência de ações descritas nos capítulos "A Educação Ambiental em comunidades fora de áreas urbanas: aspectos metodológicos" e "Metodologias em Educação Ambiental para a conservação socioambiental dos ecossistemas marinhos" em relação ao capítulo "A percepção através de desenhos infantis como método diagnóstico conceitual para Educação Ambiental", evidenciando que a percepção ambiental tem ocupado um espaço importante, tanto como preparatório de ações educacionais como o próprio processo de revelação da percepção se constituindo em ato educativo por si.

Neste segundo aspecto da análise do livro cabe conjecturar que esses intercruzamentos podem estar indicando um gradual processo kuhniano de aquisição, consolidação e compartilhamento de um paradigma ou conjunto de paradigmas complementares. E na medida em que buscamos apresentar esses paradigmas de forma didática, e ilustradas por meio de fluxogramas comentados à luz de estudos de caso, acreditamos estar contribuindo para uma maior profissionalização e maturidade da Educação Ambiental enquanto campo científico, em que as pesquisas e ações se desenvolvem baseadas em paradigmas compartilhados e comprometidos com as mesmas regras e padrões para a prática científica.

E, finalmente, em terceiro lugar, cabe comentar que os capítulos que participaram em menor grau de referências cruzadas com os demais capítulos não significam por isso que tenham menos valor. Na verdade, esse nível de interação é revelador justamente de um fato importante: a necessidade de maior difusão da temática e articulação com os demais campos de atuação. Por exemplo, apesar de "a permanente avaliação crítica do processo educativo" constar como um dos princípios da Política Nacional de Educação Ambiental (Lei 9.795/1999, art. 4-VI), ainda é pouco desenvolvida enquanto prática ou aprofundamento teórico-metodológico. Da mesma forma, a temática da Educação Ambiental nos instrumentos de gestão ambiental privada (empresarial), é muitas vezes vista em maior isolamento pelo próprio fato de a Educação Ambiental questionar interesses privados de acumulação do capital e dilapidação dos recursos naturais sem que se assuma de fato uma responsabilidade socioambiental que permita um diálogo mais transparente inclusive com as comunidades imediatamente afetadas, ou seus clientes e públicos diretos e indiretos. Abrir este debate pode significar o estabelecimento de práticas privadas em maior sintonia com os interesses difusos, permitindo assumir diretrizes claras de redução da pegada ecológica, não apenas da empresa em si, mas de toda a sociedade, cujos atores encontram--se envolvidos com a cadeia produtiva ou de consumo. Ao contemplar também temas ou campos menos convergentes com as ações predominantes em Educação Ambiental, também asseguramos o respeito ao princípio do pluralismo de ideias e concepções pedagógicas, na perspectiva da inter, multi e transdisciplinaridade (Lei 9.795/1999, art. 4-III).

Muito mais pode ser dito a respeito do livro e seus capítulos. No entanto, cabe agora a cada leitor buscar estabelecer as conexões com suas práticas e reflexões, e esperamos estar presentes em seus passos, seja com contribuições diretas propiciadas por estas páginas, seja com contribuições indiretas, que representem *insights* para aprofundamento do diálogo e debate reflexivo sobre o fortalecimento da Educação Ambiental no Brasil.

Literatura citada

Alexandre de Gusmão Pedrini

ABNT – Associação Brasileira de Normas Técnicas. Disponível em http://www.abnt.org.br – Acesso em 12/08/2013.

ABREU, D. Oportunidades perdidas para aplicação efetiva de programas de Educação Ambiental nas empresas. In: PEDRINI, A.G. (org.). Educação Ambiental empresarial no Brasil. São Carlos: Rima , 2008, p. 83-98.

ACHER, W. Communities and sustainable forestry in developing countries. São Francisco: CS Press, 1995.

ADÃO, M.N.L.; PEDRINI, A.G. O educador e a Educação Ambiental como disciplina na universidade: Um estudo de caso. In: ENCONTRO DE EDUCAÇÃO AMBIENTAL DO ESTADO DO RIO DE JANEIRO, 7. Anais... Rede de Educação Ambiental do Rio de Janeiro, p. 3-17 (CD-ROM).

AIRASIAN, P.; RUSSELL, M. *Classroom assessment:* Concepts and applications. 6. ed. Nova York: McGraw-Hill Higher Education, 2008.

ALBERTI, V. *Manual de história oral.* 3 ed. Rio de Janeiro: EdFGV, 2005, 236 p.

ALENCAR, F.M.; SANCHEZ, M.H. *A Avaliação do Programa de Educação Ambiental*: relato de experiência de uma indústria hidrometalúrgica com os funcionários, escolas públicas e com a comunidade ao entorno. 2013. 154 f. (Trabalho de Conclusão) Curso de Ciências Biológicas. São Paulo: Centro Universitário São Camilo, 2013.

ALKIN, M. (ed.). *Evaluation roots*: Tracing theorists' views and influences. Thousand Oaks (CA): Sage, 2004.

ALMEIDA, L.F.R.; BICUDO, L.R.H.; BORGES, G.L.A. Educação Ambiental em praça pública: relato de experiência com oficinas pedagógicas. *Ciência & Educação*, Bauru, vol. 10, n. 1, p. 133-147, 2004.

ALMEIDA, R.D. *Do desenho ao mapa*: iniciação cartográfica na escola. São Paulo: Contexto, 2004, 115 p.

ALVES, D.; PERALVA, L. *Olhar perceptivo*: percepção, corpo e meio ambiente. Brasília: Ibama, 2010, 112 p.

ALVES, J.R.P. (org.). *Manguezais* – Educar para proteger. Rio de Janeiro: Femar/Semads, 96 p.

ALVES, L.M. Trilha interpretativa da Embrapa ("Trilha da Matinha"), Dourados/MS: contexto para Educação Ambiental. Dissertação de Mestrado (Ensino de Ciências). Campo Grande: Universidade Federal de Mato Grosso do Sul, 2013.

ANDERSON, L.; KRATHWOHL, D. (ed.). *A taxonomy for learning, teaching, and assessing*: A revision of Bloom's Taxonomy of Educational Objectives. Nova York: Addison Wesley Longman, 2001.

ANDRADE, T.C.B.; CAVASSAN, O. Educação Ambiental e literatura: uma proposta de interdisciplinaridade. In: AZEITEIRO, U.M. et al. (orgs.). *Global Trends on Environmental Education* – Discursos. Lisboa: Universidade Aberta, 2004, p. 255-274.

ANELLO, L.F.S. *A Educação Ambiental e o licenciamento no sistema portuário de Rio Grande*. Brasília: Ibama, 2006.

ANGEL, J.B. *La investigación-acción*: un reto para el profesorado. Barcelona: Inde, 2000.

ANTONIO, D.G.; GUIMARÃES, S.T.L. Representações do meio ambiente através de desenhos infantis: refletindo sobre os procedimentos interpretativos. *Educação Ambiental em Ação*, n. 14, p. 1-10, 2005. Disponível em http://www.revistaea.org/artigo.php?idartigo=343&class=02 – Acesso em 25/02/2009.

ARAÚJO, E.S.A.; OLIVEIRA, A.P.L.; MORAIS, J.P.S. et al. Trabalho prático aplicado ao ensino de Ciências Naturais. In: ENCONTRO LUSO-BRASILEIRO SOBRE TRABALHO DOCENTE, 1. *Anais...* 2011, Maceió, vol. 1, n. 51, p. 1-16.

ARRIAL, L.R.; CALLONI, H. Estudos pontuais sobre o conceito de método e teoria no paradigma da complexidade de Edgar Morin. *Revista Didática Sistêmica*, Rio Grande, vol. 11, p. 50-63, 2010.

AZIEL, M.; FRANCA, N. Educação Ambiental e gestão participativa em unidades de conservação. In: LOUREIRO, C.F. (org.). *Ibase/Ibama*, 2003. Disponível em http://www.acaprena.org.br – Acesso em 15/03/2013.

BABBIE, E. *Métodos de pesquisas de Survey*. Belo Horizonte: Ed.UFMG, 1999.

BAMBERG, S.; MOSER, G. Twenty years after Hines, Hungerford, and Tomera: A new meta-analysis of psycho-social determinants of pro-environmental behavior. *Journal of Environmental Psychology*, vol. 27, n. 1, p. 14-25, 2007.

BARBIER, R. *A pesquisa-ação*. Brasília: Plano, 2002.

BARCELLOS, P.A.O.; AZEVEDO-JUNIOR, S.M.; MUSIS, C.R. et al. As representações sociais dos professores e alunos da escola municipal Karla Patrícia, Recife, Pernambuco, sobre o manguezal. *Ciência & Educação*, Bauru, vol. 11, n. 2, p. 213-222, 2005.

BARCELOS, V. *Educação Ambiental*: sobre princípios, metodologias e atitudes. Petrópolis: Vozes, 2008, 119 p.

BARDIN, L. *Análise de conteúdo*. Lisboa: Ed. 70, 1979, 225 p.

BARROS, A.J.P.; LEHFELD, N.A.S. *Projeto de pesquisa*: propostas metodológicas. 17. ed. Petrópolis: Vozes, 2002, 127 p.

BASTOS, F.P.; SAITO, C.H. Abordagem energética na Educação Ambiental. *Revista Advir*, Rio de Janeiro, vol. 13, p. 11-19, 2000.

BAUER, M.W.; GASKELL, G. (org.). *Pesquisa qualitativa com texto, imagem e som*. Petrópolis: Vozes, 2002, 516 p.

BAUMGARTEN, M. A prática científica na "era do conhecimento": metodologia e transdisciplinaridade. *Sociologias*, Porto Alegre, n. 22, p. 14-20, 2009.

BEAUD, S.; WEBER, F. *Guia para pesquisa de campo* – Produzir e analisar dados etnográficos. Petrópolis: Vozes, 2007, 232 p.

BENITES, M.; MAMEDE, S.B. Mamíferos e aves como instrumentos de educação e conservação ambiental em corredores de biodiversidade do Cerrado, Brasil. *Mastozoología Neotropical*, Mendoza, vol. 15, n. 2, p. 261-271, 2008.

BERCHEZ, F.; BUCKRIDGE, M. Impactos das atividades humanas sobre a biodiversidade marinha. In: GHILARDI-LOPES, N.; HADEL, V. F.; BERCHEZ, F. (orgs.). *Guia para Educação Ambiental em costões marinhos*. Porto Alegre: Artmed, 2012, p. 157-160.

BERCHEZ, F.; CARVALHAL, F.; ROBIM, M.J. Underwater interpretative trail – guidance in improve education and decrease ecological damage. *International Journal of Environment and Sustainable Development*, Genebra, vol. 4, n. 2, p. 128-139, 2005.

BERCHEZ, F.; GHILARDI, N.; ROBIM, M.J. et al. Projeto Trilha Subaquática – Sugestão de diretrizes para a criação de modelos de Educação Ambiental para ecossistemas marinhos. *Olam*: Ciência e Tecnologia, Rio Claro, vol. 7, n. 2, p. 181-208, 2007.

BERLINCK, C.N.; SANTOS, I.A.; SILVA, C.M. et al. Educação Ambiental como Círculo de Cultura Freireano por meio de investigação-ação: estudo de caso sobre instrumentalização de Comitês de Bacia Hidrográfica. *Revista Eletrônica do Mestrado em Educação Ambiental*, Rio Grande, vol. 10, p. 89-103, 2003.

BINATTO, P.F.; MAGALHÃES, M.M. Eficácia de um Programa de Educação Ambiental Baseado na Abordagem Participativa Realizado na Escola Municipal Carlos Drummond de Andrade – Ipatinga, MG. In: CONGRESSO LATINO-AMERICANO DE ECOLOGIA, 3. Anais... São Lourenço, set./2009.

BIZZO, M.N.S. (org.). *Cacos de memórias: experiências e desejos na (re) construção do lugar* – o Horto Florestal do Rio de Janeiro. Rio de Janeiro: Arquimedes, 2005, 174 p.

BOAL, A. *Teatro do oprimido e outras poéticas políticas*. Rio de Janeiro: Civilização Brasileira, 2005, 303 p.

BOHL, W. A survey of cognitive and affective components of selected environmentally related attitudes of tenth, and twelfth-grade students in six mideastern, four southwestern, and twelve plains and mountain states (Doctoral dissertation, Ohio State University, 1976). *Dissertation Abstracts International*, vol. 37, n. 8, 4.717A (UMI DBJ77-02352), 1977.

BOHRER, P.V.; KROB, A.J.D.; WITT, J.R. et al. Jogos e brincadeiras na Educação Ambiental: a arte de cativar para as descobertas que mudarão nossa percepção de mundo. In: VI CONGRESSO IBERO-AMERICANO DE EDUCAÇÃO AMBIENTAL, 16 a 19 de setembro em San Clemente del Tuyú, na Argentina, 2009. Disponível em http://pwweb2.procempa.com.br/pmpa/prefpoa/curicaca/usu_doc/trab_gongea_jogosbrincad.pdf

BONIL, J.Y.; PUJOL, R.M. El paradigma de la complejidad, un marco de referencia para el diseño de un instrumento de evaluación de programas en la formación inicial de profesorado. *Enseñanza de las Ciencias*, Barcelona, vol. 26, n. 1, p. 5-22, 2008a.

_____. Orientaciones didácticas para favorecer la presencia del modelo conceptual complejo de ser vivo en la formación inicial de profesorado de educación primaria. *Enseñanza de las Ciencias*, Barcelona, vol. 26, n. 3, p. 403-418, 2008b.

BORTOLOZZI, A. Educação Ambiental na universidade e novas práticas socioespaciais: uma experiência de integração entre pesquisa, ensino e extensão. In: CONGRESSO IBEROAMERICANO DE EDUCAÇÃO AMBIENTAL, 5. *Anais...* Joinville, 2006, p. 1-19.

_____. Educación Ambiental y Acción Social en el espacio urbano brasileño: análisis de estudio de caso. In: CONGRESO IBEROAMERICANO DE EDUCACIÓN AMBIENTAL/ IV CONVENCIÓN DE MEDIO AMBIENTE Y DESARROLLO: UN MUNDO MEJOR ES POSIBLE, 4. *Annalles*, Palacio de las Convenciones, Habana, Cuba, jul./2003 (CD-ROM).

BORTOLOZZI, A. (org.). *Cidades reivindicadas* – Territórios das lutas urbanas, das utopias e do prazer. São Paulo: Olho d'Água, 2011, 106 p.

_____. "Debate ambiental: do conhecimento multidimensional à perspectiva de sustentabilidade". *Textos Nepam* – Série Divulgação Acadêmica, Campinas, n. 5, p. 1-125, nov./2002.

BRANDÃO, C.R. *A pergunta a várias mãos*: a experiência da pesquisa no trabalho do educador. São Paulo: Cortez, 2003.

BRANDÃO, J.P. *Uso e ocupação da terra e a sustentabilidade ambiental da dinâmica fluvial das microbacias hidrográficas Zé Açu e Tracajá na Amazônia Ocidental*. Tese (Doutorado em Desenvolvimento Sustentável). Brasília: CDS/UnB, 2013.

BRANDOLT, M.; CORREA, L.B.; HAUBMAN, L.P.B. et al. Para ler Paulo Freire por meio da estética da recepção, na condição ambientalista. *Cadernos de Educação*, Pelotas, vol. 34, p. 119-134, 2009.

BRASIL. *Programa Nacional de Educação Ambiental (ProNEA)*. 3. ed. Brasília: Ministério do Meio Ambiente, 2005, 102 p.

_____. Decreto de 25/06/02. *Regulamenta a Lei 9.795, de 27 de abril de 1999, dispõe sobre a Educação Ambiental, institui a Política Nacional de Educação Ambiental*. Brasília: Diário Oficial da União. 2002.

_____. Lei 9.795, de 27 de abril de 1999. *Dispõe sobre a Educação Ambiental, institui a Política Nacional de Educação Ambiental*. Brasília: Diário Oficial da União. 1999.

BREDA, T.V.; PICANÇO, J.L. A Educação Ambiental a partir de jogos: aprendendo de forma prazerosa e espontânea. In: SIMPÓSIO DE EDUCAÇÃO AMBIENTAL E TRANSDISCIPLINARIDADE (SEAT), 2. Anais...UFG/ Iesa/ Nupeat, Goiânia, mai./2011, 13 p. Disponível em http://nupeat.iesa. ufg.br/uploads /52/ original_2_EDUCACAO_AMBIENTAL_ com_JOGOS. pdf

BRITO, A.X.; LEONARDOS, A.C. A identidade das pesquisas qualitativas: construção de um quadro analítico. *Cadernos de Pesquisa*, São Paulo, n. 113, p. 7-38, jul./2001.

BUTZKE, I.C.; PEREIRA, G.R.; NOEBAUER, D. Sugestão de indicadores para avaliação do desempenho das atividades educativas do sistema de gestão ambiental – SGA da Universidade Regional de Blumenau – FURB. *Revista Educação*: Teoria e Prática, Rio Claro: Unesp – Instituto de Biociências, vol. 9, n. 16, 2001.

CAPRA, F. *As conexões ocultas*: ciência para uma vida sustentável. São Paulo: Cultrix, 2002, 296 p.

_____. *Ecoliteracy*: the challenge for Education in the Next Century. Berkeley, CA, 20/03/1999 (Palestra).

_____. *Creativity and Leadership in Learning Communities*. Berkeley, CA: 18/04/1997 (Palestra).

_____. *A teia da vida*: uma nova compreensão científica dos sistemas vivos. São Paulo: Cultrix, 1996, 256 p.

CAPRA, F.; STONE, M.K.; BARLOW, Z. *Alfabetização Ecológica*: a educação das crianças para um mundo sustentável. São Paulo: Cultrix, 2005, 312 p.

CARNEIRO, S.M.M. Fundamentos epistemometodológicos da Educação Ambiental. *Educar*, Curitiba, n. 27, p. 17-35, 2006.

CARR, W.; KEMMIS, S. *Becoming Critical*: Education, Knowledge and Action Research. Basingstoke: Falmer Press, 1986, 249 p.

CARSON, R. *Primavera silenciosa*. São Paulo: Gaia, 2010, 328 p.

CARVALHO, E.M.; ROCHA, V.S.; MISSIRIAN, G.L.B. Percepção ambiental e sensibilização de alunos do ensino fundamental para a preservação da mata ciliar. *Revista Eletrônica do Mestrado em Educação Ambiental*, vol. 23, p. 168-182, 2009.

CHASIN, J. *Marx*: estatuto ontológico e resolução metodológica. São Paulo: Boitempo, 2009.

CHAWLA, L. Significant life experiences: A review of research on sources of environmental sensitivity. *The Journal of Environmental Education*, vol. 29, n. 3, p. 11-21, 1998.

CHEN, H. The roots of theory-driven evaluation: Current views and origins. In: ALKIN, M. (ed.). *Evaluation Roots*: Tracing Theorists' Views and Influences. Thousand Oaks, CA: Sage, 2004, p. 132-152.

CHIZZOTTI, *A pesquisa em Ciências Humanas e Sociais*. 5 ed. São Paulo, Cortez, 2001, 164 p.

CHU, H.; SHIN, D.; LEE, M. Chapter 33: Korean students' environmental literacy and variables affecting environmental literacy. In: WOOLTORTON, S.; MARINOVA, D. (ed.). *Sharing Wisdom for Our Future: Environmental Education in Action* – Proceedings of the 2005 Conference of the Australian Association of Environmental Education. Bellingen, Austr.: Australian Association for Environmental Education, 2005.

CORREIA, M.D. Scleractinian corals (Cnidaria: Anthozoa) from reef ecosystems on the Alagoas coast, Brazil. *Journal of the Marine Biological Association of the United Kingdom*, Cambridge, vol. 91, n. 3, p. 659-668, 2011.

CORREIA, M.D.; SOVIERZOSKI, H.H. Endemic Macrobenthic Fauna on the Brazilian Reef Ecosystems. In: *Proceedings of the 12th International Coral Reef Symposium*, Cairns, Austr., vol. 1, n. 15a, 6 p., 2012.

_____. Macrobenthic diversity reaction to human impacts on Maceió coral reefs, Alagoas, Brazil. In: *Proceedings of the 11th International Coral Reef Symposium*. Fort Lauderlade, Florida, vol. 2, n. 23, p. 1.083-1.087, 2010.

_____. *Ecossistemas costeiros de Alagoas* – Brasil. Rio de Janeiro: Technical Books, 2009, 144 p.

_____. Gestão e Desenvolvimento Sustentável da Zona Costeira do Estado de Alagoas, Brasil. *Gerenciamento Costeiro Integrado*, vol. 8, n. 2, p. 25-45, 2008.

_____. *Ecossistemas marinhos*: recifes, praias e manguezais. Série Conversando sobre Ciências em Alagoas. Maceió: Edufal, 2005, 59p.

CORTES, L. A survey of the environmental knowledge, comprehension, responsibility, and interest of the secondary level students and teachers in the Philippines (Doctoral dissertation), Michigan State University, 1986. *Dissertation Abstracts International*, vol. 47, n. 7, 2.529a (UMI DET87-13.278), 1987.

COSTA, A. A Educação Ambiental no ensino formal: necessidade de construção de caminhos metodológicos. In: PEDRINI, A.G. (org.). *O contrato social da ciência unindo saberes na Educação Ambiental*. Petrópolis: Vozes, 2002, p. 137-171.

COSTA, C.C.; MAROTI, P.S. Utilização de recursos hídricos como estudo de percepção ambiental de alunos. In: ENCONTRO SERGIPANO DE EDUCAÇÃO AMBIENTAL, 5. *Anais...* 10-13/12/2008, p. 1-15.

COSTA, C.F.; SASSI, R.; COSTA, M.A.J. et al. Recifes costeiros da Paraíba, Brasil: usos, impactos e necessidades de manejo no contexto da sustentabilidade. *Gaia Scientia*, João Pessoa, vol. 1, p. 1-14, 2007.

COSTA, D.R.T.R. Análise comparativa dos instrumentos de gestão em unidades de conservação visando à gestão participativa no cone sul. Tese (Doutorado em Meio Ambiente), Programa de Doutorado em Meio Ambiente. Rio de Janeiro: Uerj, 2012.

COSTA, N.M.C.; COSTA, V.C. Educação Ambiental em unidades de conservação da natureza. In: PEDRINI, A.G.; SAITO, C. (orgs.). *Paradigmas metodológicos em Educação Ambiental*. Petrópolis: Vozes, 2014.

_____. Da escola à natureza: educação para a conservação ambiental em área protegida na cidade do Rio de Janeiro. *Revista Interagir*, Rio de Janeiro, n. 16, p. 65-69, jan.-dez./2011. Disponível em http://www.e-publicacoes.uerj.br/ index.php/interagir/article/view/5327 – Acesso em 25/07/2013.

COYLE, K. *Environmental Literacy in America*: what ten years of Neetf/Roper Research and related studies say about environmental literacy in the U.S. Washington: National Environmental Education & Training Foundation, 2005, 152 p.

CREED, L.C.; OLIVEIRA, A.E.S. Uma metodologia e análise de impactos ambientais. In: CREED, J.C.; PIRES, D.O.; FIGUEIREDO, M.A.O. (orgs.). *Biodiversidade marinha da baía de Ilha Grande*. Brasília: MMA/SBF, 2007, p. 351-377.

CUNHA, M.M.S. Diagnóstico ambiental e formação de educadores ambientais: uma experiência de articulação entre ensino e pesquisa. *Revista Brasileira de Educação Ambiental*, n. 2, p. 77-85, 2007.

CZAPSKI, S. A *implementação da Educação Ambiental no Brasil*. Brasília: MED, 1998, 166 p.

DELIZOICOV, D. *Conhecimento, tensões e transições*. Tese (Doutorado em Educação). São Paulo: USP, 1991, 214 p.

_____. *Concepção problematizadora para o ensino de ciências na educação formal*: relato e análise de uma prática educacional na Guiné-Bissau. Dissertação (Mestrado em Educação). São Paulo: Ifusp/Feusp, 1982, 227 p.

DEMO, P. Pesquisa participante: usos e abusos. In: TOZONI-REIS, M.F.C. (org.). *Pesquisa-ação-participativa em Educação Ambiental*: reflexões teóricas. São Paulo: Anna Blume, 2007.

_____. *Metodologia científica em Ciências Sociais*. 2. ed. São Paulo: Atlas, 1992.

DIAS, G.F. *Educação Ambiental*: princípios e práticas. 9. ed. São Paulo: Gaia, 2006.

DIEZ, C.L.F.; HORN, G.B. *Orientações para elaboração de projetos e monografias*. 2. ed. Petrópolis: Vozes, 2005, 122 p.

ELISEI, M.G.M. *Diagnóstico da percepção ambiental através de desenho infantil*. Taubaté: Cabral, 2008, 96 p.

ERDOGAN, M. *Fifth grade students' environmental literacy and the factors affecting students' environmentally responsible behaviors*. Unpublished doctoral dissertation, Middle East Technical University, Turkey. 2009.

ERDOGAN, M.; MARCINKOWSKI, T.; OK, A. Content analysis of K-8 environmental education research studies in Turkey, 1997-2007. *Environmental Education Research*, vol. 15, n. 5, p. 525-548, 2009.

ERDOGAN, M.; OK, A. Environmental literacy assessment of Turkish children: The effects of background variables. In: MIRICI, I.H.; ARSLAN, M.M.; ATAÇ, B.A.; KOVALCIKOVA, I. (eds.). *Creating a Global Culture of Peace:* Strategies for Curriculum Development and Implementation, vol. 1. Antalya, Turkey: Anıttepe, 2008, p. 214-227.

ESTEBAN, M.P.S. *Pesquisa qualitativa em educação*: fundamentos e tradições. Porto Alegre: AMGH, 2010, 268 p.

EZPELETA, J.; ROCKWELL, E. *Pesquisa participante*. São Paulo: Cortez, 1989.

FEITOSA, C.V.; CHAVES. L.C.T.; FERREIRA. B.P. et al. Recreational fish feeding inside Brazilian MPAs: impacts on reef fish community structure. *Journal of the Marine Biological Association of the United Kingdom*, Cambridge, vol. 92, n. 7, p. 1.525-1.533, 2012.

FERNANDES, J.A.B.; KAWASAKI, C.S. A pesquisa em Educação Ambiental e questões metodológicas: relato do grupo de discussão de pesquisas no VI Epea. *Pesquisa em Educação Ambiental*, São Carlos, vol. 7, n. 2, p. 91-103, 2012.

FERRARO JR., L.A. *Encontros e caminhos*: formação de educadores(as) ambientais e coletivos educadores. Brasília: MMA/DEA, 2005, 358 p.

FERREIRA, L.C. A trajetória do movimento ambientalista no Brasil: confronto e legitimação. In: SVIRSKY, E.; CAPOBIANCO, J.P.R. (orgs.). *O ambientalismo brasileiro*: passado, presente e futuro. São Paulo: ISA/SMA/Finep, 1997, p. 38-49.

FIGUEIREDO, J.B.A. Paulo Freire e a descolonialidade do saber e do ser. In: FIGUEIREDO, J.B.A.; SILVA, M.E.H. (orgs.). Formação humana e dialogicidade III: encantos que se encontram nos diálogos que acompanham Freire. Fortaleza: UFC, 2012, p. 66-88.

_____. Educação Ambiental Dialógica: as contribuições de Paulo Freire e a Cultura Sertaneja Nordestina. Fortaleza: UFC, 2007, 395 p.

_____. Pesquisa engajada e intervenção em Educação Ambiental dialógica. In: REUNIÃO ANUAL DA ANPED, 27. *Anais...* 2004, Caxambu.

FIGUEIREDO, M.L. (org.). *Sustentabilidades em diálogos*. Itajaí: Univali, 2010, p. 63-86.

FIGUEIREDO, T.A.S. *A voz da selva*: Comunicação para o desenvolvimento. Dissertação (Mestrado em Gestão Ambiental e Desenvolvimento Local na Amazônia – Ppgedam). Belém: Núcleo de Meio Ambiente/Numa/UFPA, 2009

FITZPATRICK, J.; SANDERS, J.; WORTHEN, B. *Program evaluation*: Alternative approaches and practical guidelines. 4 ed. Upper Saddle River, NJ: Pearson Education, 2011.

FLORIAN, J.M. *Investigar para cambiar*: um enfoque sobre investigación-acción participante. Santafé, Bogotá: Presencia, 1994.

FOLLEDO, M. Raciocínio sistêmico: uma boa forma de se pensar o meio ambiente. *Revista Ambiente & Sociedade*, n. 6/7, p. 105-145, 2000.

FRANÇA, J.L.; VASCONCELLOS, A.C. *Manual para Normalização de Publicações Técnico-científicas*. 8. ed. Belo Horizonte: EdUFMG, 2009, 258 p.

FREIRE, P. *Pedagogia do oprimido*. 42. ed. Rio de Janeiro: Paz e Terra, 2005, 213 p.

_____. Criando métodos de pesquisa alternativa: aprendendo a fazê-la melhor através da ação. In: BRANDÃO, C.R. (org.). *Pesquisa participante*. 3. ed. São Paulo: Brasiliense, 1981, p. 34-41.

_____. *Conscientização: teoria e prática da libertação* – Uma introdução ao pensamento de Paulo Freire. 3. ed. São Paulo: Moraes, 1980, 102 p.

_____. *Ação cultural para a liberdade e outros escritos*. Rio de Janeiro: Paz e Terra, 1976, 149 p.

_____. *Extensão ou comunicação?* 2. ed. Rio de Janeiro: Paz e Terra, 1975, 93 p.

_____. *Educação como prática da liberdade*. Rio de Janeiro: Paz e Terra, 1967, 150 p.

FREIRE, P.; FAGUNDEZ, A. *Por uma pedagogia da pergunta*. São Paulo: Paz e Terra, 2011, 231 p.

FREITAS, D. et al. A natureza dos argumentos na análise de temas controversos: estudo de caso na formação de pós-graduandos numa abordagem CTS. In: COLÓQUIO LUSO-BRASILEIRO SOBRE QUESTÕES CURRICULARES, 3. *Anais...* Braga, 2006. 14 p. Disponível em http://www.ufscar.br/~ciecultura/ doc/nat_argu.pdf – Acesso em 19/07/2013.

FREITAS, E.Y.; FERRAZ, I.D.K. A floresta amazônica do ponto de vista dos alunos da 5ª série da rede pública de Manaus, Amazonas, Brasil. *Acta Amazônica*, Manaus, vol. 29, n. 4, p. 535-540, 1999.

FRIEDMANN, J. *Empowerment*: the politics of the alternative development. Cambridge: Blackwell, 1992, 196 p.

FURTADO, O.; BOCK, A.M.B.; TEIXEIRA, M.L.T. *Psicologias*: uma introdução ao estudo de psicologia. 13. ed. São Paulo: Saraiva, 1999, 368 p.

GADOTTI, M.; FREIRE, P.; GUIMARÃES, S. *Pedagogia*: diálogo e conflito. 6. ed. São Paulo: Cortez, 2001, 127 p.

GAIO, R. (org.). *Metodologia de pesquisa e produção de conhecimento*. Petrópolis: Vozes, 2008, 221 p.

GALIAZZI, M.C.; FREITAS, J.C. (org.). *Metodologias emergentes de pesquisa em Educação Ambiental*. Universidade Regional do Noroeste do Estado do Rio Grande do Sul, 2005, 216 p.

GALLO NETO, H.; BARBOSA, C.B. Educação Ambiental em aquários de visitação pública: a experiência do aquário de Ubatuba. In: PEDRINI, A.G. (org.). *Educação Ambiental marinha e costeira*. Rio de Janeiro: Eduerj, 2010, p. 199-213.

GARCIA, Á.S. *Comissões de meio ambiente e qualidade de vida na escola*: os desafios da Educação Ambiental como política pública. Dissertação (Mestrado em Ensino de Ciências). Campo Grande: PPGEC/UFMS, 2010.

GARCIA, R.C. *Subsídios para organizar avaliações da ação governamental.* Texto para Discussão 776. Brasília: Instituto de Pesquisa Econômica Aplicada, 2001.

GHILARDI, N.P.; HADEL, V.F.; BERCHEZ, F. *Guia para Educação Ambiental em costões rochosos*. Porto Alegre: Artmed, 2012, 95 p.

GIESTA, L.C. Desenvolvimento sustentável, responsabilidade social corporativa e Educação Ambiental em contexto de inovação organizacional: conceitos revisitados. *Revista de Administração da UFSM*, vol. 5, p. 767-783, 2012.

_____. *Educação Ambiental e sistema de gestão ambiental em empresas*, 2009. 171 f. Tese (Doutorado em Administração). Porto Alegre: PPGA/UFRGS, 2009.

GIL, A.C. *Métodos e técnicas de pesquisa social.* São Paulo: Atlas, 1999, 207 p.

GÓMEZ, G.R.; FLORES, J.G.; JIMÉNEZ, E.G. *Metodología de la investigación cualitativa*. Málaga: Aljibe, 1999.

GONZÁLEZ-GAUDIANO, E. Interdisciplinaridade e Educação Ambiental: explorando novos territórios epistêmicos. In: SATO, M.; CARVALHO, I.M. (orgs.). *Educação Ambiental*: pesquisa e desafios. Porto Alegre: Artmed, 2005, p. 119-133.

GOUVEIA, M.T.J.; SEGAL, B.; CASTRO, C.B.; LIMA, D. *Educação para conservação de recifes*. Manual de Capacitação do Professor em Educação Ambiental; Material Didático – Projeto Coral Vivo. Rio de Janeiro, 2008.

GRONLUND, N. *Assessment of student achievement.* 8th ed. Boston, MA: Pearson, 2006.

GRYNSZPAN, D. Educação Ambiental em uma perspectiva CTSA: orientações teórico-metodológicas para práticas investigativas. In: PEDRINI, A.G.; SAITO, C. (orgs.). *Paradigmas metodológicos em Educação Ambiental.* Petrópolis: Vozes, 2014.

_____. Pelo alfabetismo científico. *Nós da escola*, Rio de Janeiro, n. 62, p. 6-11, 2008.

GRYNSZPAN, D.; FREITAS, D.T.S.; ANGELO, T.M.N.F. et al. Educação em Saúde e Educação Ambiental: uma experiência inovadora com base em uma perspectiva socioambiental ligada à promoção da saúde. *Enseñanza de las Ciencias*, Barcelona, número especial, p. 1.668-1.673, 2013.

GUIMARÃES, M. Armadilha paradigmática na Educação Ambiental. In: LOUREIRO, C.F.B. et al. (orgs.). *Pensamento complexo, dialética e Educação Ambiental*. São Paulo: Cortez, 2006, p. 15-29.

_____. *A formação de educadores ambientais*. Campinas: Papirus, 1995.

GUIMARÃES, S.T.L. Paisagens e valores. *Olam*: Ciência e Tecnologia, Rio Claro, vol. 9, n. 2, p. 275-290, 2009.

HACON, V.; LOUREIRO, C.F.B. A centralidade do território e a posição do Estado nos conflitos pela apropriação da natureza: o caso do Parque Estadual de Itaúnas. *Terra Livre*, São Paulo, vol. 1, n. 36, p. 229-252, jan.-jul./2011.

HADEL, V.F. Programa de Visitas ao Centro de Biologia Marinha-USP: o monitor na mediação entre a Academia e o grande público. In: PEDRINI, A.G. (org.). *Educação Ambiental marinha e costeira no Brasil*. Rio de Janeiro: Eduerj, 2010, p. 93-114.

HARROW, A. *A taxonomy of the psychomotor domain*. Nova York: David McCay, 1972.

HART, P. Identification of key characteristics of environmental education. *The Journal of Environmental Education*, vol. 13, n. 1, p. 12-16, 1981.

_____. Environmental education: Identification of key characteristics and a design for curriculum organization. (Doctoral dissertation), Simon Fraser University, 1980. *Dissertation Abstracts International*, vol. 40, n. 9, p. 4.985-A, 1980.

HARVEY, G. A conceptualization of environmental education. In: ALDRICH, J.; BLACKBURN, A.; ABEL, G. (eds.). *The Report of the North American Regional Seminar on Environmental Education*. Columbus, OH: Eric/Smeac, 1977a, p. 66-72.

_____. Environmental Education: A delineation of substantive structure. (Doctoral dissertation), Southern Illinois University, 1976. *Dissertation Abstracts International*, vol. 38, n. 2, 611A (UMI 77-16.622), 1977b.

HOLLWEG, K.; TAYLOR, J.; BYBEE, R. et al. *Developing a framework for assessing environmental literacy* (Report to the National Science Foundation under Grant 1.033.934). Washington, DC: North American Association for Environmental Education. Disponível em http://www.naaee.net/framework, 2011.

HUBA, M.; FREED, J. *Learner-centered assessment on college campuses*: Shifting the focus from teaching to learning. Boston, MA: Allyn and Bacon, 2000.

HUNGERFORD, H.; PEYTON, R.; WILKE, R. Goals for curriculum development in environmental education. *The Journal of Environmental Education*, vol. 11, n. 3, p. 42-47, 1980.

HUNGERFORD, H.; VOLK, T. Changing learner behavior through environmental education. *The Journal of Environmental Education*, vol. 21, n. 3, p. 8-22, 1990.

HUNGERFORD, H.; VOLK, T.; DIXON, B. et al. *An environmental education approach to the training of elementary teachers*: A teacher development programme. Paris: Unesco, 1988.

IBAMA/ Instituto Brasileiro de Meio Ambiente e Recursos Naturais Renováveis. *Roteiro metodológico de planejamento*. Parque Nacional, Reserva Biológica, Estação Ecológica. Instituto Brasileiro de Meio Ambiente e Recursos Naturais Renováveis, 2002. Disponível em www.icmbio.govol.br – Acesso em 20/07/2013.

IBAMA/CGEAM. *Como o Ibama exerce a Educação Ambiental*. Brasília: Ibama, 2002.

IBASE/Instituto Brasileiro de Análises Sociais e Econômicas. *Relatório sobre integração regional na América do Sul*. História e Perspectivas. Projeto Diálogo entre povos, abr./2006. Disponível em: www.ibase.br – Acesso em 15/07/2013.

IÑIGUEZ, L. *Manual de análise do discurso em Ciências Sociais*. Petrópolis: Vozes, 2004, 311 p.

IOZZI, L. (ed.). *A summary of research in environmental education, 1971-1982* – The second report of the National Commission on Environmental Education Research. (Monographs in Environmental Education and Environmental Studies, Vol. 2). Columbus, OH: Eric/Smeac (ERIC Document ED 259.879), 1984.

JAPIASSU, H.; DANILO, M. *Dicionário Básico de Filosofia*. 2. ed. Rio de Janeiro: Zahar, 1993, p. 266.

JOINT COMMITTEE ON STANDARDS FOR EDUCATIONAL EVALUATION. *The program evaluation standards*. Thousand Oaks, CA: Sage, 1994.

_____. *Standards for evaluation of educational programs, projects, and materials*. Nova York: McGraw-Hill, 1981.

JOINT COMMITTEE ON TESTING PRACTICES. *Code of fair testing practices in education*. Washington, DC: Author, 1988.

KAPP, K.M. *The Gamification of Learning and Instruction*: Game-Based Methods and Strategies for Training and Education. São Francisco: Pfeiffer, 2012, 336 p.

KATON, G.F.; TOWATA, N.; BERCHEZ, F.A.S. et al. Percepção de estudantes que vivem distantes do litoral sobre o Ambiente Marinho. *Enseñanza de las Ciencias*, p. 3.554-3.559, 2013.

KITZMANN, D.; ASMUS, M.L. Do treinamento à capacitação: a integração da Educação Ambiental ao setor produtivo. In: RUSCHEINSKY, A. (org.). *Educação Ambiental*: abordagens múltiplas. 2. ed. Porto Alegre: Penso, 2012, p. 187-206.

KONDER, L. *O futuro da Filosofia da práxis*: o pensamento de Marx no século XXI. 3. ed. Rio de Janeiro: Paz e Terra, 1992.

KOSTOVA, Z.; ERDOGAN, M.; MARCINKOWSKI, T. Components of environmental literacy in elementary science education curriculum in Bulgaria and Turkey. *Eurasian Journal of Mathematics, Science and Technology Education*, vol. 5, n. 1, p. 15-26, 2009.

KOZEL, S. As linguagens do cotidiano como representações do espaço: uma proposta metodológica possível. In: 12 Egal – Encuentro de Geógrafos de América Latina, 2009, Montevideo. ENCUENTRO DE GEÓGRAFOS

DE AMÉRICA LATINA, 12. *Anais...* Montevidéu: Universidad de la República, 2009, p. 1-13.

KRATHWOHL, D.; BLOOM, B.; MASIA, B. *Taxonomy of educational objectives:* Handbook II – The affective domain. Nova York: David McKay, 1964.

KUHLMEIER, H.; VAN DEN BERGH, H.; LAGERWEIJ, N. Environmental knowledge, attitudes, and behavior in Dutch secondary education. *The Journal of Environmental Education*, vol. 30, n. 2, p. 4-14, 2005.

KUHN, T. *A estrutura das revoluções científicas.* 5. ed. São Paulo: Perspectiva, 1997.

LAGO, C.; BENETTI, M. *Metodologia de Pesquisa em Jornalismo.* Petrópolis: Vozes, 2007, 286 p.

LATTIN, J.; CARROL, J.D.; GREEN, P.E. *Análise de dados multivariados.* São Paulo: Cengage Learning, 2011, 454 p.

LAYRARGUES, P.P. Determinismo biológico: o desafio da alfabetização ecológica na concepção de Fritjof Capra. *II Encontro de Pesquisa em Educação Ambiental* (CD-ROM). Rio Claro: UFSCar, 2003.

LEFF, E. *Epistemologia ambiental.* São Paulo: Cortez, 2002, 240 p.

LEHFELD, N. *Metodologia e conhecimento científico:* horizontes virtuais. Petrópolis: Vozes, 2007, 117 p.

LERDA, D.; EARLE, S.W. Educação Ambiental para a conservação: desafios e lições. In: JUNQUEIRA, J.M.C.; NEIMAN, Z. (orgs.). *Educação Ambiental e conservação da biodiversidade – Reflexões e experiências brasileiras.* São Paulo: Manole, 2007, p. 91-102.

LIMA, E. *Educação Ambiental no manguezal.* Disponível em http://www.webartigos.com/artigos/educacao-ambiental-no-manguezal/15186/ – Acesso em 03/08/2013.

LIMA, J.L.A.; FONSECA, L.; GUERRA, F. et al. *Dinamizando a gestão ambiental.* Rio de Janeiro: Petrobrás, 2006, 143 p.

LIMA, J.L.A.; GUERRA, F.; FONSECA, L. et al. *Caderno do dinamizador ambiental.* Rio de Janeiro: Samarco Mineração, 2007, 61 p.

LOUREIRO, C.F.B. Indicadores: meios para avaliação de projetos, programas e políticas públicas em Educação Ambiental. In: DEA/MMA. *Encontros e caminhos da Educação Ambiental*. Vol. 3. Brasília, 2013.

_____. *Sustentabilidade e educação*: um olhar da ecologia política. São Paulo: Cortez, 2012a.

_____. Contribuições teóricas para pensar a prática da Educação Ambiental em uma perspectiva crítico-transformadora. In: ARAÚJO, N.M.S.; SANTOS, J.S.; GRAÇAS E SILVA, M. (orgs.). *Educação Ambiental e serviço social*: o Peac e o licenciamento na gestão pública do meio ambiente. Aracaju: UFS, 2012b.

_____. Educação Ambiental e "teorias críticas". In: GUIMARÃES, M. (org.). *Caminhos da Educação Ambiental*: da forma à ação. 5. ed. Campinas: Papirus, 2010.

_____. Pesquisa-ação participante e Educação Ambiental: uma abordagem dialética e emancipatória. In: TOZONI-REIS, M.F.C. (org). *Pesquisa-ação-participativa em Educação Ambiental*: reflexões teóricas. São Paulo: Anna Blume, 2007.

_____. Crítica ao fetichismo da individualidade e aos dualismos na Educação Ambiental. *Educar*, Curitiba, n. 27, p. 37-53, 2006a.

_____. Complexidade e dialética: contribuições à práxis política e emancipatória em Educação Ambiental. *Educação e Sociedade*, Campinas, vol. 27, n. 94, p. 131-152, 2006b.

LOUREIRO, C.F.B. (org.). *Gestão pública do ambiente e Educação Ambiental*: caminhos e interfaces. São Carlos: Rima, 2012.

_____. *Educação Ambiental, gestão pública, movimentos sociais e formação humana*: uma abordagem emancipatória. São Carlos: Rima, 2009a.

_____. *Educação Ambiental no contexto de medidas mitigadoras e compensatórias de impactos ambientais*: a perspectiva do licenciamento. Salvador: Instituto do Meio Ambiente, 2009b.

LOUREIRO, C.F.B.; ANELLO, L.F.S. Educação Ambiental no licenciamento: aspectos teórico-metodológicos para uma prática crítica. In: PEDRINI, A.G.; SAITO, C.H. (orgs.). *Paradigmas metodológicos em Educação Ambiental*. Petrópolis: Vozes, 2014.

LOUREIRO, C.F.B.; FRANCO, J.B. Aspectos teóricos e metodológicos do círculo de cultura: uma possibilidade pedagógica e dialógica em Educação Ambiental. *Ambiente e Educação*, Rio Grande, vol. 17, n. 1, 2012.

LOUREIRO, C.F.B.; LAYRARGUES, P.P. (orgs.). *Educação Ambiental*: um olhar crítico. 2. ed. São Paulo: Cortez, 2013a.

_____. Ecologia política, justiça e Educação Ambiental crítica: perspectivas de aliança contra-hegemônica. *Trabalho, Educação e Saúde*, Rio de Janeiro, vol. 11, n. 1, jan.-abr./2013b.

LÜDKE, M.; COELHO, S.L.B.; CAVALCANTE, R.L. et al. *O professor e a pesquisa*. Campinas: Papirus, 2001, 112 p.

LUQUET, G.H. *Le dessin enfantin*. Genebra: Delachaux & Niestlé, 1984.

MACHADO, L.C. Percepção ambiental na intervenção do Centro Escola Mangue na Bacia do Pina, Recife. In: CONGRESSO NORDESTINO DE ECOLOGIA, 12. Gravatá, 2009. Gravatá: SNE, 2009.

MAKKI, M.; ABD-EL-KHALICK, E.; BOUJAOUDE, S. Lebanese secondary school students' environmental knowledge and attitudes. *Environmental Education Research*, vol. 9, n. 1, p. 21-33, 2003.

MARCINKOWSKI, T. *Common approaches to assessment and evaluation*. Invited paper presented at the Island Wood Assessment and Evaluation Symposium, Bainbridge Isle, WA, 2006.

_____. *Using a Logic Model to Review and Analyze an Environmental Education Program*. Washington, DC, 2004.

MARCINKOWSKI, T.; NOH, K.; ERDOGAN, M. et al. *Glimpses of climate literacy*: Climate literacy as assessed partially by a set of limited items from four recent national assessments of environmental literacy (Research paper for The National Academies under Contract DBASSE-2000000859). Washington, DC. Disponível em http://www7.nationalacademies.org/bose/CCEW2_Presentations.html. 2011

MARCINKOWSKI, T.; SHIN, D.; NOH, K. et al. National assessments of environmental literacy: A review, comparison, and analysis. In: STEVENSON, R.; BRODY, M.; DILLON, J. et al. (eds.). *International Handbook of Research on Environmental Education*. Washington, DC: American Educational Research Association and Routledge, 2013, p. 310-330.

MARCINKOWSKI, T.; SOARES, F. Proposta metodológica para avaliações de larga escala na Educação Ambiental. In: PEDRINI, A.G.; SAITO, C.H. (orgs.). *Paradigmas metodológicos em Educação Ambiental*. Petrópolis: Vozes, 2014.

MARCINKOWSKI, T.; VOLK, T.; HUNGERFORD, H. *An environmental approach to the training of middle level teachers*: A prototype programme. Paris: Unesco, 1990.

MARCINKOWSKI, T.J. Contemporary challenges and opportunities in environmental education: Where are we headed and what deserves our attention? *The Journal of Environmental Education*, vol. 41, n. 1, p. 34-54, 2010a.

_____. Contemporary challenges and opportunities in environmental education: Where are we headed and what deserves our attention? *The Journal of Environmental Education*, vol. 41, n. 1, p. 34-54, 2010b.

MARCONDES, C.H.; KURAMOTO, H.; TOUTAIN, L.B. et al. (orgs.). *Bibliotecas digitais*: saberes e práticas. Salvador/Brasília: EdUFBa/Ibict, 2005, 342 p.

MARIN, M.; OLIVEIRA, H.T.; COMAR, V. A Educação Ambiental num contexto de complexidade do campo teórico da percepção. *Interciência*. Caracas, vol. 28, n. 10, p. 616-619, out./2003.

MARTINHO, L.R.; TALAMONI, J.L.B. Representações sobre meio ambiente de alunos da 4ª série do Ensino Fundamental. *Ciência & Educação*, Bauru, vol. 13, n. 1, p. 1-13, 2007.

MARTINS, C.T.; HALASZ, M.R.T. Educação Ambiental nos manguezais Piraquê-Açú e Piraquê-Mirim. *Revista Brasileira de Ciências Ambientais*, n. 19, p. 11-17, mar./2011.

MATTOS, L.M.A. *A avaliação de ações de Educação Ambiental*: um estudo exploratório no âmbito da gestão pública sob uma perspectiva crítica. Rio de Janeiro: UFRJ, 2009. Dissertação de Mestrado (Psicossociologia de Comunidades e Ecologia Social).

McBETH, W.; HUNGERFORD, H.; MARCINKOWSKI, T. et al. *National Environmental Literacy Assessment, Phase Two*: Measuring the effectiveness of North American environmental education programs with respect to the parameters of environmental literacy. *Final research report* (Report to the National Oceanic and Atmospheric Administration, and North American Association for Environmental Education under Grant #NA08SEC4690026). Carbondale, IL: Cisde. Disponível em http://www.oesd.noaa.gov/outreach/reports/NELA_Phase_Two_Report_020711.pdf, 2011

_____. National Environmental Literacy Assessment Project: Year 1, National baseline study of middle grades students. *Final report* (Report to the U.S. Environmental Protection Agency, National Oceanic and Atmospheric Administration, and North American Association for Environmental Education under Grant #NA06SEC4690009). Disponível em http://www.oesd.noaa.gov/outreach/reports/Final_NELA_minus_ MSELS_8-12-08.pdf, 2008

MEDEIROS, V.Z. (org.). *Métodos quantitativos em Excel.* São Paulo: Cengage Learning, 2008, 513 p.

MERTLER, C. *Classroom assessment*: A practical guide for educators. Los Angeles, CA: Pyrczak, 2003.

MINAYO, M.C.S. (org.). *Pesquisa social*: teoria, método e criatividade. Petrópolis: Vozes, 1993, 108 p.

MINISTÉRIO DO MEIO AMBIENTE (MMA). *Panorama da conservação dos ecossistemas costeiros e marinhos no Brasil.* Brasília: Secretaria de Biodiversidade, 2010, 148 p.

MIRANDA, A.C.B. et al. Alfabetização ecológica e formação de conceitos na Educação Infantil por meio de atividades lúdicas. *Investigações em Ensino de Ciências*, vol. 15, n. 1, p. 181-200, 2010.

MMA – Ministério do Meio Ambiente. *Informe Nacional sobre Áreas Protegidas no Brasil.* Brasília: Ministério do Meio Ambiente. Secretaria de Biodiversidade e Florestas. Departamento de Áreas Protegidas, 2007, 26 p.

MMA/SBF – Ministério do Meio Ambiente/Secretaria de Biodiversidade e Florestas. Sistema Nacional de Unidades de Conservação da Natureza. *Lei 9.985, de 18 de julho de 2000 e Decreto 4.349, de 22 de agosto de 2002.* 5. ed. Brasília, 2004, 56 p.

MOCHEL, F.R. Dancing and performing for environmental education in mangrove áreas. In: WORLD ENVIRONMENTAL EDUCATION CONGRESS (WEEC), 7. *Anais...* Marrakech, Morocos, 09-14/2013. Disponível em http://www.weec2013.org/en/?option=com_content&view=article&id=101&Itemid=398 – Acesso em 10/06/2013

_____. Environmental education games for mangrove restoration and protection involving global changes scenarios. In: WORLD ENVIRONMENTAL EDUCATION CONGRESS (WEEC), 7. *Anais...* Marrakech, Marrocos, 09-14/06/2013. Disponível em http://www.weec2013.org/en/?option=com_content&view= article&id=101&Itemid=398 – Acesso em 10/07/2013

_____. *Mangueando*: brincando e aprendendo com o manguezal. São Luis: Colorgraf, 2012, 32 p.

_____. Manguezais amazônicos: *status* para a conservação e a sustentabilidade na zona costeira maranhense. In: MARTINS, M.B.; VIVEIRA, T.G. (orgs.). *Amazônia Maranhense*: diversidade e conservação. Belém: Museu Paraense Emílio Goeldi, 2011, vol. 1, p. 93-118.

_____. Mangueando pelo Brasil: uma breve análise de três eventos de Educação Ambiental em áreas de manguezal. In: CONGRESO INTERNACIONAL DE EDUCACIÓN AMBIENTAL DOS PAÍSES LUSÓFONOS E GALÍCIA, 1. *Anais...* Santiago de Compostela, Espanha, 24-27/09/2007. Disponível em http://www.ealusofono.org/resumos/EA_non_formal/Mochel_FlaviaRebelo.html – Acesso em 30/01/2008

MORAES, M.C. *Pensamento ecossistêmico*: educação, aprendizagem e cidadania no século XXI. Petrópolis: Vozes, 2004, 342 p.

_____. Análise de conteúdo. *Educação*, Porto Alegre, vol. 22, n. 37, p. 7-32, 1999.

MORAES, R.; GALIAZZI, M.C. *Análise textual discursiva*. Ijuí: Unijuí, 2007.

MORAIS, J.P.S.; OLIVEIRA, A.P.L.; ARAÚJO, E.S.A. et al. Influência da Atividade Prática na Construção do Conhecimento para os Alunos no Ensino Fundamental I. In: I ENCONTRO LUSO-BRASILEIRO SOBRE TRABALHO DOCENTE, 1, *Anais...* Maceió, vol. 1, n. 22, 16 p., 2011.

MORALES, A.G. *A formação do profissional educador ambiental*: reflexões, possibilidades e constatações. Ponta Grossa: UEPG, 2009, 203 p.

MORAN, J.A. Educação Ambiental na internet. In: TRAJBER, R.; COSTA, L. (orgs.). *Avaliando a E.A. no Brasil*. São Paulo: Peirópolis/Ecoar, 2001.

MOREIRA-CONEGLIAN, I.R.; DINIZ, R.E.S.; BICUDO, L.R.H. Educação Ambiental em praça pública no município de Botucatu. *Revista Ciência e Extensão*, vol. 1, n. 1, p. 39-52, 2004.

MORENO, J.L. *Fundamentos de la sociometria*. 2. ed. Buenos Aires: Paidós, 1972.

MORIN, E. *Rumo ao abismo?* – Ensaio sobre o destino da humanidade. Rio de Janeiro: Bertrand Brasil, 2011, 192 p.

_____. *O método 1*: a natureza da natureza. Porto alegre: Sulina, 2008, 479 p.

_____. *Ciência com consciência*. 9. ed. Rio de Janeiro: Bertrand Brasil, 2005, 344 p.

_____. Por una reforma del pensamiento. *El Correo de la Unesco*, Paris, fev./1996. Disponível em http://unesdoc.unesco.org/images/0010/001025/102554so.pdf – Acesso em 16/06/2013.

MOSCOVICI, S. *Representações sociais*: investigações em psicologia social. Petrópolis: Vozes, 2003.

NASCIMENTO, E.P.; PENA-VEGA, A; SILVEIRA, M.A. (orgs.). *Interdisciplinaridade e universidade no século XXI*. Brasília: Abaré, 2008, 220 p.

NATIONAL COUNCIL ON MEASUREMENT IN EDUCATION. *The standards for teacher competence in the educational assessment of students.* Washington, DC: Author, 1990.

NDAYITWAYEKO, A. Assessment and comparison of environmental knowledge and attitudes held by 13th grade general and technical education students in the Republic of Burundi. (Doctoral dissertation), The Ohio State University, 1994. *Dissertation Abstracts International*, vol. 55, n. 10, 3.080A (UMI DA 9.505.265), 1995.

NEGEV, M.; SAGY, G.; GARB, Y.; SALZBERG, A.; TAL, A. Evaluating the environmental literacy of Israeli elementary and high school students. *The Journal of Environmental Education*, vol. 39, n. 2, p. 3-20, 2008.

NEHME, V.G.; BERNARDES, M.B. Projetos e metodologias para a formação de sujeitos ecológicos. In: SEABRA, G. (org.). *Educação Ambiental no mundo globalizado*. João Pessoa: EdUFPb, 2011, p. 223-232.

NELSON, W. Environmental literacy and residential outdoor education programs (Doctoral dissertation). University of La Verne, 1996. *Dissertation Abstracts International*, vol. 57, n. 10, 4.314A (UMI DA 9.708.891), 1997.

OECD. *Assessing scientific, reading, and mathematical literacy:* A framework for Pisa 2006. Paris: Author. Disponível em http://www.oecd-ilibrary.org/education/pisa_19963777, 2006

_____. *Green at 15?* – How 15-year-olds perform in environmental science and geoscience in Pisa 2006. Paris: Author. Disponível em http://www.oecd-ilibrary.org/education/pisa_19963777, 2009

OLIVEIRA, A.C.S.; STEINER, A.Q.; AMARAL, F.D. et al. Percepção dos ambientes recifais da Praia de Boa Viagem (Recife/PE) por estudantes, professores e moradores. *Olam*: Ciência e Tecnologia, São Claro, vol. 9, n. 2, p. 1-19, 2009.

OLIVEIRA, A.P.L.; ARAÚJO, E.S.A.; MORAIS, J.P.S. et al. Atividades práticas como recurso didático para a disciplina de Biologia no Ensino Médio em Alagoas. In: ENCONTRO LUSO-BRASILEIRO SOBRE TRABALHO DOCENTE, 1. *Anais*... Maceió, vol. 1, n. 33, 15 p., 2011.

OLIVEIRA, A.P.L.; CORREIA, M.D. Aula de campo como mecanismo facilitador do ensino-aprendizagem sobre os ecossistemas recifais em Alagoas. *Alexandria*. Florianópolis, vol. 5, n. 2, p. 163-190, 2013.

OLIVEIRA, A.P.L.; SOVIERZOSKI, H.H.; CORREIA, M.D. Ensino e aprendizagem através do registro das aulas de campo utilizando diários de bordo. *Revista Brasileira de Pesquisa em Educação em Ciências*. São Paulo, vol. 13, 2013.

OLIVEIRA, M.M. *Como fazer pesquisa qualitativa*. Petrópolis: Vozes, 2007, 182 p.

OLIVEIRA, T.L.F. *Concepções e práticas de Educação Ambiental na rede municipal de ensino da cidade de Jataí-Goiás* – Conhecimentos e sentidos produzidos por meio de uma pesquisa-ação-participante. Dissertação de mestrado (Ensino de Ciências). Campo Grande: PPGEC/UFMS, 2010.

OOSTERHOF, A. *Classroom applications of educational measurement* (3rd ed.). Upper Saddle River, NJ: Merrill Prentice Hall, 2001.

O'SULLIVAN, E. *Aprendizagem transformadora*: uma visão educacional para o século XXI. São Paulo: Cortez/Instituto Paulo Freire, 2004, 325 p.

PANITZ, C.M.N. Projeto: oficinas ecológicas em ecossistemas costeiros – Uma proposta de Educação Ambiental. In: PEDRINI, A.G. (org.). *Educação Ambiental Marinha e Costeira*, 2010, p. 169-176.

PANITZ, C.M.N.; LEMOS, A.; VILLAS-BOAS, M. Oficinas de técnicas alternativas em Educação Ambiental. In: ENCUENTRO IBEROAMERICANO DE EDUCACIÓN AMBIENTAL, 6. *Anais...* La Plata, Arg., 2009. Disponível em http://caretakers.org.ar/modules.php?name=congresos&file=6ibero

PANT, M. *Participatory training methodology and materials*, chapter 12. Disponível em http://www.unesco.org/education/aladin/paldin/pdf/course_01.pdf

PATTON, M. *Qualitative research and evaluation methods*. 3 ed. Thousand Oaks, CA: Sage, 2002.

PEDRINI, A.G. A inserção contemporânea da Educação Ambiental no ensino de graduação em instituições de ensino superior nos estados do Rio de Janeiro e Espírito Santo. In: SEABRA, G. (org.). *Educação Ambiental*: conceitos e aplicações. João Pessoa: UFPB, 2013, p. 172-186.

_____. Avaliação da Educação Ambiental empresarial: uma metodologia para aferir sua qualidade. In: PEDRINI, A.G. (org.). *Educação Ambiental empresarial no Brasil*. São Carlos: Rima, 2008, p. 3-15.

_____. O caminho das pedras. In: PEDRINI, A.G. *Metodologias em Educação Ambiental*. Petrópolis: Vozes, 2007, p. 23-51.

_____. Informação pela internet para capacitação em Educação Ambiental. In: PEDRINI, A.G. (org.). *O contrato social da ciência* – Unindo saberes na Educação Ambiental. Petrópolis: Vozes, 2002, p. 31-44.

_____. Preservation of Marine Benthic Flora and Habitats in Brazil. *Environmental Conservation*, Genebra, vol. 17, n. 3, p. 262-266, 1990.

PEDRINI, A.G. (org.). *Flora marinha bentônica do Brasil*: I. Algas verdes e angiospermas marinhas. Rio de Janeiro: Technical Books, 2011, 142 p.

_____. *Educação Ambiental marinha e costeira no Brasil*. Rio de Janeiro: Eduerj, 2010a, 187 p.

_____. Macroalgas marinhas: importância geral. In: PEDRINI, A.G. (org.). *Macroalgas*: uma introdução à taxonomia. Rio de Janeiro: Technical, 2010b, p. 3-11.

_____. *Metodologias em Educação Ambiental*. Petrópolis: Vozes, 2007, 267 p.

PEDRINI, A.G.; ANDRADE-COSTA, E.; GHILARDI, N.P. Percepção ambiental de crianças e pré-adolescentes em vulnerabilidade social para projetos de Educação Ambiental. *Ciência e Educação*, Bauru, vol. 16, n. 1, p. 163-179, 2010.

PEDRINI, A.G.; BRITO, M.I.M.S. Educação Ambiental para o desenvolvimento ou sociedade sustentável? – Uma breve reflexão para a América Latina. *Revista Educação Ambiental em Ação*. Novo Hamburgo, vol. 17, 20, p, 2006.

PEDRINI, A.G.; BROTTO, D.S.; LOPES, M.C. et al. Gestão de áreas protegidas com Educação Ambiental Emancipatória pelo Ecoturismo Marinho: a proposta do Projeto Ecoturismar. *Olam*: Ciência e Tecnologia, n. 3, especial, p. 5-81, set./2011.

PEDRINI, A.G.; BROTTO, D.S.; LOPES, M.C.; FERREIRA, L.P. & GHILARDI-LOPES, N.P. Percepções sobre meio ambiente e o mar por interessados em ecoturismo marinho na Área de Proteção Ambiental Marinha de Armação de Búzios, Estado do Rio de Janeiro, RJ, Brasil. *Pesquisa em Educação Ambiental,* vol. 8, n. 2, 59-75, 2013.

PEDRINI, A.G.; BROTTO, D.S.; MESSAS, T.P. Avaliação de aproveitamento no I Curso de Atualização em EA para o Turismo Marinho e Costeiro (I Ceam). *Revista Eletrônica do Mestrado em Educação Ambiental*, vol. 28, p. 133-146, jan.-jun./2012.

PEDRINI, A.G.; CAVASSAN, O.; CARVALHO, V. Metodologia da Educação Ambiental em espaços formais nas instituições de ensino superior. In: PEDRINI, A.G.; SAITO, C.H. (orgs.). *Paradigmas metodológicos em Educação Ambiental*. Petrópolis: Vozes, 2014.

PEDRINI, A.; COSTA, E.A.; GHILARDI, N. Percepção ambiental de crianças e pré-adolescentes em vulnerabilidade social para projetos de Educação Ambiental. *Ciência & Educação*, Bauru, vol. 16, n. 1, p. 163-179, 2010.

PEDRINI, A.G.; COSTA, C.; NEWTON, T. et al. Efeitos ambientais da visitação de turistas em áreas protegidas marinhas. Estudo de caso na Piscina Natural Marinha, Parque Estadual da Ilha Anchieta, Ubatuba, São Paulo, Brasil. *Olam*: Ciência e Tecnologia, Rio Claro, vol. 7, n. 1, p. 678-696, 2007.

PEDRINI, A.G.; COSTA, C.; SILVA, V.G. et al. Gestão de áreas protegidas e efeitos da visitação ecoturística pelo mergulho com snorkel: o caso do Parque Estadual de Ilha Anchieta (Peia), São Paulo, Brasil. *Revista Eletrônica do Mestrado em Educação Ambiental*, vol. 20, p. 1-20, 2008a.

PEDRINI, A.G.; DUTRA, D.; ROBIM, M.J. et al. Gestão de áreas protegidas e avaliação da Educação Ambiental no ecoturismo: estudo de caso com o Projeto Trilha Subaquática – Educação Ambiental nos ecossistemas marinhos no Parque Estadual da Ilha Anchieta, São Paulo. *Olam*: Ciência e Tecnologia, Rio Claro, vol. 8, p. 31-55, 2008b.

PEDRINI, A.G.; JUSTEN, L.M. Avaliação em Educação Ambiental no contexto ibero-americano: um estudo exploratório. In: CONGRESSO IBERO-AMERICANO DE EDUCAÇÃO AMBIENTAL, 5. Anais... Joinville, abr./2006.

PEDRINI, A.G.; MESSAS, T.; PEREIRA, E.S. et al. Educação Ambiental pelo ecoturismo numa trilha marinha no Parque Estadual da Ilha Anchieta, Ubatuba. *Revista Brasileira de Ecoturismo*, vol. 3, p. 428-459, 2010.

PEDRINI, A.G.; ROCHA, P.D.A. A Educação Ambiental na internet – Uma avaliação da lista de discussão "Educação Ambiental na América Latina". In: ENCONTRO DE EDUCAÇÃO AMBIENTAL DO ESTADO DO RIO DE JANEIRO, 6. Anais..., 1999.

PEDRINI, A.G.; RUA, M.B.; BERNARDES, L. et al. A percepção ambiental através de desenhos infantis como método diagnóstico conceitual para EA. In: PEDRINI, A.G.; SAITO, C.H. (org.). *Paradigmas metodológicos em Educação Ambiental*. Petrópolis: Vozes, 2014.

PEDRINI, A.G.; SANTOS, H.M.; PADUA, M.V.S. Políticas estruturantes de Educação Ambiental no Estado do Rio de Janeiro. In: SOUZA, F.L.;

SANTOS, H.M. (orgs.). *Processo formador em Educação Ambiental a distância: módulo local* – Educação Ambiental e mudanças ambientais globais no Estado do Rio de Janeiro. Niterói: Eduff, 2010, p. 27-41.

PEDRINI, A.G.; SOARES, J.Z.; VELASCO, L.R. et al. Projeto de Extensão em Educação Ambiental em Praça Pública – II Avaliação de jogo artesanal como estratégia instrucional. In: BRANQUINHO, F. (org.). FÓRUM DE EDUCAÇÃO AMBIENTAL, 9. *Anais...*, 17/10/2012. Rio de Janeiro: Uerj, 2012a.

PEDRINI, A.G.; URSI, S.; BERCHEZ, F.; CORREIA, M.D.; SOVIERZOSKI, H.; MOCHEL, F.A. Metodologias de Educação Ambiental para a conservação socioambiental dos ecossistemas marinhos. In: PEDRINI, A.G.; SAITO, C.H. (org.) *Paradigmas metodológicos em Educação Ambiental*. Petrópolis: Vozes, 2014.

PEDRINI, A.G.; VELASCO, L.R.; SOARES, J.Z. et al. Projeto de Extensão em Educação Ambiental em Praça Pública – I. Uma proposta. In: BRANQUINHO, F. (org.) FÓRUM DE EDUCAÇÃO AMBIENTAL, 9. *Anais...*, 17/10/2012. Rio de Janeiro: Uerj.

PELED, E. *Developing indicators of environmental literacy among elementary and high school pupils in Israel*. Unpublished master's thesis, Technion–Israel institute of Technology, Haifa, Israel, 2010.

PELLICCIONE, N.B.B.; PEDRINI, A.G.; KELECOM, A. Educação Ambiental empresarial: uma avaliação de práticas no sudeste brasileiro. In: PEDRINI, A.G. (org.). *Educação Ambiental empresarial no Brasil*. São Carlos: Rima, 2008, p. 39-55.

PEREIRA, E.A.; FARRAPEIRA, C.M.R.; PINTO, S.L. Percepção e Educação Ambiental sobre manguezais em escolas públicas da região metropolitana de Recife. *Revista. eletrônica do Mestrado em Educação Ambiental*. Rio Grande, vol. 17, p. 244-261, jul.-dez./2006.

PEREIRA, E.M. Rachel Carson, ciência e coragem. *Ciência Hoje*, Rio de Janeiro, n. 296, 2012. Disponível em http://cienciahoje.uol.com.br/revista-ch/2012/296/rachel-carson-ciencia-e-coragem – Acesso em 19/07/2013.

PERKES, A. A survey of environmental knowledge and attitudes of tenth--grade and twelfth-grade students from five Great Lakes and six far western states (Doctoral dissertation, Ohio State University, 1973). *Dissertation Abstracts International*, vol. 34, n. 8, 4.914A (UMI 74-3287), 1974.

PERNAMBUCO, M.M.; SILVA, A.F.G. Paulo Freire: a educação e a transformação do mundo. In: CARVALHO, M.C.M.; GRÜN; TRAJBER, R. (org.). *Pensar o ambiente*: bases filosóficas para a Educação Ambiental. Brasília, MEC-Secad/Unesco, 2006, p. 207-219.

PERROT, M.D. Educação para o desenvolvimento e perspectiva intercultural. In: FAUNDEZ, A. (org.). *Educação, desenvolvimento e cultura*: contradições teóricas e práticas. São Paulo: Cortez, 1994, p. 191-224.

PIAGET, J. *A formação do símbolo na criança* – Imitação, jogo e sonho: imagem e representação. Rio de Janeiro: Guanabara Koogan, 1978.

_____. *A equilibração das estruturas cognitivas*. Rio de Janeiro: Zahar, 1976.

POUPART, J.; DESLAURIERS, J.-P.; GROULX, L.H. et al. *Pesquisa qualitativa*: enfoques epistemológicos e metodológicos. Petrópolis: Vozes, 2008, 464 p.

PRATES, A.P.; PEREIRA, P.M.; DUARTE, A.E.M. et al. Campanha de Conduta Consciente em Ambientes Recifais. In: PEDRINI. A.G. (org.). *Educação Ambiental marinha e costeira no Brasil*. Rio de Janeiro: Eduerj, 2010, p. 115-134.

PRIGOGINE, I.; STENGERS, I. *A nova aliança*. 3. ed. Brasília: UnB, 1997.

QUINTAS, J.S. (org.). *Pensando e praticando a Educação Ambiental na gestão do meio ambiente*. Brasília: Ibama, 2000.

QUINTAS, J.S.; GOMES, P.M.; UEMA, E.E. *Pensando e praticando a educação no processo de gestão ambiental* – Uma concepção pedagógica e metodológica para a prática da Educação Ambiental no licenciamento. Brasília: Ibama, 2006.

RAMOS, K.N. *Sustentabilidade incógnita* – Análise de fluxos de materiais em três comunidades impactadas pela instituição da Floresta Nacional de Caxiuanã, PA. Dissertação (Mestrado em Planejamento do Desenvolvimento – Plades). Belém: Núcleo de Altos Estudos Amazônicos/UFPA, 2001.

RANIERI, C.L.; ROSAMIGLIA, P.R.F. Parque Nacional Marinho dos Abrolhos: Núcleo de Educação Ambiental. In: JUNQUEIRA, V.; NEIMAN, Z. (org.) *Educação Ambiental e conservação da biodiversidade*. Barueri: Manole, 2007, p. 67-79.

REIGOTA, M. *Meio ambiente e representação social*. 7. ed. São Paulo: Cortez, 2007.

_____. A pesquisa sobre representações sociais: uma conexão com a Educação Ambiental. In: SAUVÉ, L.; ORELLANA, I.; SATO, M. *Textos escolhidos em Educação Ambiental*: de uma América a outra. Québec: Universidade de Quebec a Montreal, 2002, p. 339-342.

REINHART, M.H.; D'AMICO, T.R.M.; FERREIRA, B.P. et al. Projeto Peixes Ornamentais Recifais: uma experiência de Educação Ambiental para a conservação da biodiversidade marinha. PEDRINI, A.G. (org.). *Educação Ambiental marinha e costeira no Brasil*. Rio de Janeiro: Eduerj, 2010, p. 133-141.

RICARDO, E.C. Debate educação CTSA: obstáculos e possibilidades para sua implementação no contexto escolar. *Ciência e Ensino*, Campinas, vol. 1, p. 1-12, 2007.

RICHMOND, J. A survey of the environmental knowledge and attitudes of fifth year students in England (Doctoral dissertation). The Ohio State University, 1976. *Dissertation Abstracts International*, vol. 37, n. 8, 5.016A. (UMI 77-02.484), 1977.

RICKINSON, M. Special Issue: Learners and learning in environmental education: A critical review of the evidence. *Environmental Education Research*, vol. 7, n. 3, p. 208-320, 2001.

ROSA, M.V.F.P.C.; ARNOLDI, M.A.G.C. *A entrevista na pesquisa qualitativa*: mecanismos para validação dos resultados. Belo Horizonte: Autêntica, 2006, 102 p.

ROSSI, P.; FREEMAN, H.; LIPSEY, M. *Evaluation:* A systematic approach (6th ed.). Thousand Oaks, CA: Sage, 1999.

ROTH, C.E. *Environmental Literacy*: it's roots, evolution and directions in the 1990s. Columbus, OH: Eric Clearinghouse, 1992, 51 p.

ROVIRA, M. Evaluating Environmental Education Programmes: some issues and problems. *Environmental Education Research*, vol. 6, n. 2, p. 143-155, 2000.

RUSCHEINSKY, A. As rimas da ecopedagogia: perspectiva ambientalista e crítica social. In: RUSCHEINSKY, A. (org.). *Educação Ambiental*: abordagens múltiplas. 2. ed. Porto Alegre: Penso, 2012, p. 77-92.

_____. Controvérsias, potencialidades e arranjos no debate da sustentabilidade ambiental. *Ambiente e Sociedade*, Campinas, vol. 13, p. 437-441, 2011.

_____. Sustentabilidades: concepções, práticas e utopia. In: GUERRA, A.F.; FIGUEIREDO, M.L. (orgs.). *Sustentabilidades em diálogos*. Itajaí: Univali, 2010a, p. 63-86.

_____. Contribuições das Ciências Sociais em face dos entraves à educação para sociedades sustentáveis. *Revista Portuguesa de Educação*, Porto, vol. 23, p. 29-64, 2010b.

RUSCHEINSKY, A. (org.). *Educação Ambiental*: abordagens múltiplas. Porto Alegre: Penso, 2012.

RUSCHEINSKY, A.; BORTOLOZZI, A. Educação Ambiental e alguns aportes metodológicos da Ecopedagogia para inovação de políticas públicas urbanas. In: PEDRINI, A.G.; SAITO, C.H. (orgs.). *Paradigmas metodológicos em Educação Ambiental*. Petrópolis: Vozes, 2014.

RUSCHEINSKY, A.; COSTA, A.L. A Educação Ambiental a partir de Paulo Freire. In: RUSCHEINSKY, A. (org.). *Educação Ambiental*: abordagens múltiplas. 2. ed. Porto Alegre: Penso, 2012, p. 93-115.

SAITO, C.H. Environmental education and biodiversity concern: beyond the ecological literacy. *American Journal of Agricultural and Biological Sciences*, vol. 8, n. 1, p. 12-27, 2013.

_____. Os desafios contemporâneos da Política de Educação Ambiental: dilemas e escolhas na produção do material didático. In: RUSCHEINSKY, A. (org.). *Educação Ambiental*: abordagens múltiplas. 2. ed. Porto Alegre: Penso, 2012a, p. 250-266.

_____. Política Nacional de Educação Ambiental e construção da cidadania: revendo os desafios contemporâneos. In: RUSCHEINSKY, A. (org.). Educação Ambiental: abordagens múltiplas, 2. ed. Porto Alegre: Penso, 2012b, p. 54-76.

_____. Por que investigação-ação, *empowerment* e as ideias de Paulo Freire se integram? In: MION, R.A.; SAITO, C.H. *Investigação-ação*: mudando o trabalho de formar professores. Ponta Grossa: Planeta, 2001, p. 126-135.

_____. "Cocô na praia, não! – Educação Ambiental e lutas populares. *Ambiente & Educação*, Furg, vol. 4, p. 45-57, 1999.

SAITO, C.H.; BARTASSON, L.A.; GERMANOS, E. et al. Popularizando o Projeto Probio-Educação Ambiental na praça e na escola. *Revista Brasileira de Educação Ambiental*, vol. 7 n. 2, p. 83-95, 2012.

SAITO, C.H.; BASTOS, F.P.; ABEGG, I. Teorias-guia educacionais da produção dos materiais didáticos para a transversalidade curricular do meio ambiente do MMA. *Revista Iberoamericana de Educación* (Online), vol. 45, p. 1-10, 2008. Disponível em http://www.rieoei.org/expe/1953Saito.pdf – Acesso em 10/08/2009.

SAITO, C.H.; FIGUEIREDO, J.B.A.; VARGAS, I.A. Educação Ambiental numa abordagem freireana: fundamentos e aplicação. In: PEDRINI, A.G.; SAITO, C.H. (orgs.). *Paradigmas metodológicos em Educação Ambiental*. Petrópolis: Vozes, 2014.

SAITO, C.H.; LUNARDI, D.G.; PORTO, C.B. et al. Imagem e território como ponto de partida para uma Educação Ambiental dialógico-problematizadora. *Espaço e Geografia* (UnB), vol. 15, p. 491-516, 2012.

SAITO, C.H.; PEDROSA, L.P.; ZATZ, M.G. et al. A matança dos gatos na UnB: estilhaços da distância entre homens e animais. *Revista Eletrônica do Mestrado em Educação Ambiental*, vol. 9, p. 124-136, jul.-dez./2002.

SAITO, C.H.; SANTIAGO, S.H.M. Tema gerador e dialogicidade: os riscos de uma filiação ao liberalismo em leituras diferenciadas de Paulo Freire. *Estudos Leopoldenses* – Série Educação, vol. 2, n. 3, p. 71-80, 1998.

SANTOS, A. Complexidade e transdisciplinaridade em educação: cinco princípios para resgatar o elo perdido. *Revista Brasileira de Educação*, vol. 13/37, p. 71-83, 2008.

SANTOS, A.D. (org.). *Metodologias participativas* – Caminhos para o fortalecimento de espaços públicos socioambientais. São Paulo: Peirópolis, 2005, 182 p.

SANTOS, B.S. *A universidade no século XXI* – Para uma reforma democrática e emancipatória da universidade. São Paulo: Cortez, 2004.

_____. *Introdução a uma ciência pós-moderna*. Rio de Janeiro: Graal, 1989.

SANTOS, E.P. Educação Ambiental no âmbito do Curso de Pedagogia: uma experiência singular. In: PEDRINI, A.G. (org.). *O contrato social da ciência unindo saberes na Educação Ambiental*. Petrópolis: Vozes, 2002, p. 56-68.

SANTOS, M. *Por uma economia política da cidade*: o Caso de São Paulo. São Paulo: Edusp, 2009, 144 p.

_____. *Espaço e método*. São Paulo: Nobel, 1985, 88 p.

SANTOS, M.F.N.; CAVASSAN, O.; BATTISTELLE, R.A.G. A cidade e as serras – Eça de Queiroz e a construção do pensamento ambiental. *Arquitextos*, vol. 3, 2010. Disponível em http://vitruvius.com.br/revistas/read/arquitextos/10.124/3574 – Acesso em 01/10/2010.

SANTOS, T.S. Do artesanato intelectual ao contexto virtual: ferramentas metodológicas para a pesquisa social. *Sociologias*, Porto Alegre, n. 22, p. 120-156, 2009.

SANTOS, U.; PEDRINI, A.G. Educação Ambiental na universidade – Estudo de caso de uma disciplina de pós-graduação. In: ENCONTRO DE EDUCAÇÃO AMBIENTAL DO ESTADO DO RIO DE JANEIRO, 7. *Anais...*, 1999, p. 1-12.

SANTOS, W.L.P. Educação científica humanística em uma perspectiva freireana – Resgatando a função do ensino de CTS. *Alexandria (Revista de Educação em Ciência e Tecnologia)*. Florianópolis, vol. 1, n. 1, p. 109-131, 2008.

SANTOS, W.L.P.; MORTIMER, E.F. Uma análise de pressupostos teóricos da abordagem C-T-S (Ciência-Tecnologia-Sociedade) no contexto da educação brasileira. *Ensaio*: Pesquisa em Educação em Ciências. Belo Horizonte, vol. 2, n. 2, p. 133-162, 2000.

SATO, M. *Educação Ambiental*. São Carlos: Rima, 2003.

_____. Educação Ambiental a distância: o Projeto Edamaz. In: PRETI, O. (org.). *Educação a distância*: construindo significados. Cuiabá/Brasília: Nead/IE/UFMT/Plano, 2000.

SATO, M.; CARVALHO, I. (org.). *Educação Ambiental*: pesquisa e desafios. Porto Alegre: Artmed, 2008, 285 p.

SAVIANI, D. *Escola e democracia*. 41. ed. Campinas: Autores Associados, 2012.

_____. *Pedagogia histórico-crítica*. 10. ed. Campinas: Autores Associados, 2011.

_____. *Interlocuções pedagógicas*. Campinas: Autores Associados, 2010.

SCHOLZ, R.W. *Environmental Literacy in Science and Society*: from knowledge to decisions. Cambridge, UK: Cambridge University Press, 2011, 659 p.

SCHWAMBACH, A. *Alfabetização Ambiental do terceiro ano do Ensino Médio* – Avaliação comparativa entre instituições públicas e privadas de São Leopoldo, RS. São Leopoldo: Unisinos, 2006. 61 f. Trabalho de Conclusão de Curso (Ciências Biológicas), Centro de Estudos da Saúde.

SCHWARZ, M.L.; SEVEGNANI, L.; ANDRÉ, P. Representações da Mata Atlântica e de sua biodiversidade por meio de desenhos infantis. *Ciência e Educação*, Bauru, vol. 13, n. 3, p. 369-388, 2007.

SEABRA, G. Educação Ambiental: caminhos para conservação da sociobiodiversidade. In: SEABRA, G. (org.). *Educação Ambiental no mundo globalizado*. João Pessoa: EdUFPB, 2011, p. 17-26.

SEGAL, B.; CASTRO, C.B.; NEGRÃO, F. et al. *Turismo sustentável em ambientes recifais* – Material didático. Rio de Janeiro: Projeto Coral Vivo, 2007.

SERRES, M. *O contrato natural*. Rio de Janeiro: Nova Fronteira, 1991, 112 p.

SHIN, D.; CHU, H.; LEE, E. et al. An assessment of Korean students' environmental literacy. *Journal of the Korean Earth Science Society*, vol. 26, n. 4, p. 358-364, 2005.

SILVA, E.S.B. *Atlas digital de Bacia Hidrográfica e Educação Ambiental problematizadora* – Por uma geografia escolar de diálogos e pronúncias.

Dissertação (Mestrado em Ensino de Ciências). Campo Grande: PPGEC/ UFMS, 2011.

SILVA, F.S. *O desenho das crianças de 6 a 8 anos*: os aspectos cognitivos das primeiras noções topológicas e suas representações. Dissertação (Mestrado em Educação). Curitiba: Universidade Federal do Paraná, 2004, 99 p.

SILVA, J.M.C.; JUNQUEIRA, V. Educação e conservação da biodiversidade: uma escolha. In: JUNQUEIRA, J.M.C.; NEIMAN, Z. (orgs.). *Educação Ambiental e conservação da biodiversidade*: reflexões e experiências brasileiras. São Paulo: Manole, 2007, p. 27-31.

SILVA, J.N.; GHILARDI-LOPES, N.P. Indicators of the impacts of tourism on hard-bottom benthic communities of Ilha do Cardoso State Park (Cananeia) and Sonho Beach (Itanhaém), two southern coastal areas of São Paulo State (Brazil). *Ocean and Coastal Management*, vol. 58, p. 1-8, 2012.

SILVA, L.M.; CORREIA, M.D.; SOVIERZOSKI, H.H. Percepção ambiental sobre os ecossistemas recifais em duas diferentes áreas do litoral nordeste do Brasil. *Educação Ambiental em Ação*. Novo Hamburgo, vol. 44, 2013.

SILVA, M.L. *Educação Ambiental e cooperação internacional na Amazônia*. Belém: Numa/UFPA, 2008.

_____. *Construindo a história da Educação Ambiental no Estado do Pará na década de 90*: das escolas de Belém às escolas da Floresta de Caxiuanã. Dissertação (Mestrado em Desenvolvimento Sustentável do Trópico Úmido). Belém, Plades/Naea/UFPA, 2000.

SILVA, M.L.; SAITO, C.H. A Educação Ambiental em comunidades fora de áreas urbanas: aspectos metodológicos. In: PEDRINI, A.G.; SAITO, C.H. (orgs.). *Paradigmas metodológicos em Educação Ambiental*. Petrópolis: Vozes, 2014.

SILVA JÚNIOR, J.M.; GERLING, C.; VENTURI, E. et al. Férias ecológicas: um programa de Educação Ambiental marinha em Fernando de Noronha In: PEDRINI, A.G. (org.). *Educação Ambiental marinha e costeira*, 2010, p. 187-198.

SILVERMAN, D. *Interpretação de dados qualitativos*: métodos para análise de entrevistas, textos e interações. 3. ed. Porto Alegre: Artmed, 2009, 376 p.

SMITH, B. Addressing the delusion of relevance: struggles inconnecting educational research and social justice. *Educational Action Research*, vol. 4, n. 1, p. 73-91, 1996.

SIMMONS, D. Working Paper: Developing a framework for National Environmental Education Standards. In: *Papers on the Development of Environmental Education Standards*. Troy, OH: Naaee, 1995, p. 10-58.

SOARES, F.J. *Avaliando a dimensão ambiental na educação*: um estudo com alunos do ensino fundamental de Ivoti, RS. Dissertação (Mestrado em Ensino de Ciências e Matemática). Programa de Pós-Graduação em Ensino de Ciências e Matemática. Canoas: Ulbra, 2005, 183 p.

_____. *Avaliação da Alfabetização Ambiental como indicador de sustentabilidade* – Um ensaio realizado em Estância Velha, RS. Trabalho de Conclusão de Curso (Ciências Biológicas), Centro de Estudos da Saúde. São Leopoldo: Unisinos, 2002, 80 p.

SORRENTINO, M. et al. Educação Ambiental como política pública. *Educação e Pesquisa*, São Paulo, vol. 31, n. 2. p. 285-299, 2005.

SOUZA, M.C. *Pesquisa social*: teoria, método e criatividade. 25. ed. Petrópolis: Vozes, 2007, 78 p.

SOUZA, N.N.F.; CORREIA, M.D.; SOVIERZOSKI, H.H. Atitudes ambientais entre os alunos da Educação de Jovens e Adultos em Maceió. In: CONGRESSO NACIONAL DE EDUCAÇÃO AMBIENTAL, 2. *Anais*... João Pessoa: UFPB, João Pessoa, vol. 1, p. 1.210-1215, 2011.

STEINER, A.; MELO, K.V.; TAVARES, S. et al. Moradores do Arquipélago de Fernando de Noronha (Pernambuco/Brasil) e a percepção do ambiente recifal. *Olam*: Ciência e Tecnologia. Rio Claro, vol. 4, n. 1, p. 394-408, 2004.

SWARD, L.; MARCINKOWSKI, T. Environmental sensitivity: A review of the research, 1980-1998. In: HUNGERFORD, H.; BLUHM, W.; VOLK, T. et al. (eds.). *Essential Readings in Environmental Education*. Champaign, IL: Stipes Publishing, 2001, p. 277-288.

TABANEZ, M.F.; PADUA, S.M.; SOUZA, M.G. A eficácia de um curso de Educação Ambiental não formal para professores numa área natural – Estação Ecológica dos Caetetus, SP. *Revista do Instituto Florestal*, vol. 8, n. 1, p. 71-88, 1996.

TAL, A.; GARB, Y.; NEGEV, M.; SAGY, G.; SALZBERG, A. *Environmental literacy in Israel's education system* (Hebrew). Disponível em http://storage.cet.ac.il/CetForums/Storage/MessageFiles/7143/68938/Forum 68938M89I0.pdf, 2007 – Acesso em 25/07/2008.

THIOLLENT, M. *Metodologia da pesquisa-ação*. São Paulo: Cortez, 1985, 108 p.

TOMMASI, L.R. *Meio ambiente e oceanos*. São Paulo: Senac, 2008, 236 p.

TOMMASIELLO, M.G.C.; CARNEIRO, S.M.M; TRISTÃO, M. Educação Ambiental e a Teoria da Complexidade: articulando concepções teóricas e procedimentos de abordagem na pesquisa. In: PEDRINI, A.G.; SAITO, C.H. (orgs.). *Paradigmas metodológicos em Educação Ambiental*. Petrópolis: Vozes, 2014.

TOMMASIELLO, M.G.C.; FERREIRA, T.R. C. Educação Ambiental – Que critérios adotar para avaliar a adequação pedagógica de seus projetos? *Ciência & Educação*, vol. 7, n. 2, p. 199-207, 2001.

TOWATA, N.; KATON, G.F.; BERCHEZ, F.A.S.; URSI, S. Ambiente marinho: sua preservação e relação com o cotidiano – Influência de uma exposição interativa sobre as concepções de estudantes do Ensino Fundamental. *Enseñanza de las Ciencias*, volume extra, p. 1.342-1.347, 2013.

TOZONI-REIS, M.F.C. *A pesquisa-ação-participativa em Educação Ambiental como práxis investigativa e educativa*. Tese (Livre-docência em Educação). Bauru: Instituto de Biociências. Universidade Estadual Paulista (Unesp), 2009, 161 p.

_____. *Educação Ambiental*: natureza, razão e história. Campinas: Autores Associados, 2004.

_____. Educação Ambiental: referências teóricas na educação superior. *Interface: Comunicação, Saúde, Educação*. Botucatu, vol. 5, n. 9, p. 33-50, 2001.

TOZONI-REIS, M.F.C.; TOZONI-REIS, J.R. Conhecer, transformar e educar: fundamentos psicossociais para a pesquisa-ação-participativa em Educação Ambiental. In: REUNIÃO ANUAL DA ANPED, 27. *Anais...* 1 CD-Room, Caxambu, 2004.

TOZONI-REIS, M.F.C. (org.). *A pesquisa-ação-participativa em Educação Ambiental*: reflexões teóricas. São Paulo: Annablume/Fapesp, 2007, 166 p.

TRISTÃO, M. *Educação Ambiental na formação de professores*: redes de saberes. 2. ed. São Paulo/Vitória: Annablume/Facitec, 2008, 236 p.

TUAN, Y. *Topofilia*: um estudo da percepção, atitudes e valores do meio ambiente. São Paulo: Difel, 1980, 290 p.

TUNALA, L.P.; BITTAR, V.T.; PEDRINI A.G. Efeitos ambientais negativos de mergulhadores em Apneia (com Snorkel) na Praia de João Fernandes, Área de Proteção Ambiental Marinha de Armação dos Búzios, Rio de Janeiro, Brasil. In: CONGRESSO DE ECOLOGIA DO BRASIL. Porto Seguro, 2013.

TURATO, E.R. *Tratado da metodologia da pesquisa clínico-qualitativa* – Construção teórico-epistemológica, discussão comparada e aplicação nas áreas da saúde e humanas. 2. ed. Petrópolis: Vozes, 2003, 684 p.

TURRA, A.; CRÓQUER, A.; CARRANZA, A. et al. Global environmental changes: setting priorities for Latin American coastal habitats. *Global Change Biology*, vol. 19, n. 7, p. 1965-1969, jan.-jun./2013.

UEMA, E.E. *Pensando e praticando a educação no processo de gestão ambiental*: controle social e participação no licenciamento. Brasília: Ibama, 2006.

ULICSAK, M.; WRIGHT, M. *Futurelab*: Innovation in education. Disponível em www.futurelab.org.uk./projects/games-in-education

UNESCO. *Final report*: Intergovernmental Conference on Environmental Education. Paris: Author, 1978.

_____. *Trends in environmental education*. Paris: Author, 1977.

UNITED NATIONS. *Earth Summit*: Agenda 21, The United Nations programme of action from Rio. Nova York: Author, 1992.

URSI, S.; GHILARDI-LOPES, N.P.; AMANCIO, C.E. et al. Projeto Trilha Subaquática virtual nas escolas: proposta de uma atividade didática sobre o ambiente marinho e sua biodiversidade. *Revista da SBEnBio*, vol. 3, p. 3.821-3.829, 2010.

URSI, S.; TOWATA, N. Relation between marine environment and quotidian: what are the spontaneous concepts of students? In: *Conference Proceedings* – 10th Annual Hawaii International Conference on Education, Honolulu, p. 1.758-1.764, 2012.

URSI, S.; TOWATA, N.; BERCHEZ, F.A.S. et al. Concepções sobre Educação Ambiental em Curso de Formação para Educadores do Projeto Ecossistemas Costeiros. In: ENPEC, 7. *Anais...* Florianópolis, 2009.

URSI, S.; TOWATA, N.; KATON, G.F. et al. Influência de exposição interativa sobre ambiente marinho e sua biodiversidade nas concepções de "meio ambiente" de estudantes do Ensino Fundamental. *Enseñanza de las Ciencias*, volume extra, p. 3.575-3.580, 2013.

VALENTE, T.S. *Desenho figurativo* – Uma representação possível do espaço (aspectos cognitivos do desenho figurativo de crianças de 4 a 10 anos). Tese (Doutorado em Educação). Campinas: Unicamp, 2001.

VARSAVSKY, O. O cientificismo. In: ANDERSON, S.; BAZIN, M. *Ciência e [in]dependência*. Lisboa: Livros Horizonte, 1977, p. 19-29.

VASCONCELLOS, H.S.R. A pesquisa-ação em projetos de Educação Ambiental. In: PEDRINI, A.G. (org.). *Educação Ambiental*: reflexões e práticas contemporâneas. 8. ed. Petrópolis: Vozes, 2011, p. 255-284.

_____. Extensão universitária e educação em comunidade periférica do Rio de Janeiro. Tese (Doutorado em Educação). Rio de Janeiro: UFRJ, 1991, 309 p.

VASCONCELLOS, H.S.R.; SPAZZIANI, M.L.; GUERRA, A.F.S. et al. Espaços educativos impulsionadores da Educação Ambiental. *Caderno Cedes*. Campinas, vol. 29, n. 77, p. 29-47, 2009. Disponível em http://www.cedes.unicamp.br – Acesso em 19/07/2013.

VASCONCELOS, F.A.L.; AMARAL, F.D.; STEINER, A.Q. Students' view of reef environments in the metropolitan área os Recife, Pernambuco state, Brazil. *Arquivos de Ciências do Mar*. Fortaleza, 2008, vol. 41, n. 1, p. 104-112, 2008.

VÁSQUEZ, A.S. Filosofia da práxis. 2. ed. Buenos Aires/São Paulo: Clacso/Expressão Popular, 2011.

VELLOSO, L.P. *Cenário amazônico* – A realidade do município de Juriti com a implantação do Projeto Juruti de extração de bauxita. Dissertação (Mestrado em Gestão Ambiental e Desenvolvimento Local na Amazônia – PPGEDAM). Belém: Núcleo de Meio Ambiente/Numa/UFPA, 2009.

VILLAS BOAS, D.A.C. Uma experiência em Educação Ambiental: re-desenhando os espaços e as relações escolares. Dissertação (Mestrado em Desenvolvimento e Meio Ambiente). João Pessoa: UFPA, 2002, 65 p.

VYGOTSKY, L.S. *O desenvolvimento psicológico na infância*. 3. ed. São Paulo: Martins Fontes, 2003, 326 p.

WALTER, T.; ANELLO, L.F.S. A Educação Ambiental enquanto medida mitigadora e compensatória: uma reflexão sobre os conceitos intrínsecos na relação com o licenciamento de petróleo e gás tendo a pesca artesanal como contexto. *Ambiente e Educação*. Rio Grande, vol. 17, n. 1, p. 73-98, 2012.

WHYTE, A.V.T. Guidelines for field studies in Environmental perception. *MAB Technical Notes*. Paris: Unesco, vol. 5, 2004.

WILKE, R. (ed.). *Environmental Education Literacy/Needs Assessment Project:* Assessing environmental literacy of students and environmental education needs of teachers; Final report for 1993-1995 (p. 5-6) (Report to NCEET/University of Michigan under U.S. EPA Grant #NT901935-01-2). Stevens Point, WI: University of Wisconsin – Stevens Point, 1995.

WORTHEN, B.; WHITE, K.; FAN, X. et al. *Measurement and assessment in schools*. 2. ed. Nova York: Longman, 1999.

ZAGO, N.; CARVALHO, M.P. VILELA, R.A.T. (orgs.). *Itinerários de pesquisa* – Perspectivas qualitativas em sociologia da educação. Rio de Janeiro: DP&A, 2003, 309 p.

ZANINI, K. et al. *EA e EAD: Um diálogo relacionado à elaboração de projetos no Estado do Rio Grande do Sul/ Brasil*. Disponível em http://www.6iberoea.ambiente.govol.ar/files/trabajosentalleres/21/Zanini_y_otros.pdf – Acesso em 14/04/2010.

ZELEZNY, L. Educational interventions that improve environmental behaviors: A meta-analysis. *The Journal of Environmental Education*, vol. 31, n. 1, p. 5-14, 1999.

ZENI, J. A Guide to Ethical Issues and Action Research *Educational Action Research*, vol. 6, n. 1, 1998, p. 9-19.

CULTURAL

Administração
Antropologia
Biografias
Comunicação
Dinâmicas e Jogos
Ecologia e Meio Ambiente
Educação e Pedagogia
Filosofia
História
Letras e Literatura
Obras de referência
Política
Psicologia
Saúde e Nutrição
Serviço Social e Trabalho
Sociologia

CATEQUÉTICO PASTORAL

Catequese
Geral
Crisma
Primeira Eucaristia

Pastoral
Geral
Sacramental
Familiar
Social
Ensino Religioso Escolar

TEOLÓGICO ESPIRITUAL

Biografias
Devocionários
Espiritualidade e Mística
Espiritualidade Mariana
Franciscanismo
Autoconhecimento
Liturgia
Obras de referência
Sagrada Escritura e Livros Apócrifos

Teologia
Bíblica
Histórica
Prática
Sistemática

VOZES NOBILIS

Uma linha editorial especial, com importantes autores, alto valor agregado e qualidade superior.

REVISTAS

Concilium
Estudos Bíblicos
Grande Sinal
REB (Revista Eclesiástica Brasileira)

VOZES DE BOLSO

Obras clássicas de Ciências Humanas em formato de bolso.

PRODUTOS SAZONAIS

Folhinha do Sagrado Coração de Jesus
Calendário de mesa do Sagrado Coração de Jesus
Agenda do Sagrado Coração de Jesus
Almanaque Santo Antônio
Agendinha
Diário Vozes
Meditações para o dia a dia
Encontro diário com Deus
Guia Litúrgico

CADASTRE-SE
www.vozes.com.br

EDITORA VOZES LTDA.
Rua Frei Luís, 100 – Centro – Cep 25689-900 – Petrópolis, RJ
Tel.: (24) 2233-9000 – Fax: (24) 2231-4676 – E-mail: vendas@vozes.com.br

UNIDADES NO BRASIL: Belo Horizonte, MG – Brasília, DF – Campinas, SP – Cuiabá, MT
Curitiba, PR – Fortaleza, CE – Goiânia, GO – Juiz de Fora, MG
Manaus, AM – Petrópolis, RJ – Porto Alegre, RS – Recife, PE – Rio de Janeiro, RJ
Salvador, BA – São Paulo, SP